智能系统与技术丛书

知识图谱实战
构建方法与行业应用

于俊 李雅洁 彭加琪 程知远 ◎ 著

Knowledge Graph in Action
The Method of Construction and Industry Application

机械工业出版社
CHINA MACHINE PRESS

图书在版编目（CIP）数据

知识图谱实战：构建方法与行业应用 / 于俊等著. —北京：机械工业出版社，2023.1（2024.8 重印）

（智能系统与技术丛书）

ISBN 978-7-111-72164-2

I. ①知… II. ①于… III. ①人工智能-应用-知识管理 IV. ① G302-39

中国版本图书馆 CIP 数据核字（2022）第 231075 号

知识图谱实战：构建方法与行业应用

出版发行：机械工业出版社（北京市西城区百万庄大街 22 号　邮政编码：100037）	
策划编辑：陈　洁	责任编辑：陈　洁
责任校对：薄萌钰　梁　静	责任印制：郜　敏
印　　刷：三河市宏达印刷有限公司	版　次：2024 年 8 月第 1 版第 3 次印刷
开　　本：186mm×240mm　1/16	印　张：20
书　　号：ISBN 978-7-111-72164-2	定　价：99.00 元

客服电话：(010) 88361066　68326294

版权所有·侵权必究
封底无防伪标均为盗版

前　言

临渊羡鱼，不如退而结网。

知识图谱就是一张网，一张基于现实世界的概念、实体、关系、属性构建起来的结构化知识网络。知识图谱作为人工智能的底层支撑和核心技术，能够"帮助"人工智能对现实世界中复杂、相互联结的数据进行理解与处理，使机器具备理解、分析和决策的能力，并且更加接近人类认知世界的水平，从而成功应用于智能搜索、推荐系统、知识问答、推理决策等领域。

本书从诸多中国古典著作中精选名句，并结合知识图谱技术精髓进行关联讲解，引导读者以哲学的思考方式来理解知识图谱的内涵，并使用知识图谱解决应用过程中出现的各种问题。

为什么要写这本书

2019年春天，随着大数据赋能业务逐渐兴起，科大讯飞大数据研究院大数据分析与算法团队开始响应公司号召，扎根于此业务，希望能够基于大数据分析与算法从海量数据中学习并自动决策，有效解决数据分析和挖掘瓶颈。而扎根业务以后，我们发现业务需求更多的是数据治理以及知识图谱等，需要通过构建行业知识图谱来支撑业务发展，以解决实际业务场景的问题。

2019年秋天，在机械工业出版社策划编辑的建议下，笔者决定和小伙伴们一起朝着新的目标努力——编写一本知识图谱构建与应用的书籍。

在本书的写作过程中，知识图谱技术也在不断变化。秉承大道至简的原则，我们一方面尽可能在知识图谱构建章节统筹各种概念，另一方面尽可能在实践章节跳出概念给出应用案例。笔者希望能抛砖引玉，以个人的一些想法和见解，为读者拓展出更深入、更全面的思路。

本书只是一个开始，如何基于海量数据使用知识图谱技术解决更多业务问题，还需要无数的知识图谱从业人员前赴后继，越过漫漫雄关，共同创造美好的知识图谱新时代。

本书特色

本书结合知识图谱的抽取、表示、融合、存储、建模、推理、评估等构建技术进行讲解，并在构建基础上基于实际业务进行抽象，最后给出知识图谱技术的应用案例。本书希望帮助读者完成知识图谱技术栈的学习和实践，以便读者厘清知识图谱相关内容，降低学习成本。

本书以通俗易懂的方式讲解知识图谱相关的知识，尤其对从零开始构建知识图谱过程中需要经历的步骤以及每个步骤需要考虑的问题，给出了比较详细的解释。

读者对象

（1）对知识图谱感兴趣的读者

伴随着人工智能时代的到来，很多工作都需要使用知识图谱分析与挖掘数据深层关系并有效推理知识。对这部分读者来说，本书的内容能够帮助他们加深对知识图谱的构建、应用场景和存在价值的理解。

（2）从事知识图谱构建、开发的人员

通过学习知识图谱实践案例，这部分读者可以掌握知识图谱构建、开发的方法，快速地构建知识图谱。可以说，本书提供了一条捷径，同时能够缩小知识图谱构建开发人员与算法研究人员之间的鸿沟，帮助他们掌握知识图谱相关知识。

（3）从事知识图谱算法、研究的人员

对从事知识图谱算法、研究的人员来说，通过本书他们能够身临其境地"体验"各种场景，了解各种知识图谱在不同场景下的优缺点，本书对他们解决生产环境中遇到的知识图谱、数据挖掘等问题有很好的借鉴作用。

（4）设计知识图谱架构及技术方案的人员

对设计知识图谱架构及技术方案的人员来说，本书能够帮助他们构建知识图谱的应用并进行效果闭环验证。读者只有对知识图谱的功能、效率、优缺点等有了全面的了解，才能在架构设计中综合考虑各种因素，设计出高效、稳定的知识图谱架构。

如何阅读本书

在结构安排上，本书分为"基础篇""构建篇""实践篇"，共16章内容，从知识图谱概念引出知识图谱构建技术，再到多个行业实践方案的设计思路与代码实现，层层推进，便于读者系统学习与落地应用。

基础篇（第1章），介绍知识图谱的定义、分类、发展阶段，以及构建方式、逻辑/技术架构、现状与应用场景等。

构建篇（第2～8章），详细介绍知识抽取、知识表示、知识融合、知识存储、知识建模、知识推理、知识评估与运维等，并结合实例讲解应用方法。

实践篇（第9～16章），详细讲解知识图谱的综合应用，涵盖知识问答评测、知识图谱平台，以及智能搜索、图书推荐系统、开放领域知识问答、交通领域知识问答、汽车领域知识问答、金融领域推理决策实践。

勘误和支持

由于笔者水平有限，撰写时间仓促，书中难免会出现一些错误或者不准确的地方，恳请读者批评指正。本书代码和数据目录为：https://github.com/datadance/book3-kg.git。如果你有更多的宝贵意见，可以通过知识图谱技术交流QQ群435263033或者邮箱datadance@163.com联系我们，期待得到大家的反馈，让我们在知识图谱与人工智能征程中互勉共进。

致谢

感谢合作者李雅洁、彭加琪、程知远；感谢程礼磊、丁辉、丁可、郑英帅、李卫东、林发可、曹伟灿等技术专家，在本书写作遇到困难的时候，他们一直鼓励、支持我，并提供了宝贵的建议，使本书的质量更上一层楼。

感谢机械工业出版社的编辑，在我面临读博压力、二宝出生、团队解散的情况下，在我多少次徘徊在放弃边缘的时刻，他们始终鼓励与引导我，使得我最终完成全部书稿。

本书使用了部分互联网公开数据，包括 IBDM 电影数据、NLPCC 开放数据、图书模拟数据、国泰安数据库上市公司数据等，在这里致以特别感谢。

最后，感谢我的爱人，她的激励给了我奋斗的信心和力量；祝愿我的大宝能够战胜自己，克服注意力缺陷；祝福本书写作期间出生的二宝于宜杨，她的微笑融化了我所有的辛苦，也让我的努力变得更有意义。

谨以此书献给努力奋斗的小伙伴，以及众多热爱知识图谱技术的朋友！

于 俊

目 录

前言

基础篇

第1章 理解知识图谱 / 2

1.1 知识图谱概述 / 2
    1.1.1 知识定义及分类 / 3
    1.1.2 知识图谱定义 / 4
    1.1.3 知识图谱分类 / 5
    1.1.4 知识图谱发展阶段 / 8
1.2 知识图谱架构 / 8
    1.2.1 构建方式 / 8
    1.2.2 逻辑架构 / 9
    1.2.3 技术架构 / 9
1.3 知识图谱现状 / 13
    1.3.1 学术界研究现状 / 13
    1.3.2 工业界应用现状 / 13
1.4 知识图谱应用场景 / 14
    1.4.1 智能搜索 / 14
    1.4.2 推荐系统 / 15
    1.4.3 知识问答 / 15
    1.4.4 推理决策 / 16
1.5 本章小结 / 16

构建篇

第2章 知识抽取 / 18

2.1 知识抽取概述 / 18
    2.1.1 知识抽取的定义 / 19
    2.1.2 知识抽取的任务 / 20
2.2 知识抽取的方法 / 26
    2.2.1 面向结构化数据 / 26
    2.2.2 面向半结构化数据 / 28
    2.2.3 面向非结构化数据 / 30
2.3 知识抽取实例 / 37
    2.3.1 Deepdive 的安装和配置 / 38
    2.3.2 实验步骤 / 39
    2.3.3 模型构建 / 47
2.4 本章小结 / 49

第 3 章　知识表示 / 50

3.1　知识表示概述 / 50
  3.1.1　知识表示的定义 / 50
  3.1.2　知识表示的任务 / 51
3.2　知识表示的方法 / 51
  3.2.1　基于符号的知识表示 / 51
  3.2.2　基于向量的知识表示 / 60
3.3　知识表示实例 / 64
  3.3.1　环境配置 / 64
  3.3.2　生成映射文件 / 65
  3.3.3　将 MySQL 数据转为 RDF 三元组 / 67
3.4　本章小结 / 68

第 4 章　知识融合 / 69

4.1　知识融合概述 / 69
  4.1.1　知识融合的定义 / 70
  4.1.2　知识融合的任务 / 70
4.2　知识融合的方法 / 73
  4.2.1　本体对齐方法 / 73
  4.2.2　实体对齐方法 / 77
4.3　知识融合实例 / 80
  4.3.1　环境配置 / 81
  4.3.2　预处理与匹配 / 81
  4.3.3　结果评估 / 84
4.4　本章小结 / 85

第 5 章　知识存储 / 86

5.1　知识存储概述 / 86
  5.1.1　知识存储的定义 / 86
  5.1.2　知识存储的任务 / 87
5.2　知识存储的方法 / 89
  5.2.1　基于关系型数据库的知识存储 / 89
  5.2.2　基于 NoSQL 的知识存储 / 92
  5.2.3　基于分布式的知识存储 / 96
5.3　知识存储实例 / 98
  5.3.1　使用 Apache Jena 存储数据 / 98
  5.3.2　使用 Neo4j 数据库存储数据 / 98
5.4　本章小结 / 103

第 6 章　知识建模 / 104

6.1　知识建模概述 / 104
  6.1.1　知识建模的定义 / 104
  6.1.2　知识建模的任务 / 107
6.2　知识建模的方法 / 109
  6.2.1　手工建模方法 / 109
  6.2.2　半自动建模方法 / 113
  6.2.3　本体自动建模方法 / 114
6.3　知识建模实例 / 116
  6.3.1　创建项目实例 / 117
  6.3.2　创建本体关系和属性 / 118
  6.3.3　知识图谱可视化 / 120
6.4　本章小结 / 121

第 7 章　知识推理 / 122

7.1　知识推理概述 / 122
7.1.1　知识推理的定义 / 122
7.1.2　知识推理的任务 / 123

7.2　知识推理的方法 / 124
7.2.1　基于逻辑规则的推理 / 124
7.2.2　基于知识表示学习的推理 / 131
7.2.3　基于神经网络的推理 / 134
7.2.4　混合推理 / 136

7.3　知识推理实例 / 137
7.4　本章小结 / 139

第 8 章　知识评估与运维 / 140

8.1　知识评估与运维概述 / 140
8.1.1　知识评估概述 / 141
8.1.2　知识运维概述 / 142

8.2　知识评估与运维的任务 / 143
8.2.1　知识评估任务 / 143
8.2.2　知识运维任务 / 147

8.3　知识评估与运维流程 / 149
8.3.1　知识评估流程 / 149
8.3.2　知识运维流程 / 150

8.4　本章小结 / 151

实践篇

第 9 章　知识问答评测 / 154

9.1　知识问答系统概述 / 154
9.1.1　知识问答系统定义 / 155
9.1.2　知识问答问题分类 / 155
9.1.3　知识问答评测技术方案 / 157

9.2　自然语言知识问答评测 / 159
9.2.1　任务背景 / 159
9.2.2　数据分析 / 159
9.2.3　技术方案 / 160
9.2.4　任务结果 / 163

9.3　生活服务知识问答评测 / 164
9.3.1　任务背景 / 164
9.3.2　数据分析 / 164
9.3.3　技术方案 / 165
9.3.4　任务结果 / 168

9.4　开放知识问答评测 / 168
9.4.1　任务背景 / 168
9.4.2　数据分析 / 168
9.4.3　技术方案 / 169
9.4.4　任务结果 / 172

9.5　本章小结 / 172

第 10 章　知识图谱平台 / 173

10.1　知识图谱平台建设背景 / 173
10.2　知识图谱平台基本功能 / 175
10.3　AiMind 知识图谱平台 / 175
10.3.1　数据管理 / 176
10.3.2　知识建模 / 180
10.3.3　知识抽取 / 185
10.3.4　知识融合 / 189
10.3.5　知识管理 / 191

10.3.6　知识应用　/　194
10.4　本章小结　/　196

第 11 章　智能搜索实践　/　197

11.1　智能搜索背景　/　197
11.2　智能搜索业务设计　/　198
　　11.2.1　场景设计　/　198
　　11.2.2　知识图谱设计　/　199
　　11.2.3　模块设计　/　200
11.3　数据获取与预处理　/　201
　　11.3.1　环境搭建　/　202
　　11.3.2　数据获取　/　202
　　11.3.3　知识抽取　/　203
　　11.3.4　知识存储　/　206
11.4　基于 Jena 的知识推理　/　207
　　11.4.1　OWL 推理　/　208
　　11.4.2　Jena 规则推理　/　209
11.5　基于 Elasticsearch 的
　　　　知识搜索　/　210
11.6　本章小结　/　216

第 12 章　图书推荐系统实践　/　217

12.1　推荐系统背景　/　217
12.2　图书推荐业务设计　/　219
　　12.2.1　场景设计　/　219
　　12.2.2　知识图谱设计　/　220
　　12.2.3　模块设计　/　221
12.3　数据预处理　/　222
　　12.3.1　环境搭建　/　223

　　12.3.2　知识抽取　/　224
　　12.3.3　数据生成　/　225
　　12.3.4　知识表示　/　227
　　12.3.5　知识存储　/　229
12.4　模型训练与评估　/　231
　　12.4.1　模型训练　/　231
　　12.4.2　模型评估　/　234
12.5　推荐结果呈现　/　235
12.6　本章小结　/　235

第 13 章　开放领域知识问答实践　/　236

13.1　知识问答背景　/　236
13.2　知识问答业务设计　/　237
　　13.2.1　场景设计　/　237
　　13.2.2　知识图谱设计　/　239
　　13.2.3　模块设计　/　240
13.3　数据预处理　/　241
　　13.3.1　环境搭建　/　241
　　13.3.2　数据获取　/　241
　　13.3.3　知识表示与存储　/　242
13.4　问句识别及问答实现　/　246
　　13.4.1　实体识别与链接　/　246
　　13.4.2　向量建模　/　248
　　13.4.3　选取自动问答的答案　/　251
13.5　问答结果呈现　/　252
13.6　本章小结　/　254

第 14 章　交通领域知识问答实践　/　255

14.1　交通领域背景　/　255

14.2 问答业务设计 / 256
    14.2.1 场景设计 / 256
    14.2.2 知识图谱设计 / 257
    14.2.3 模块设计 / 258
14.3 数据预处理 / 259
    14.3.1 环境搭建 / 259
    14.3.2 数据生成 / 259
    14.3.3 知识抽取 / 261
    14.3.4 知识表示 / 262
    14.3.5 知识存储 / 262
14.4 知识问答系统实现 / 264
14.5 问答结果呈现 / 266
14.6 本章小结 / 267

第 15 章 汽车领域知识问答实践 / 268

15.1 汽车领域背景 / 268
15.2 问答业务设计 / 269
    15.2.1 场景设计 / 269
    15.2.2 知识图谱设计 / 270
    15.2.3 模块设计 / 273
15.3 数据预处理 / 274
    15.3.1 环境搭建 / 275
    15.3.2 数据导入 / 275
    15.3.3 数据生成 / 277
    15.3.4 知识抽取 / 279
    15.3.5 知识推理 / 282

15.4 答案匹配与问答系统实现 / 284
    15.4.1 答案匹配 / 284
    15.4.2 问答系统实现 / 285
15.5 问答结果呈现 / 286
15.6 本章小结 / 288

第 16 章 金融领域推理决策实践 / 289

16.1 金融决策背景 / 289
16.2 信贷反欺诈业务设计 / 290
    16.2.1 场景设计 / 290
    16.2.2 知识图谱设计 / 291
    16.2.3 模块设计 / 291
16.3 数据预处理 / 292
    16.3.1 环境搭建 / 292
    16.3.2 数据生成 / 293
    16.3.3 知识抽取 / 296
    16.3.4 知识表示 / 298
    16.3.5 知识存储 / 298
16.4 推理决策实现 / 299
    16.4.1 基于自定义规则的 Jena 推理机的推理 / 300
    16.4.2 基于 SPARQL 查询语句的推理 / 302
    16.4.3 基于 Jena 本体模型的推理 / 304
16.5 本章小结 / 307

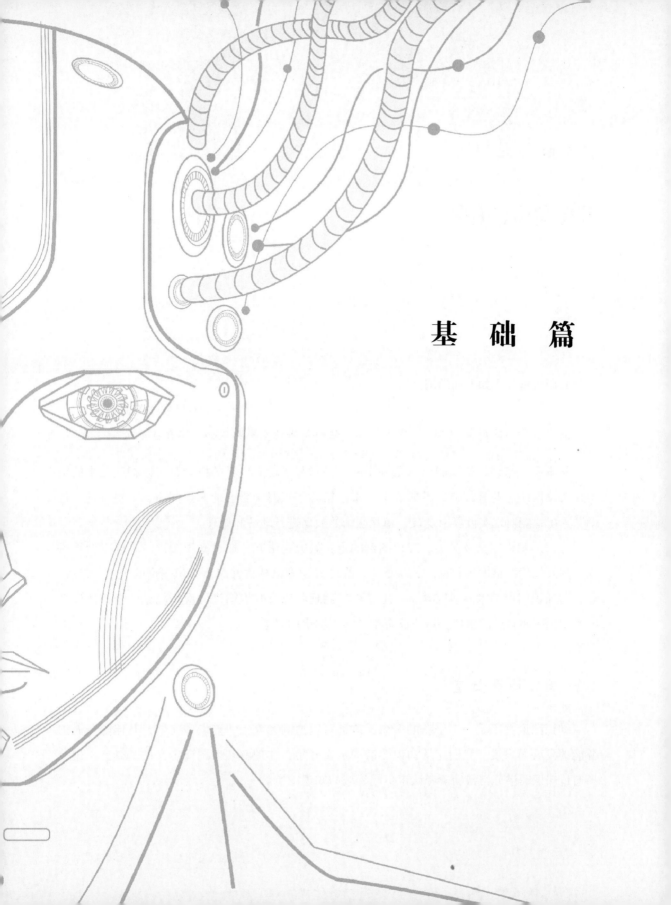

基 础 篇

第 1 章

理解知识图谱

> 临渊羡鱼，不如退而结网。
>
> ——《汉书·董仲舒传》

站在水边想得到鱼，不如回家去织网；任何美好的空想都不如实实在在地付诸行动。

从本质上来说，知识图谱就是一张网，一张基于现实世界的概念、实体构建起来的结构化关系网络。与其仰望，不如静下心来，精心编织属于自己的知识网络，以更好地"帮助"人工智能对现实世界中复杂、相互联结的数据进行理解和处理。

本章从知识定义及分类、知识图谱的定义及分类讲起，通过知识图谱的不同发展阶段逐步揭开知识图谱的神秘面纱；接下来，介绍知识图谱架构并展示知识图谱的全貌；最后，通过对知识图谱学术界研究现状、工业界应用现状以及知识图谱的应用场景的介绍使读者熟悉知识图谱背后的价值，培养读者学习知识图谱的兴趣。

1.1 知识图谱概述

知识图谱并不是一个全新的概念，最远可以追溯到人工智能发展初期，其伴随着人工智能的发展而发展。我们先从知识图谱的定义开始，在理解知识图谱定义的基础上，进一步通过知识图谱分类帮助读者认识不同领域的知识图谱。

1.1.1 知识定义及分类

根据哲学家柏拉图经典的知识定义，知识需要满足三个条件，即合理性（Justified）、真实性（True）、被相信（Believed）。简单而言，知识是人类通过观察、学习和思考有关客观世界的各种现象而获得与总结出来的所有事实、概念、规则或原则的集合，是人类进行智能活动的基础。

知识的界定没有一个统一的标准。知识是符合文明发展方向的，是人类对客观世界以及精神世界探索的结果总和。知识的价值判断标准在于实用性，以能否让人类创造新物质、得到力量和权力等为考量因素。

我们从不同的研究视角、研究目的及对知识的不同认识程度对知识进行分类，主要包括以下几种。

1）按照知识层次划分，可划分为零级知识、一级知识、二级知识和高层次知识。

零级知识：最基本层的知识，包括问题域内的事实、属性、定理、定义等，属于问题求解的常识性和原理性知识。

一级知识：第二层知识，启发式知识，可弥补零级知识的不足，提高求解效率。

二级知识：第三层知识，控制性知识，对低层知识起指导作用，组织、运用零级和一级知识。

高层次知识：如回忆、综合、概括、抽象等，也反映人的心理特征。

2）按照知识的性质划分，可分为叙述性知识、过程性知识、控制性知识。

叙述性知识：表示问题的状态、概念、条件、事实的知识。

过程性知识：表示问题求解过程中用到的各种操作、演算和行动等的知识。

控制性知识：表示问题求解过程中决定选用哪种操作、演算和行动等的知识。

3）按照知识来源划分，可分为共性知识和个性知识。

共性知识：指问题域内有关事物、属性、概念、定义、定理、原理、理论、算法等的知识，它们来自教科书和刊物，并已为领域专业人员所承认和接受。

个性知识：来自现场有经验的专业人员，包括大量的经验知识或启发式知识。它描述问题的轮廓，知识严格性差。

综上，不管从什么角度去划分知识，要想用机器对知识进行处理，必须以适当的形式对知识进行表示，而构建知识实体之间的结构化关系网络的知识图谱，有助于知识的发现、共享和传授。

1.1.2 知识图谱定义

知识图谱[⊖]（Knowledge Graph，KG）以结构化的形式描述现实世界中的实体及其关系，将互联网信息表达成更接近人类认知世界的形式，提供了一种更好地组织、管理和理解互联网海量信息的能力。

一般认为，知识图谱于 2012 年 5 月 17 日由谷歌正式提出并成功应用在搜索引擎中。因此，知识图谱通常被认为是一种可以提供智能搜索服务的大型知识库，且早期通常被用来泛指各种大规模的知识库，但是随着知识图谱技术的发展，其应用范围进一步扩大，除了知识库存储知识之外，还包括知识之间的关系。知识图谱是以图的方式来组织并描述现实世界实体及其关系，定义实体及其关系的属性，并允许实体之间任意相互连接。

在理解知识图谱之前，我们先简单介绍一下知识图谱的相关概念。

概念：是对现实世界中具有相同属性的事物的概括和抽象，比如国家、人、动物、职业、地点、笔等。

实体：是概念对应的现实世界中的具体事物，比如中国、张三、老虎、软件工程师、合肥、铅笔等。

关系：是用来表达不同实体之间的某种联系。不同实体之间通过关系相互连接，比如国与国之间的竞争关系、合作关系、敌对关系等，人与人之间的父子关系、夫妻关系、同学关系等。

属性：是指对实体或关系抽象方面的刻画，实体属性如一个人的年龄、身高、体重等，关系属性如夫妻关系的结婚时间、同学关系的就读学校等。

更进一步，知识图谱就是把现实世界中不同种类的事物连接在一起而得到的一个关系网络，提供了从关系的角度去分析问题的能力。图 1-1 所示为一个简单知识图谱概念与实体的示例。人、运动、场地是对现实世界中具有相同属性的事物的概括和抽象，而小李、小丁是概念"人"对应的具体事物节点，跑步、踢球是概念"运动"对应的具体事物节点，操场、球场是概念"场地"对应的具体事物节点。小李和小丁是同学，小李喜欢在操场上跑步，小丁喜欢在球场上踢球，则是实体之间的关系表示。

⊖ 参见中国中文信息学会发表的《知识图谱发展报告（2018）》。

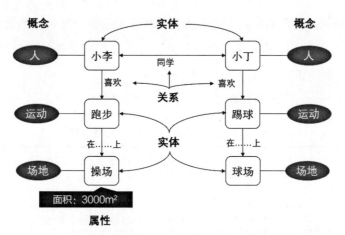

图 1-1 简单知识图谱概念与实体示例

总之,如果两个节点之间存在关系,它们就会被一条有向边连接在一起。我们称节点为实体,称它们之间的边为关系,除此之外,我们还可以通过属性对实体或关系进行刻画,后文会进行详细解释。

从本质上讲,知识图谱是一种揭示实体之间关系的语义网络,可以对现实世界的事物及其相互关系进行形式化描述。它的组织形式是有向图,其中图的节点表示概念或实体,图的边表示概念/实体之间的各种语义关系。

从实际应用上讲,知识图谱不仅给互联网语义搜索带来了活力,而且它的"实体-关系-实体"和"实体-属性-属性值"三元组结构在实体搜索、实体推荐、实体问答中显示出了强大威力,知识图谱已经成为互联网知识驱动的智能应用基础设施。知识图谱与大数据、深度学习一起,成为推动互联网和人工智能发展的核心驱动力之一,成功应用于智能搜索、推荐系统、知识问答、推理决策等领域。

1.1.3 知识图谱分类

知识图谱的分类方式众多,一般按照知识领域、知识种类和构建方法等进行划分。我们按照知识领域将知识图谱划分为通用知识图谱和领域知识图谱,下面详细介绍这两类知识图谱。

1. 通用知识图谱

通用知识图谱可以形象地看成一个面向通用领域的"结构化的百科知识库",包含了大量现实世界中的常识性知识。现实世界的知识丰富多样且极其庞杂,通用知识图谱广罗网络上的各种数据知识,重点关注知识的广度,但由于大量来自网络上的数据知识未经验证,造成通用知识图谱的准确度不够高。尽管如此,通用知识图谱仍然凭借着其应用范围极广的优势,推动着各类知识图谱相关项目不断落地。

表1-1给出了当前国内外部分典型的通用知识图谱项目。

表1-1 部分典型的通用知识图谱项目

类别	名称	项目介绍
国内	CN-DBpedia	由复旦大学知识工场实验室研发并维护的大规模通用领域结构化百科,涵盖数千万级实体和数亿级关系
	XLore	由清华大学知识工程实验室从异构的跨语言在线百科中抽取的结构化信息,是第一个大规模的中英文知识平衡的知识图谱,涵盖十万级概念和数千万级实体
	OpenKG联盟	中文开放知识图谱项目,主要关注结构化数据、语义数据、知识库等知识图谱数据的开放
	Zhishi.me	由深圳狗尾草智能科技有限公司从开放的百科数据中抽取结构化数据,融合了三大中文百科(百度百科、互动百科以及维基百科)中的数据构建的中文通用知识图谱
国外	DBpedia	大规模的多语言百科知识图谱,从维基百科的词条里撷取出结构化的资料,让维基百科的庞杂资讯有了许多创新而有趣的应用
	Wikidata	将维基百科大量的信息结构化,增加其利用价值,可自由协作、编辑的多语言百科知识库
	YAGO	由德国马普研究所研制的链接数据库,主要集成了Wikipedia、WordNet和GeoNames三个来源的数据,并将WordNet的词汇定义与Wikipedia的分类体系进行了融合

在以上通用知识图谱中,用户可以获取公开的知识数据,因此,通用知识图谱也称为开放知识图谱,在知识工程时代也称为链接开放数据(Linked Open Data,LOD)。一些较大的通用知识库(例如DBpedia、Wikidata以及YAGO)的数据内容较多,同时也是其他知识图谱数据的重要来源,与它们相关联的知识库数目众多。

值得一提的是,本书的一些内容也参考了OpenKG联盟中的开放资源,读者可以参考,以了解更多知识图谱的专业知识。

2. 领域知识图谱

领域知识图谱面向特定领域,应用于具体业务,对知识图谱的实用性及知识的准确度要求更高。领域知识图谱可以看成是一个基于语义网络的行业知识库,需要依靠特定行业的数据来构建,因此又叫特定领域知识图谱或垂直知识图谱。

在领域知识图谱中,实体属性与数据模式往往比较丰富,在图谱构建和应用过程中需要考虑不同的业务场景与使用人员。例如生活类、社交类、电商类、金融类、医疗类等,要求具有特定的行业意义。

下面我们简要介绍几种常见的领域知识图谱。

（1）生活类知识图谱

知识图谱具有很强的可解释性，并且在搜索商家等场景中充分验证了知识图谱的有效性。知识图谱通过对商家的多维度精准刻画，实现在商场搜索、美食搜索、旅游搜索、酒店搜索等生活领域的落地应用，直接为用户搜索出适合的商家或场景。基于知识图谱的生活类业务搜索结果不仅精准，还多样化。

（2）社交类知识图谱

知识图谱能够基于用户行为数据精准构建用户画像，包含与社会最相关的概念及实体，以及人物、场所、兴趣点、电影、电视、音乐、体育等众多内容。此外，社交网络在知识图谱技术的推动下，已经可以做到推断用户的想法并提供建议，如聊天时的推荐回复，对聊天信息进行实体检测并推荐相关内容等。

（3）电商类知识图谱

推荐工作常常是最重要的。尽管近年来电商类推荐算法已经取得了长足的进步，但这些算法仍然存在诸多问题，如不能很好地理解用户需求造成重复推荐、过度推荐等。通过构建场景、品类及商品知识图谱，能够让推荐算法更好地理解用户行为，发现用户想要购买的商品。基于知识图谱的商品推荐能够有效地进行信息过滤，减少用户获取信息的时间，提高用户处理信息的效率。

（4）金融类知识图谱

在众多金融类业务的应用中，知识图谱主要应用于金融行业的语义理解、知识搜索和数据分析中，为金融领域的精准获客、贷前授信、贷中评估、贷后监管等需求提供技术支撑。越来越多的金融机构及企业已经在积极探索构建金融领域知识图谱，希望能将海量非结构化信息自动化地利用起来，为金融领域提供更精准、更可靠的决策依据。

（5）医疗类知识图谱

在众多医疗类业务的应用中，已经有多家科研机构及企业对医疗知识图谱进行了深入研究，并推出了集成大规模、高质量医学知识基础集的医疗知识图谱。借助医疗知识图谱，医疗决策支持系统可以根据患者症状描述及化验数据，给出智能诊断、治疗方案推荐及转诊建议，还可以针对医生的诊疗方案进行分析、查漏补缺，减少甚至避免误诊。医疗知识图谱的研究也包含健康管理、疾病风险预测、辅助诊疗、病历结构化等应用。

以上众多领域、不同功能的知识图谱的构建不是一蹴而就的，而是经过漫长的发展与优化才形成如今覆盖众多行业的知识图谱应用。在知识图谱广泛应用的背后，是一批批知识图谱工作者们漫长而又坚实的研究与探索。

1.1.4 知识图谱发展阶段

知识图谱始于 20 世纪 50 年代，至今大致分为 3 个阶段[○]，如图 1-2 所示。

图 1-2　知识图谱的发展历程

下面主要介绍一下第三阶段（2012 年至今）。在这一阶段，谷歌提出了 Google Knowledge Graph，通过知识图谱技术改善了搜索引擎性能。伴随着人工智能的蓬勃发展，知识图谱涉及的知识抽取、表示、融合、建模、推理等关键问题得到一定程度的解决和突破，知识图谱成为知识服务领域的一个新热点，受到学术界和工业界的广泛关注。尤其是在工业界，阿里巴巴、腾讯、百度、美团、字节跳动、华为、科大讯飞等科技公司都在各自领域搭建并成功应用了知识图谱。

1.2　知识图谱架构

在了解了知识图谱的定义、分类及发展阶段之后，接下来介绍一下知识图谱的构建方式、逻辑架构及技术架构。

1.2.1　构建方式

知识图谱的架构是指构建知识图谱的模式结构，知识图谱的构建主要有自顶向下与自

○ 参见中国电子技术标准化研究院主编的《知识图谱标准化白皮书（2019）》中有关知识图谱的起源与发展内容。

底向上两种方式。自顶向下是指先为知识图谱定义好本体模式，根据本体模式的约束，再将实体加入知识库。自底向上是指从一些通用知识图谱中提取出实体，选择其中置信度较高的实体加入知识库，再构建顶层的本体模式。

在知识图谱技术发展初期，多数企业和科研机构主要采用自顶向下的方式构建基础知识库，这种构建方式需要利用现有的结构化知识库（如 Freebase）作为基础知识库，或从维基百科中获得大部分数据进行知识库构建。随着自动知识抽取与加工技术的不断成熟，当前知识图谱大多采用自底向上的方式构建，如谷歌的 Knowledge Vault 和微软的 Satori 知识库。

1.2.2 逻辑架构

知识图谱的逻辑架构可以划分为两个层次：概念层和数据层。

知识图谱的概念层构建在数据层之上，这是知识图谱的核心，用来规定知识图谱中包含哪些领域的知识、知识的类别（体系）、每种类别知识的关系与属性。知识图谱的概念层一般通过本体库⊖来管理，以规范数据层的一系列事实表达。知识图谱借助本体库对公理、规则和约束条件的支持能力来规范实体、关系及属性等对象之间的联系。其中，本体是结构化知识库的概念模板，通过本体库形成的知识库不仅层次结构较强，而且冗余程度较小。

知识图谱的数据层主要由一系列的事实组成，用来存储概念对应的事实数据。知识以事实为单位存储在图数据库中，如果事实是以（实体1–关系–实体2）或者（实体–属性–属性值）三元组作为基本表达方式，则存储在图数据库中的所有数据将构成庞大的实体关系网络，也就是形成知识的"图谱"。

如果在理解上还是有点模糊，可以看看下面这个例子。

- 概念层：人物1–关系–人物2，人物–属性–属性值。
- 数据层：李娜–丈夫–姜山，李娜–冠军–法网。

知识图谱可选择图数据库作为存储介质，例如微软的 Trinity、推特的 FlockDB、Sones 的 GraphDB、开源的 Neo4j 等都是典型的图数据库。

1.2.3 技术架构

在互联网飞速发展的今天，知识大量存在于非结构化的文本数据、半结构化的表格和

⊖ 本体库可以理解为面向对象里"类"的概念，本体库就存储着知识图谱的类，本体库在知识图谱中的地位相当于知识库的模具。

网页以及结构化的业务系统数据库中。可通过知识图谱技术获取大量的、计算机可理解的知识,并将这些知识层次化,形成知识体系或知识网络。

知识图谱是融合认知计算、知识表示与推理、信息检索与抽取、自然语言处理与语义Web、数据挖掘与机器学习等方向的交叉研究技术。知识图谱的构建包括数据获取、知识抽取、知识表示、知识融合、知识建模、知识推理等步骤,其构建过程如图1-3所示。知识图谱构建过程也是知识更新的过程,本书将围绕该过程的主要步骤与应用进行讲解。

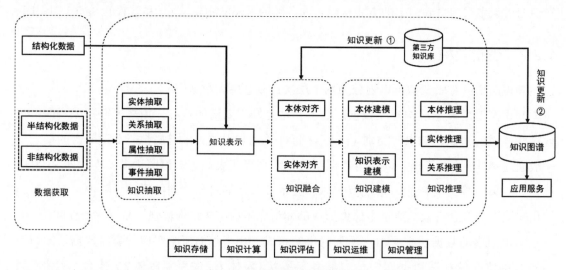

图1-3 知识图谱的构建过程

接下来,我们将基于实际应用讲解知识图谱构建的各个步骤。

1)**数据获取**:数据获取的对象是互联网上散落的大规模数据,这些数据来源多种多样,包括数据库文件、文本文档、网页数据或者链接开放数据等。数据类型包括结构化数据、半结构化数据以及非结构化数据。我们将这些多源异构数据汇聚起来供知识抽取与应用。

2)**知识抽取**:知识抽取主要面向链接开放数据,通过一系列自动化或半自动化的技术手段,从半结构化、非结构化的数据中提取出实体、关系及属性等知识要素,并以此为基础,形成一系列高质量的事实表达,为模式层的构建奠定基础。知识抽取不仅需要抽取实体及属性,还要基于语句和语境抽取出实体间的关系以及实体所描述的事件,以便用于之后的知识融合。

3)**知识表示**:知识抽取完毕之后,需要选择合适的方式来表示抽取的各种知识要素,以便将人类所理解的知识转化成计算机能理解的形式。知识图谱通常使用符号或者向量表示。基于符号的表示方式贴近人类的语言,具有较强的可解释性;而基于向量的表示方式会使用向量与矩阵来表示知识,虽然难以解释,但是可以轻松地运用于计算机中,与近年来流行的深度学习相辅相成。近年来,以深度学习为代表的表示学习技术取得了重要的进展,可以将实体的语义信息表示为稠密低维实值向量,进而在低维空间中高效计算实体、关系及其之间的复杂语义关联,解决了基于三元组的知识表示形式在计算效率、数据稀疏性等方面面临的诸多问题,对知识图谱的构建、融合、推理以及应用均具有重要的意义。

4)**知识融合**:知识融合是指将多个数据源抽取的知识进行融合。对不同数据源的知识来说,存在知识质量良莠不齐、来自不同数据源的知识重复、知识间的关联不够明确等问题,需要通过知识融合来将这些数据整合为一体。知识融合使来自不同知识源的知识可以在同一框架规范下进行异构数据的整合、消歧、加工、推理验证、更新等步骤,达到数据、信息、方法、经验以及人的思想的融合,形成高质量的知识图谱。知识融合主要包括本体对齐⊖和实体对齐⊜。通过本体对齐,可以确立一个统一的知识体系,将不同来源的数据在概念层整合为一体;通过实体对齐可以将同一个实体的不同表达方式整合为一体以解决某些实体有多种表达的问题,或将同样命名的实体分为不同含义的多个实体以解决某个特定称谓对应于多个不同实体的问题。

5)**知识建模**:在融合了知识图谱所需的数据之后,接下来的工作就是构建知识图谱模型。知识建模即建立知识图谱的数据模式。常用的方法包括两种:①由专家自顶向下编辑形成数据模式;②自底向上对现有高质量的行业数据集进行映射或按行业标准进行转换。行业知识图谱的数据模式需要对整个知识图谱的结构进行定义,且需要保证可靠性。知识建模主要分为两个步骤:一是本体建模,即建立知识图谱概念层的模型;二是知识表示建模,即建立知识图谱数据层的模型。通过本体建模,可以得到这个知识图谱的层级结构,达到人类可以理解的程度;而通过知识表示建模,可以得到图谱数据的模型,这使得计算机可以理解这些数据之间的关系。

6)**知识推理**:知识推理是在已有的知识库基础上通过推理技术进一步挖掘隐含的知识,从而丰富、扩展知识库。由于知识图谱是由获取的数据构建而成,这使得数据的缺失和错误会导致图谱的缺失与错误,我们可以通过知识推理来验证并弥补这些问题。同时,基于知识图谱的推理可以作为挖掘隐藏知识信息的工具,比如通过实体预测、关系预测、路径

⊖ 本体对齐,也叫本体匹配、本体映射。
⊜ 实体对齐,也叫实体匹配、实体消解。

推理等进行挖掘。知识推理的对象可以是实体、实体的属性、实体间的关系、本体库中概念的层次结构等。知识推理方法主要分为基于逻辑规则的推理、基于知识表示学习的推理、基于图的推理及混合推理等。

除了以上 6 个步骤之外，知识图谱的构建过程还包含知识存储、知识计算、知识评估、知识运维、知识管理等步骤。

1）知识存储：知识图谱存储的基础数据包括三元组知识、事件信息、时态信息以及使用知识图谱组织的数据等，它将知识以各种不同关系相连接形成的节点网络存储在数据库中，以便读取与修改。常用的关系型数据库与 NoSQL 数据库都可以用于部分知识图谱数据的存储，但更多时候建议直接使用图数据库进行存储。

2）知识计算：知识计算是针对已构建的知识图谱存在的不完备性、信息错误等问题，通过将知识统计与图挖掘、知识推理等方法和传统应用相结合，提供知识补全、知识纠错等能力，提高知识完备性并扩大知识的覆盖面。基于知识计算可以实现以准确、简洁的自然语言形式自动地回答用户所提出的问题，也可以以强大的关系连接能力为律师、医生等提供辅助决策建议等。

3）知识评估：在知识图谱的构建过程中，每一步都是在前一步的基础上按顺序完成的。在这个过程中，低质量的前述步骤造成的影响会在后续步骤中被放大，因此每一步都需要进行质量评估。质量评估也可以分为概念层与数据层的评估：概念层主要是评估各个步骤中涉及概念的部分，包括本体的定义、建模、推理等；而数据层则是评估数据本身的质量，例如数据源的质量、知识抽取结果的质量等。

4）知识运维：知识运维是指在应用使用过程中对知识图谱的概念层和数据层进行维护。概念层的运维是对实际需求与知识图谱脱节的地方进行修正，而数据层的运维则是对知识图谱中的数据按需求进行增减。从第三方数据源向知识图谱中添加数据也属于知识运维的一个重要环节。

5）知识管理：知识管理是指通过知识图谱管理平台整合大规模离散的业务数据、开放动态数据、专家经验数据等，提供知识图谱全生命周期的管理。可通过可视化方式完成领域知识体系建模，利用 AI 工作流实现知识图谱的快速构建，依托开放能力和计算推理引擎提供基础的应用能力。

另外，知识图谱标准体系结构包括六大标准[⊖]：基础共性标准、数字基础设施标准、关

⊖ 参见中国电子技术标准化研究院主编的《知识图谱标准化白皮书（2019）》的第 7 章。

键技术标准、产品/服务标准、行业应用标准以及运维与安全标准，有兴趣的读者可以自行了解。

如果读者对上述的大量概念难以一下全部接受或者似懂非懂，也不用担心，知识抽取、知识表示、知识融合、知识建模以及知识推理等内容都将在后面的章节中详细讲解。相信读者在学习完这些章节后，会对知识图谱的架构有更加清晰透彻的认识。

1.3 知识图谱现状

近些年我国在知识图谱的研究方面取得了长足的进展，出现了越来越多以知识图谱为核心技术的产品和服务，尤其在工业领域应用越来越广泛，引发了学术界、工业界足够多的重视。

1.3.1 学术界研究现状

由于知识图谱的构建过程大量运用了自然语言处理（Natural Language Processing，NLP）技术，知识图谱相关的研究一般会在 NLP 领域相关会议中发布。

在国际上，相关会议包括由国际计算语言学协会（The Association for Computational Linguistics，ACL）主办的 ACL、EMNLP、NAACL 以及国际计算语言学委员会（International Committee on Computational Linguistics，ICCL）主办的 COLING 等。

在国内，相关会议有全国知识图谱与语义计算大会（China Conference on Knowledge Graph and Semantic Computing，CCKS）及中国中文信息学会语言与知识计算专委会定期举办的全国年度学术会议，主要有中文知识图谱研讨会（Chinese Knowledge Graph Symposium，CKGS）和中国语义互联网与 Web 科学大会（Chinese Semantic Web and Web Science Conference，CSWS）。新的全国知识图谱与语义计算大会将致力于成为国内知识图谱、语义技术、链接数据等领域的核心会议，并聚集了知识表示、自然语言理解、智能问答、知识抽取、链接数据、图数据库、图挖掘、自动推理等相关技术领域的重要学者和研究人员。

1.3.2 工业界应用现状

伴随着自动知识抽取与加工技术的不断成熟，知识图谱在工业领域也获得了广泛应用，各大IT巨头相继推出以知识图谱为核心技术的产品和服务。如领英经济图谱、企业关系图谱等。当前的知识图谱大多采用自底向上的方式构建，具有强大的实际应用能力。

国外的知识图谱应用情况主要如下。

1）谷歌推出的Knowledge Vault知识库服务于智能搜索业务。

2）脸书推出社交图谱搜索工具Graph Search。

3）苹果推出的智能语音助手Siri提供了基于知识图谱的问答系统。

4）微软推出的Satori知识库服务于Bing Search业务。

国内的知识图谱应用情况主要如下。

1）腾讯基于QQ、微信以及大量App的各类海量数据构建了社交知识图谱，服务于搜索引擎、智能问答等业务。

2）阿里基于淘宝、天猫等数据库构建了电商知识图谱，服务于商品推荐系统。

3）百度基于搜索构建的知识图谱已经在众多产品线中广泛应用。

4）搜狗通过整合互联网上的碎片化语义信息，对用户的搜索进行逻辑推荐与计算，服务于知立方的智能搜索功能。

总之，从开始的谷歌搜索、百度搜索，到现在的个性化推荐、聊天机器人、金融决策等，诸多垂直领域的应用都与知识图谱密切相关。据艾瑞咨询估算，预计到2024年知识图谱市场规模将突破1000亿元。

1.4 知识图谱应用场景

知识图谱为互联网上多源、异构、海量、动态数据的表达、组织、管理以及利用等提供了一种更为有效的方式，其数据存储和处理技术可以帮助人工智能对真实世界中复杂、相互联结的数据进行理解及处理。通过推理，人工智能的智能化水平更高，更加接近于人类的认知思维。

接下来，我们选择智能搜索、推荐系统、知识问答、推理决策等具体的应用场景对知识图谱用途进行详细分析。

1.4.1 智能搜索

随着网络信息的爆炸式增长，传统搜索引擎存在只能机械地比对查询词和网页之间的匹配关系，无法真正理解用户查询内容等瓶颈，其结果与效率已经明显跟不上用户的需求。而基于知识图谱的智能搜索技术透过现象看本质，不再拘泥于用户所输入请求语句的字面本身，而是准确地捕捉到用户输入语句背后的真实意图，从而更准确地向用户返回最符合其需求的搜索结果。

知识图谱通过对实体、关系和用户的理解，能够分析实体之间的交互行为，帮助获取准确的答案，帮助用户更高效地发现信息资源，甚至顺着知识图谱可以探索更深入、广泛和完整的知识体系，让用户获得意想不到的知识。

基于知识图谱的智能搜索是一种长尾搜索，搜索引擎以知识卡片的形式将搜索结果展现出来。用户的查询请求将经过查询式语义理解与知识检索两个阶段，并给出具有重要性排序的完整知识体系。

第 11 章给出了基于知识图谱的智能搜索实践。

1.4.2 推荐系统

推荐系统是一种信息过滤系统，代替用户对未接触过的事物进行评判。知识图谱可以引入事物的语义信息，提高推荐的相关性、多样性与可解释性。

随着知识图谱的引入，信息和标签之间的关联性大大提高。从多个维度出发，知识图谱增加了推荐的相关性，也丰富了推荐的多样性，同时使推荐的结果可以进行合理的解释，真正做到个性化推荐。除此以外，用户也可以自定义知识图谱的推荐规则，使推荐结果更加个性化。例如在一些视频 App 中，用户可以告知系统其推荐的视频不合喜好，以及不被喜欢的原因，这样，推荐系统在之后的推荐中就会避开这一类的内容。

随着用户基数、用户数据和用户需求等的不断增加，我们相信基于知识图谱的推荐系统也将有更为广泛的研究和应用前景，包括知识融合、知识推理等知识图谱的独特技术将会为推荐系统注入更精准、更全面、更智能的血液。

第 12 章给出了基于知识图谱的图书推荐系统实践，包含了更多有关推荐系统的细节。

1.4.3 知识问答

传统的问答系统与传统搜索引擎的缺点一样，缺乏对文本语义深层次的分析和处理，因此也难以实现知识的深层逻辑推理，无法达到人工智能的高级目标。

知识图谱可以通过知识抽取、关联、融合等手段，将互联网文本转化为结构化的知识，利用实体以及实体间的语义关系对整个互联网文本内容进行描述和表示，从数据源头对信息进行深度的挖掘和理解。而使用问句语义解析、语义表示技术，并结合知识推理与深度学习算法，最终实际提高智能问答系统的智能程度。因为知识图谱的构建是源自海量数据的整合处理，所以避免了跨领域问题查询偏差，让问答系统的结果更加准确和可靠。

第 13～15 章介绍了知识图谱在开放领域、交通领域以及汽车领域的知识问答实践。

1.4.4 推理决策

知识图谱利用知识融合与知识推理技术，分析查询信息冲突以及企业间的联系，更快地发现信息中潜在的规律与联系，在反欺诈、企业风险评估等金融领域的应用颇为广泛。

实际上，知识图谱利用其强大的关系连接能力，可以将信息整合为一体，从一点穿透到信息潜在的关联部分，尤其是通过三四层连接相连的元素。像金融这种垂直应用领域，知识图谱的天然优势将得到极大发挥，但这类领域对知识图谱的构建质量也提出了更高的要求。

第 16 章介绍了知识图谱实践的金融决策内容，由于金融数据的隐私性，因此我们按照基本信息模拟了相关数据，以讲解知识图谱下的金融决策实践。

1.5 本章小结

本章从知识的定义及分类、知识图谱的定义及分类讲起，主要介绍了知识图谱的定义及分类；根据知识图谱的技术发展，将知识图谱分成起源、发展、繁荣三个标志性的阶段；接着介绍知识图谱的架构及应用现状；最后概要介绍知识图谱综合应用场景。

本章内容只是一个开始，以期使读者对知识图谱的应用情况有一个全貌概览，接下来正式开始基于知识图谱框架进行知识图谱构建及实践内容的讲解。

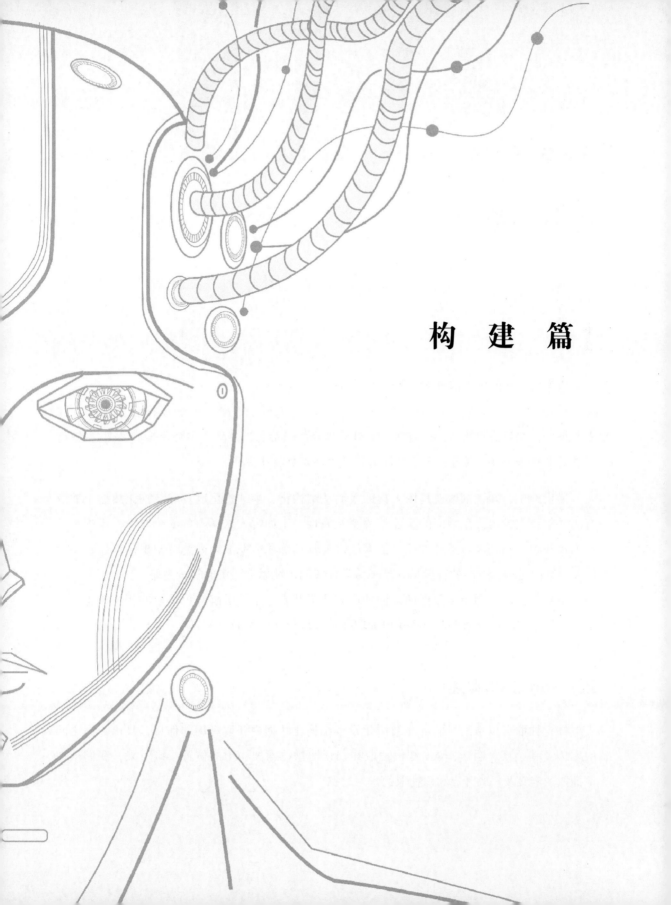

构 建 篇

第 2 章

知识抽取

博学之,审问之,慎思之,明辨之,笃行之。

——《礼记·中庸》

博学,学习要广泛涉猎;审问,有针对性地提问请教;慎思,学会谨慎地思考;明辨,形成清晰的判断力;笃行,用学习得来的知识和思想指导实践。

通俗地说,知识抽取就是用来帮助我们从结构化、半结构化以及非结构化数据中抽取有用的信息,找出信息之间的实体、关系及属性。正如古人谈学习的 5 个方面,不管是学习书本知识,还是学习某种技能,都需经过反复训练才能完成。因此,知识抽取也是一个反复打磨的过程,打磨的背后是立足于博学、审问、慎思、明辨的笃行之路。

本章以面向不同结构数据的知识抽取方法为基础,主要讲解知识抽取的相关概念、方法及实例三方面,帮助读者理解知识抽取技术并进行深层次的思考。

2.1 知识抽取概述

知识抽取可以帮助我们从非结构化及半结构化数据中获取有用的信息,找出数据之间的实体及其关系。图 2-1 给出知识抽取在知识图谱技术架构中的位置。接下来,我们从知识抽取的定义及任务开启知识抽取的学习之路。

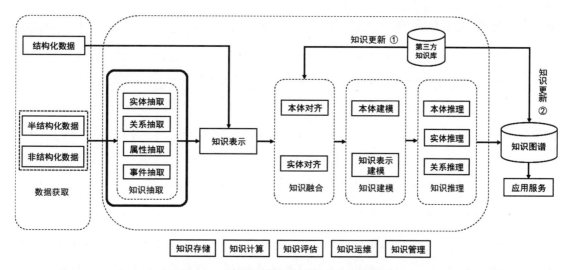

图 2-1 知识图谱技术架构中的知识抽取

2.1.1 知识抽取的定义

知识图谱的信息资源通常由清楚的、事实性的信息组成。在 2019 年发表的《知识图谱标准化白皮书》(以下简称标准化白皮书)中对知识抽取的定义是：从不同来源、不同结构的信息资源中进行知识提取，形成结构化的知识并存储到知识图谱中。

一般来说，知识抽取主要面向链接开放数据，通过一系列自动化或半自动化的技术手段，从半结构化、非结构化的数据中提取出实体、关系及属性等知识要素，并以此为基础，形成一系列高质量的事实表达，为上层模式层的构建奠定基础。知识抽取不仅需要抽取实体及属性，还要基于语句和语境抽取出实体间的关系以及实体所描述的事件。

目前，面向互联网爆炸式增长的海量文本数据的知识抽取，是关于知识图谱构建研究的主流方向之一，已有很多知识抽取的方法被提出来应对文本数据量巨大的问题。

虽然我们经常说知识抽取是知识图谱构建的第一步，但是严格意义上，知识抽取是建立在获取到的各类数据上的。获取方法多种多样，通常有众包法、爬虫法、机器学习法和专家法 4 种，标准化白皮书中具体介绍了这 4 种方法。数据获取更像是数据搜集的过程，其过程、原理等内容不是知识图谱构建的重点，因此不做过多讲解。

我们要继续深入知识抽取的任务中，以了解知识抽取在实际场景中的不断发展和进步，这会帮助我们充分掌握知识抽取的概念。

2.1.2 知识抽取的任务

在日常的生产生活中，绝大多数情况下获取的都是非结构化的数据，尤以文本数据居多。为了更透彻地学习知识抽取的内容，接下来以文本数据为例，介绍知识抽取的任务。

面向互联网海量文本数据的知识抽取，通常也叫作信息抽取。信息抽取最受关注的子任务包括：实体抽取、实体链接、关系抽取、属性抽取和事件抽取。其中实体链接（Entity Linking，EL）与知识融合中的实体链接不同。知识抽取中的实体链接只涉及抽取内容的链接，不涉及知识库内部实体之间的链接，后续内容将会体现这一点。

1. 实体抽取

实体抽取也称为命名实体识别（Named Entity Recognition，NER），是指从文本语料库中自动识别出专有名词（如机构名、地名、人名等），以及有意义的时间或名词性短语。经过实体抽取之后得到的命名实体、普通名词短语以及代词等称为**实体指称**，实体指称是实体的文本表现形式。实体抽取的准确性将直接影响知识抽取的质量和效率，因此实体抽取也是知识图谱构建和知识抽取的基础与关键。

早期实体抽取方法主要面向单一领域，关注如何识别出文本中的机构名、人名、地名等专有名词的实体信息。这一期间产生了基于规则的方法，但这类方法具有明显的缺点和局限性，可扩展性差以至于难以适应数据的变化，还需要耗费大量人力。

为了解决这些问题，相继提出了基于规则和监督学习相结合的方法、半监督方法、远程监督方法以及海量数据自学习方法等。随着命名实体识别技术不断取得进展，学术界不再限定特定的知识领域，而是面向开放的互联网，研究和解决全网知识抽取问题。为了研究开放域知识抽取的问题，需要先建立一个可以指导算法研究的完整的科学命名实体分类体系，同时该分类体系要便于对抽取得到的实体指称数据进行管理。实体分类体系的基本思想是采用统计机器学习的方法，对任意给定的实体，从目标数据集中抽取出与之具有相似上下文特征的实体指称，实现实体指称的分类和聚类。

在面向开放域的实体识别和分类研究中，不需要为每个领域或每个实体类别建立单独的语料库作为训练集，而是从给定的少量实体实例中自动发现具有区分力特征的模型。

2. 实体链接

前期的知识抽取基本技术，虽然实现了获取实体指称、关系以及实体属性信息的目标，但是还缺少必要的清理和整合环节，因为这些结果中可能包含大量的冗余和错误信息，数据之间的关系也是扁平化的，缺乏层次性和逻辑性。

关于实体链接，很多文献说法都不一样。我们通常把文本中的实体指称对应到知识图谱中的正确实体对象的链接技术叫作实体链接，它将文本中的实体指称映射到给定的知识库。也可以说，实体链接是指将实体指称对象链接到知识库中正确实体对象的操作。实体链接在许多领域起到了关键性作用，例如信息提取、语义搜索和问答匹配等。

实体链接的基本思想是首先准备好包含一系列实体的知识库与经过实体抽取得到的标注好指称项的语料，然后将每一个指称项与知识库进行匹配，从知识库中选出一组候选实体对象，最后通过相似度计算将指称项链接到正确的实体对象，以解决实体名的歧义性和多样性问题。而将文本中的实体名指向其所代表的真实世界的实体，通常被称为实体消歧。

例如，在"北京时间2020年4月15日深夜，苹果发布了最新款iPhone X，3299元起售的iPhone X正式上架。"语句中，实体链接系统需要将文本中的"苹果"与其真实世界所指的"苹果公司"进行对应，iPhone X与"苹果手机"进行对应，而不是我们常吃的"苹果"水果。而将语料中多个指称项指向知识库中的同一实体对象，通常被称为共指消解。

再如：

中国古典名著《西游记》中的唐僧，俗家姓陈，生于河南洛阳，法号"玄奘"，被尊称为三藏法师，也是孙悟空的师傅。

其中，玄奘法师、孙悟空师傅、三藏法师等多个指称项对应的实体对象都是"唐僧"。

在知识抽取中，一般认为实体链接包括实体消歧和共指消解，三者关系的示意图如图 2-2 所示。

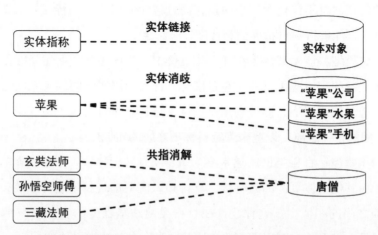

图 2-2 实体链接、实体消歧与共指消解关系的示意图

实体链接的一般流程如下。

1）候选实体生成：从文本中通过实体抽取得到实体指称项，即每个实体在知识库中获得的一组引用实体作为候选实体。

2）实体消歧与共指消解：实体消歧与共指消解是判断与知识库中的同名实体的含义是否相同，可通过计算实体和候选实体之间的相似度的排序来选择可能的候选实体。

3）在知识库中确认正确的实体对象之后，将该实体指称项链接到对应的实体对象上。

我们将现有的实体链接模型分为两种：本地模型和全局模型。本地模型根据实体的上下文信息来实现实体链接。全局模型利用文档中的所有实体和其目标实体的全局一致性来实现实体链接。而在实体链接的流程中，实体消歧和共指消解是整个实体链接流程的核心，接下来，我们将详细介绍实体消歧和共指消解。

顾名思义，实体消歧是专门用于消除同名实体产生歧义问题的技术。在实际语言环境中，经常会遇到某个实体指称项对应多个命名实体对象的问题。例如在上面的例子中，"苹果"指称项可以对应多个实体对象。实体消歧主要采用聚类法，即将所有指向该指称项的实体对象聚集到此类别下。聚类法消歧的关键是如何定义实体对象与指称项之间的相似度，常用的方法有以下4种。

- **空间向量模型**（词袋模型）：通常取当前语料中实体指称项周边的词构成特征向量，然后利用向量的余弦相似度进行比较，之后将该指称项聚类到与之最相近的实体指称项集合中。该方法的缺点是没有考虑上下文语义信息，这种信息损失会导致在某些情况下算法性能大幅下降，如短文本分析。

- **语义模型**：该模型与空间向量模型类似，区别在于特征向量的构造方法不同，语义模型的特征向量不仅包含词袋向量，而且包含一部分语义特征，语义特征与词袋模型相结合，能够得到更精确的相似度计算结果。

- **社会网络模型**：该模型认为在社会化语境中，实体指称项的意义在很大程度上是由与其相关联的实体所决定的。在建模时，首先利用实体间的关系将与之相关的指称项链接起来构成网络，然后利用社会网络分析技术计算该网络中节点（实体的指称项）之间的拓扑距离，以此来判定指称项之间的相似度。

- **百科知识模型**：百科类网站通常会为每个实体（指称项）分配一个单独页面，其中包括指向其他实体页面的超链接，百科知识模型正是利用这种链接关系来计算实体指称项之间的相似度。这种建立在百科类网站基础上的实体消歧结果目前是最好的，但是由于百科类知识库中的实体数非常有限，此类方法的推广性较差。

顾名思义，**共指消解**是主要用于解决多个指称项对应于同一实体对象问题的技术。例如在上面的例子中，"玄奘法师""孙悟空师傅""三藏法师"等多个指称项对应的实体对象都是"唐僧"。共指消解技术可以将这些指称项关联到正确的实体对象。由于该问题在信息检索和自然语言处理等领域非常重要，吸引了大量学者进行研究，但**学术界对该问题有多种不同的表述，在知识库中，实体之间的实体消解也叫对象对齐、实体匹配以及实体同义等**。

共指消解问题的早期研究成果主要来自自然语言处理领域，近年来统计机器学习领域的学者越来越多地参与到这项工作中。随着统计机器学习方法被引入该领域，共指消解技术进入了快速发展阶段。除了可以将共指消解问题视为分类问题之外，还可以将其作为聚类问题来求解。聚类法的基本思想是以实体指称项为中心，通过实体聚类实现指称项与实体对象的匹配，其关键问题是如何定义实体间的相似性测度。

而基于统计机器学习的共指消解方法通常受限于两个方面：训练数据的（特征）稀疏性和难以在不同的概念上下文中建立实体关联。一种评估术语相似度的实体相似性测度模型被提出，它可以从全局语料中得到所有术语间的统计意义上的相似性，据此完成实体合并，达到共指消解的目的。后来有研究者将网页点击相似性和文档相似性相结合，提出了一种新的查询上下文相似性测度方法，该方法能够有效识别同义词，显著提高了查全率。

3. 关系抽取

与实体抽取相比，关系抽取更加复杂，大多数关系都有一定的隐含性（关系表示不明显）和关系自身的复杂性（不同实体之间有多对关系或者同一实体的不同关系）。

统计机器学习方法通过对实体间关系的模式进行建模，替代预定义的语法和语义规则。而大量基于特征向量或核函数的有监督学习方法，也使得关系抽取的准确性不断提高。由于在相似度计算过程中对匹配约束比较严格，基于核函数方法的召回率普遍较低，因此后续主要围绕改进召回率展开研究。

随着语料的增多，以及深度学习在图像和语音领域获得成功，知识抽取也逐渐转向了基于神经模型的研究。有人提出联合抽取模型，利用神经网络模型不需要加入太多特征（一般可用的特征有词向量、位置等）的特点，可以同时抽取实体之间的关系。联合抽取模型的优点是可以避免流水线模型⊖存在的错误累积。但无论是流水线方法还是联合抽取方法，都

⊖ 参见钟华帅的硕士论文《基于深度学习的实体和关系联合抽取模型研究与应用》一文的介绍。

属于有监督学习，因此需要大量的训练语料，尤其是采用神经网络的方法，需要大量的语料进行模型训练，但这些方法都不适用于构建大规模的知识图谱。近年来关系抽取的研究重点逐渐转向半监督和无监督的学习方式，并已经有一系列的成果。

以上研究都需要预先定义实体关系类型，例如雇佣关系、整体部分关系以及位置关系等。然而在实际应用中，要想定义出一个完美的实体关系分类系统是十分困难的。2007年，华盛顿大学图灵中心的Banko等人提出了OIE（Open Information Extraction，面向开放域的知识抽取方法框架），并发布了基于自监督（Self-supervised）学习方式的开放知识抽取原型系统（TextRunner）。该系统采用少量人工标记数据作为训练集，据此得到一个实体关系分类模型，再依据该模型对开放数据进行分类，依据分类结果训练朴素贝叶斯模型来识别"实体–关系–实体"三元组，经过大规模真实数据测试，取得了显著优于同时期其他方法的结果。

OIE技术直接利用语料中的关系词汇对实体关系进行建模，因此不需要预先指定关系的分类。另外，基于联合推理的关系抽取方法还有马尔可夫逻辑网（Markov Logic Network，MLN），它是一种将马尔可夫网络与一阶逻辑相结合的统计关系学习框架，也是在OIE中融入推理的一种重要实体关系抽取模型。此外，有研究人员使用语句级注意力机制的卷积神经网络模型对通过远程监督训练的数据集进行噪声过滤，达到了提高准确率的效果。

4. 属性抽取

属性主要是针对实体而言的，以实现对实体的完整描述。由于可以把实体的属性看作实体与属性值之间的一种名词性关系，因此属性抽取任务就可以转化为关系抽取任务。

对属性抽取的任务来说，尽管可以从百科类网站获取大量实体属性数据，但大量的实体属性数据隐藏在非结构化的公开数据中。如何从海量的非结构化数据中抽取实体属性是值得关注的问题。一种方案是基于百科类网站的半结构化数据，通过自动抽取生成训练语料，以此训练实体属性标注模型，然后将其应用于对非结构化数据的实体属性抽取上。另一种方案是直接挖掘文本中实体属性与属性值之间的关系，据此实现对属性名和属性值在文本中的定位。这种方法的基本假设是属性名和属性值之间有位置上的关联关系。事实上，在真实语言环境中，许多实体属性值附近都存在一些限制和界定该属性值含义的关键词（属性名），在自然语言处理技术中将这类属性称为有名属性，因此可以利用这些关键词来定位有名属性的属性值。

5. 事件抽取

事件是指发生在某个特定时间点或时间段以及某个特定地域范围内，由一个或者多个角色参与的动作组成的事情/状态的改变。目前已存在的知识资源（如维基百科等）所描述的实体及实体间的关联关系大多是静态的，而一个事件可能会分布在多个句子中，并且要同时考虑多个元素，但事件能够描述粒度更大的、动态的、结构化的知识，它是现有知识资源的重要补充。

通俗地说，事件抽取技术就是从种类众多的非结构化信息中，抽取出实体之间有价值的事件，并以结构化的形式辅助实体的知识图谱构建。事件抽取任务可以进一步分解为4个子任务——触发词识别、事件类型分类、论元（语言学概念，用来表示动作或事件的参与者）识别和角色分类，如图2-3所示。其中，触发词识别和事件类型分类又可以合并称为事件识别任务，而事件识别是判断句子中的每个单词归属的事件类型，是一个基于单词的多分类任务。论元识别和角色分类可以合并称为论元角色分类任务，论元角色分类任务是一个基于词对的多分类任务，判断句子中任意一对触发词和实体之间的角色关系。

另外，事件抽取任务又可以分为两个大类：元事件抽取及主题事件抽取。其中，元事件表示一个动作的发生或状态的变化，往往由动词驱动，也可以由能表示动作的名词等其他词性的词来触发，它包括参与该动作行为的主要成分，如时间、地点、人物等。而主题事件包括事件或活动，它可以由多个元事件片段组成。当前研究主要是面向元事件抽取，而对主题事件抽取的研究较少。

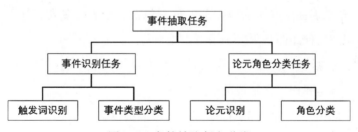

图2-3 事件抽取任务分类

依据事件抽取的手段，可以将其分为模式匹配与统计学两种。在事件抽取发展的早期，一般通过诸如语法树、正则表达式等人工编写的规则模板来判断，但是这种方法极度依赖人工规则的质量，且准确率有限。而后事件抽取可以使用弱监督学习进行匹配。现在主流的事件抽取方法则是使用基于统计学的机器学习与深度学习来实现。例如，利用BERT等预训练模型将事件提取的F值提高了10%以上。

2.2 知识抽取的方法

由于信息的结构和数据源比较复杂，且涉及的对象、属性和性质以及表达形式也各有不同，因此造成了知识载体类型的千差万别。针对不同的知识载体类型，我们要采用不同的抽取模式与技术方法。具体的知识抽取架构图如图2-4所示，该架构包含了对结构化数据、半结构化数据以及非结构化数据的抽取。

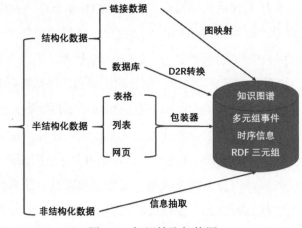

图 2-4　知识抽取架构图

结构化数据的知识抽取包括从数据库中抽取和从链接数据中抽取。其中，从数据库中抽取知识使用 D2R 转换工具将关系型数据库映射到 RDF⊖（Resource Description Framework，资源描述框架），其难点在于复杂表数据的处理，包括嵌套表、多列、外键关联等；而从链接数据中抽取知识主要使用图映射方法进行数据对齐。

对于半结构化数据的知识抽取，我们通常使用包装器的方法（后面将有详细的介绍）。获取知识的过程也就是我们广义上说的信息抽取。

下面对 3 种不同类型数据的知识抽取方法进行详细讲解。

2.2.1　面向结构化数据

结构化数据是指类似于关系型数据库中表格形式的数据，数据之间往往存在着明确的关系名称和对应关系。对于一般的表格，我们可以使用如 Python、Java 等工具编写简

⊖ 使用 XML 语法来描述 Web 资源的特性以及资源与资源之间的关系。

单代码对表格数据进行知识抽取，处理成知识图谱具体场景所需要的格式；而对于复杂一点的表格，我们需要使用转换工具将关系型数据库映射到 RDF。RDF 本质是一个数据模型，提供了描述实体或资源的统一的标准。简单来说，RDF 就是表示事物的一种方法和手段。RDF 形式上表示为 SPO 三元组，有时候也称为一条语句，在知识图谱中也称其为一条知识。

我们以关系型数据库为例，表 2-1 总结了面向结构化数据抽取知识的方法，根据这些规则可将关系型数据库转化为一个知识库。

表 2-1 结构化数据抽取知识方法总结

抽取原理	表（Table）→类（Class） 列（Column）→属性（Property） 行（Row）→资源/实例（Resource/Instance） 单元（Cell）→属性值（Property） 外键（Foreign Key）→指代（Reference）
抽取工具	D2R、Virtuoso、Oracle SW、Morph 等
抽取方法	直接映射、R2RML 映射

接下来，我们来讲解面向关系型数据库知识抽取的直接映射、R2RML 映射方法。

1. 直接映射

直接映射通过明确在关系模式中编码的语义，将关系数据转换为 RDF。如下按照一些简单的规则创建 URI（Uniform Resource Identifier，统一资源标识符）进行映射。

- 数据库的表作为本体中的 RDF 类。
- 表的列作为 RDF 属性。
- 表的行作为实例/资源。
- 表的单元格值为字面量。
- 如果单元格所在的列是外键，那么其值为 IRI（Internationalized Resource Identifier，国际化资源标识符），或者说实体/资源。

由于 URI 规定只能使用英文字符，而 Unicode 字符集包括了当今世界上所有书写文字的字符，所以资源标识符可以使用 Unicode 字符。

2. R2RML 映射

R2RML（RDB to RDF Mapping Language）映射是将逻辑表作为输入，然后依据三元组映射（Triple Map）规则将其转换成三元组的集合。

- 逻辑表：一个数据库表、一个数据库视图或 SQL 查询语句。
- 三元组映射：通过主语、谓语、宾语映射产生三元组。

以直接映射方法得到的 RDF 在结构上直接映射了关系型数据库的结构，RDF 词语也直接映射了关系型数据库架构的元素，但这样的映射并不能改变 RDF 的结构或词语。而使用 R2RML 的话，映射文件的作者可以自由地定义关系型数据的视图，然后由视图来映射 RDF。所以每一个 R2RML 映射都是基于实际项目需要而描述的，它连接了作为输入端的关系型数据库架构域以及作为输出端的 RDF 词语。

一般来说，R2RML 的映射包括数据库中的表、视图（一个或多个）或 SQL 查询语句、一个或多个映射规则文件。R2RML 还包括一个负责连接数据库以及执行映射与结果输出的处理器。R2RML 也可以通过映射来完成对实体属性、外键、特殊数据类型等元素的处理。

相比其他数据，结构化数据的知识抽取方法和应用场景相对简单。下面就来了解半结构化数据以及非结构化数据的知识抽取内容。

2.2.2　面向半结构化数据

半结构化数据是指类似百科、商品列表、网页等本身存在一定结构，但需要进一步提取整理的数据。本节以半结构化文本数据为例讲解。

与其他类型数据相比，半结构化文本数据的知识抽取受到结构与语义的双重约束。首先，半结构化文本数据的现有结构不足以支撑抽取工具直接解析相关内容，它受文本载体形式的制约较大；其次是语义相关性与复杂性，大量语义信息存在相关性并隐含在文本中，内容表征复杂。

半结构化数据的知识抽取主要通过包装器进行，包装器学习半结构化数据的抽取规则，以将数据从 HTML 网页中抽取出来，进而将它们转换为结构化的数据。

注意：在实践中，我们对网页信息（半结构化文本数据）的抽取处理可以采用 XPath（XML Path Language，XML 路径语言）定位 DOM（Document Object Model，文档对象模型）中的节点，并基于节点生成 XPath 集合空间，进一步归纳成可泛化的规则。XPath 是一种基于 XML 的树状结构，它提供了在数据结构树中找寻节点的能力，即确定 XML 文档中某部分内容位置的能力。

我们使用包装器进行知识抽取的步骤主要包括网页清洗、网页标注、包装器空间生成、

包装器评估，具体如下。

1）网页清洗：网页清洗主要解决网页代码不规范的问题，比如网页中的标签没有闭合，个别标签使用不规范等，网页结构代码不严谨就会造成在抽取过程中的噪声，而使用一些工具对网页进行规范化处理，可以在后期的抽取过程中减少噪声的影响。

2）网页标注：网页标注就是在网页上标注所需要抽取的数据，具体方式可以是在需要抽取的数据位置上打上特殊的标签，表示这个数据是需要抽取的。

3）包装器空间生成：为标注的数据生成 XPath 集合空间，并对生成的集合进行归纳，形成若干个子集。归纳的规则要能匹配子集中 XPath 的多个标注数据项，具有一定的泛化能力。

4）包装器评估：对包装器进行评估需要采用一定的标准，主要有准确率和召回率。准确率是指用筛选出来的包装器对原先训练的网页进行标注，统计与人工标注项相同的数量，除以当前标注项的总数量；召回率则是用筛选出来的包装器对原先训练的网页进行标注，统计与人工标注项相同的数量，除以人工标注项的总数量。准确率越高、召回率越高，则评分越高。

得到包装器的抽取规则后就可以从网页中抽取数据，并将数据转换成结构化数据。

接下来，我们设计一个简单的例子辅助理解。

假设我们在网页上同时标注了 n1、n2 两个标签信息，它们的 XPath 分别如下。

❑ n1 的 XPath：/html[1]/body[1]/table[1]/tbody[1]/tr[2]/td[1]。

❑ n2 的 XPath：/html[1]/body[1]/table[1]/tbody[1]/tr[3]/td[1]。

我们根据 n1、n2 生成 XPath 集合空间，并对生成的集合进行归纳，将 tr[2]、tr[3] 归纳成 tr[r'[0-9]*']，然后泛化后得到 XPath 的两个可能结果：

A：/html[1]/body[1]/table[1]/tbody[1]/tr[r'[0-9]*']/td[1]；

B：//*/td。

完成包装器空间生成之后，我们按准确率和召回率进行包装器的评估。

1）准确率：若包装器 A 的准确率高于包装器 B 的准确率，则 A 优于 B。

2）召回率：若包装器 A 的召回率和包装器 B 的召回率一样，则 A 等于 B。

综合比较后，选择包装器 A。

值得一提的是，有监督的包装器维护开销会很大，比如网站改变了模板，之前生成的包装器就需要进行相应的修改才能使用。因此，我们针对半结构化数据具有大量重复性结构的特点，可以对数据进行少量的标注，让机器学习出一定的规则，进而在整个站点下使用这些规则对同类型或者符合某种关系的数据进行抽取，从而节省资源。除了使用有监督的包装器抽取规则之外，我们还可以通过挖掘网站中的模板来实现自动抽取。通常，网站中的数据会使用很少的模板来编码，我们可以通过挖掘多个数据记录中的重复模式来找出这些模板，进而通过这些模板实现网站数据的自动抽取。

对待抽取信息的网页，我们需要进行数据预处理（数据清洗）。预处理后的自动抽取环节可分为包装器训练和包装器应用两个步骤。

1）包装器训练：预处理后的网页需要进行聚类处理，通过聚类算法将特征相近的网页归为一组，训练生成相应的包装器，使得每组相似的网页获得一个包装器。

2）包装器应用：将待抽取网页与生成包装器的网页进行比较，根据分类使用该类别下的包装器对相应的网页进行信息抽取，以获取网页中的目标数据，并将得到的数据保存在数据库中。

下面介绍知识抽取研究中最多的非结构化数据的抽取。

2.2.3 面向非结构化数据

非结构化数据是指社交网络、网页、新闻、论文，甚至一些多模态数据。本节以文本数据抽取为例，从实体抽取、实体链接、关系抽取以及事件抽取几个方面来讲解面向非结构化数据的知识抽取。其中，知识抽取的任务中提到的属性抽取与关系抽取概念相近，使用的方法也十分类似，不再赘述。

1. 实体抽取

实体抽取是抽取文本中的信息元素得到实体指称，具体的标签定义可根据抽取任务的不同而进行调整。一般来说，文本中的信息元素包含了时间、地点、组织或机构名称、人名、字符值等标签。如图2-5所示，我们给出了一个可供实体抽取的例句。通过抽取文中的实体，我们可以得到时间（2020年5月16日）、地点（德国）、组织（多特、沙尔克）等实体指称。

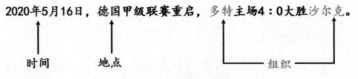

图2-5 实体抽取例句

单纯的实体抽取可作为一个序列标注问题，因此可以使用机器学习中的HMM（Hidden Markov Model，隐马尔可夫模型）、CRF（Conditional Random Field，条件随机场）、LSTM

(Long Short-Term Memory,长短期记忆)等诸多算法解决。其中,HMM 用来描述一个含有隐含未知参数的马尔可夫过程,是一种进行有效信息处理的数学手段;CRF 是一种判别式概率模型,常用于标注或分析序列资料,如自然语言文字或生物序列;LSTM 是为解决 RNN 的长期依赖问题而专门设计出来的一种时间循环神经网络。由于 LSTM 可以运用过去的特征,而 CRF 可以利用句子的标注信息,因此一般会将 LSTM 与 CRF 结合起来使用。

利用机器学习方法进行实体抽取的基本流程如下。

- 输入可供训练、具有代表性的文本数据。
- 找出文本中的指称词语(即 Token),标记命名实体标签。
- 分析文本和类别,并设计合适的特征提取方法。
- 训练一个句子分类器来预测数据的标签。
- 对测试集文本使用分类器,自动为指称词语做标记。
- 输出标记结果,即测试集文本的命名实体。

接下来,我们以 CRF 算法抽取文本"中华人民共和国教育部是中华人民共和国国务院主管教育事业和语言文字工作的国务院组成部门。位于北京市西城区西单大木仓胡同 37 号。"中的实体为例,介绍实体抽取的基本思路,具体流程如图 2-6 所示。

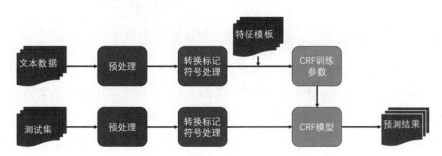

图 2-6　CRF 实体抽取流程图

基于 CRF 的实体抽取基本思路如下。

1)将待抽取的文本数据进行数据预处理及分词处理,随后进行转换标记处理,将文本数据中分词语料的标记符号转换成用于实体识别的标记。

2)根据上下文,对不同的命名实体识别采用不同的特征模板,对简单的时间、地点以及组织名进行命名实体识别(如国务院、教育部等)。

3)识别文本中存在的复合地名、复合组织机构名(如北京市西城区西单大木仓胡同 37 号、中华人民共和国教育部等)。

4)我们可以利用现有的 CRF 程序包得到模型训练参数,再使用训练好的模型对测试集进行实验得到模型的 F1 值[⊖]。

2. 实体链接

实体链接是根据给定的实体知识库与标注好的指称项语料,将指称项与知识库进行匹配,从知识库中选出一组候选实体对象,然后通过相似度计算将指称项链接到正确的实体对象。实体链接主要解决实体名的歧义性和多样性问题,涉及了实体消歧、共指消解等技术,如图 2-7 所示。

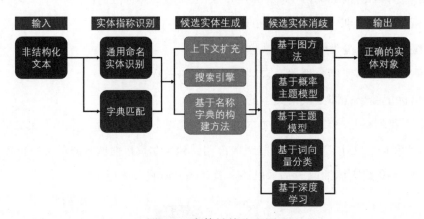

图 2-7 实体链接流程图

实体链接流程包括输入、实体指称识别、候选实体生成、候选实体消歧、输出等步骤。

一般来说,在经过实体抽取得到实体指称之后,需要为文本中给定的实体名称生成可能链接的候选实体集合,即候选实体生成。候选实体生成的方法有基于名称字典的构建方法、基于上下文的扩充法、基于搜索引擎的构建方法等。其中基于名称字典的构建方法在实体链接中的应用十分广泛,主要做法是利用维基百科提供的各类信息,构建实体名称与所有可能链接的实体的映射关系字典 D,然后利用 D 中的信息生成候选实体集合。

$$D = \{\langle m_i, e_i \rangle | i = 1, 2, \cdots, |D|\}$$

其中,从非结构化文本数据中得到的实体指称集合 $M = \{m_i | i = 1, 2, \cdots, |D|\}$,包含了大量实体名称变种,如缩略语、昵称、别名等,与实体指称集合 M 对应的候选实体集合用 $E = (e_1, e_2, \cdots, e_n)$ 表示。实体指称 m_i 对应的映射值 $e_i = \{e_{ij} | j = 1, 2, \cdots, |e_i|\}$,即 m_i 可能链接的

⊖ 在机器学习中,F1 值是指准确率(Precision)和召回率(Recall)的调和平均值,F1 值越高,表明算法越好。

候选实体集合。此时实体链接的任务是将给定的指称 m_i 链接到候选实体集合 e_i 中的某个无歧义实体 e_{ij}，此过程即候选实体消歧候选实体消歧主要是进行实体消歧、属性消歧、上下文消歧，通过基于图的方法、基于概率主题模型、基于主题模型、基于词向量分类和基于深度学习等方法实现。

为了方便理解，我们对 2.1 节中提到的输入文本数据"北京时间 2020 年 4 月 15 日深夜，苹果发布了最新款 iPhone X，3299 元起售的 iPhone X 正式上架。"做进一步处理，图 2-8 给出了该文本数据实体链接的实例。经过属性消歧、上下文消歧，当我们最终可以根据实体链接流程将文本数据中的"苹果"链接到苹果公司时，实体链接的任务即顺利完成。

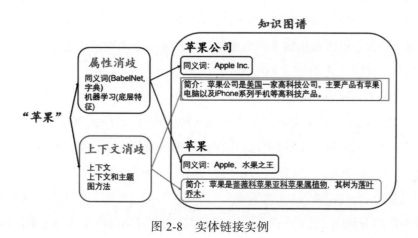

图 2-8 实体链接实例

3. 关系抽取

关系抽取是指从非结构化文本中抽取出两个或多个实体之间的语义关系，构成知识图谱的边。这在知识抽取中是非常关键的一步，也是知识抽取研究领域的重点任务之一。关系抽取也很好理解，例如，从"姜山为妻子李娜的日常训练提供了很多帮助"可以得出 {夫妻（姜山，李娜）} 这个关系。

目前根据关系抽取方法的不同，可以将其具体分为基于模板的方法、基于监督学习的方法、基于弱监督学习的方法，我们将在下面给出这些方法的详细内容。

（1）基于模板的方法

基于模板的方法主要通过基于触发词、基于依存句法分析等实现。

基于触发词：首先确定触发词，然后根据触发词进行规律的匹配及抽取，然后进行映射。如图 2-9 所示，其中的触发词为丈夫、妻子等。根据这些触发词找出夫妻关系，同时通过命名实体识别出关系的参与方。

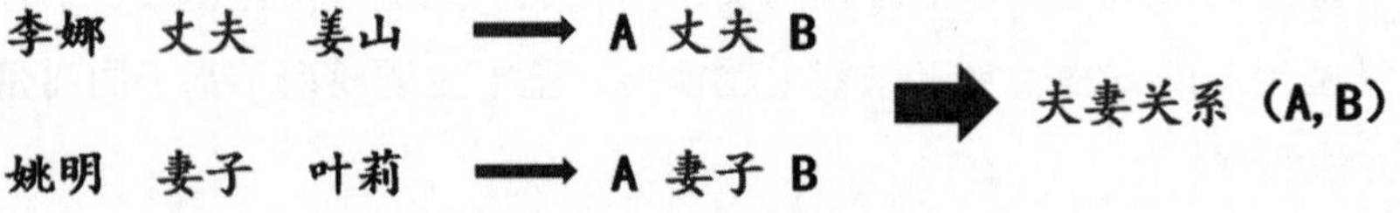

李娜　丈夫　姜山　→　A 丈夫 B
姚明　妻子　叶莉　→　A 妻子 B
→　夫妻关系（A,B）

图 2-9　触发词匹配

基于依存句法分析：以动词为起点，构建规则，对节点上的词性和边上的依存关系进行限定。一般情况下，语句符合形容词＋名词或动宾短语等情况，因此这相当于以动词为中心结构总结的规律。其执行流程如下。

- 对句子进行分词、词性标注、命名实体识别、依存分析等处理。
- 根据句子依存语法树结构来匹配规则，每匹配一条规则就生成一个三元组，也可以匹配多条规则生成多个三元组。
- 对三元组实体和触发词进一步处理，以抽取出关系。

同样，我们给出一个例子来说明基于依存句法分析是如何进行的："李娜登顶法网，赛场彰显霸气。"对该句子进行词性标注、依存分析等前置处理后，可获得该句的依存句法结构，如图 2-10 所示。其中，"登顶"为该句的核心词，在句子中的成分为"谓语"，其父节点为依存树的根节点；"李娜""法网赛场""彰显"均与"登顶"相关联，表示在句子中与核心词的依存关系分别为"主语""宾语""连谓"，此时可应用依存树的主谓结构匹配规则，获取（李娜，登顶，法网赛场）三元组；最后，由于"彰显"与核心词存在"连谓"关系，并且与"李娜""霸气"相关联，因此还可应用规则获取（李娜，彰显，霸气）三元组，但因"霸气"作为形容词，其自身不能作为命名实体，因此该三元组不具备实际意义。

词顺序	词	词性	依存关系
0	李娜	人名	主语
1	登顶	动词	核心词
2	法网赛场	地名	宾语
3	彰显	动词	连谓
4	霸气	形容词	形容词

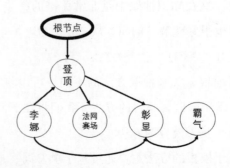

规则抽取结果：
（李娜，登顶，法网赛场）→ 夺冠（李娜，法网赛场）

图 2-10　基于依存句法分析的示例

综上，该例句最终的关系抽取结果为：（李娜，登顶，法网赛场）→夺冠（李娜，法网赛场）。

以上就是基于模板方法的具体内容，它具有在小规模数据集上容易实现、构建简单、人工规则准确率高、可以为特定领域定制等优点。缺点是，特定领域的模板需要专家构建；需要为每条关系定义规律，规律很难考虑周全且费时费力；难以维护、可移植性差、低召回率。

（2）基于监督学习的方法

基于监督学习的关系抽取方法将关系抽取转化为分类问题。在给定实体对的情况下，使用机器学习的方法根据句子上下文对实体关系进行预测。它的执行流程如下。

1）预先定义好关系的类别。

2）人工标注一些数据，并设计特征表示。

3）选择一个分类方法，最后进行评估。

传统的基于监督学习的关系抽取是一种依赖特征工程的方法。首先，对每个任务可以使用特定的特征。基于实体的特征，包括实体前后的词、实体类型、实体之间的距离等；基于短语的特征，比如 NP、VP、PP（句法学中的缩写，例如 NP = noun phrase）等。在实际操作中，为了提高效率，通常会训练两个分类器：第一个分类器是 yes/no 的二分类，判断命名实体间是否有关系，如果有关系，再送到第二个分类器，为实体分配关系类别。这样做的好处是通过排除大多数的实体对来加快分类器的训练过程，可以采用的分类器是 MaxEnt、朴素贝叶斯、SVM 等。

基于深度学习的关系抽取能够自动学习有效特征，常用的特征包括位置嵌入（Position Embedding）、词嵌入（Word Embedding）、知识嵌入（Knowledge Embedding）等，常用的深度学习方法包括串联模型（Pipeline）和联合模型（Joint Model）等。

1）串联模型：识别实体和关系分类是完全分离的两个过程（即串联方式），不会相互影响，关系的识别依赖实体识别的效果。

2）联合模型：在一个模型中通过共享参数来表示实体及关系，对句子同时做实体识别和关系抽取，得到一个有关系的实体三元组。

用串联模型训练的好处是各模型相互独立，设计上较为容易，但误差会逐层传递累积，步骤太多有可能导致模型后续不可用。而一般情况下，联合模型方法的效果优于串联模型，但是所需的参数空间会增大。

（3）基于弱监督学习的方法

基于监督学习的方法效果虽然好，但是需要获取有标注的数据集，这一点在实际操作中有一定的难度。当标注数据集不大或者数据量又特别大的情况下，就可以借助弱监督学习的方法。基于弱监督学习的方法又分为远程监督学习和Bootstrapping方法两种。

远程监督学习方法是将知识图谱与非结构化文本对齐之后，自动构建大量训练数据，从而减少模型对人工标注数据的依赖，增强模型跨领域适应能力。该方法认为若两个实体在知识图谱中存在某种关系，则包含这两个实体的非结构化句子均能表示出这种关系。例如，在某知识图谱中存在"夺冠（李娜，法网赛场）"，那么就认为出现李娜和法网的句子就是表述夺冠关系。因此可构建训练正例：李娜在法网夺冠。

一般来说，远程监督学习抽取知识的流程如下。

- 从知识库中抽取存在关系的实体对；
- 从非结构化文本中抽取含有实体对的句子作为训练样例；
- 训练监督学习模型。

虽然远程监督可以利用丰富的知识库信息减少一定的人工标注，但它的假设会引入大量的噪声，存在语义漂移现象。语义漂移是指在迭代过程中会产生一些与种子不相关的实例，然后这些不相关实例再次进入迭代，频繁产生其他不相关实例。例如，"李娜法网遭'黑马'舍夫多娃逆转"这句话表达的就不是法网夺冠的意思。同时，由于是在知识库中抽取存在的实体关系对，因此很难发现新的关系。

Bootstrapping是通过在文本中匹配实体对和表达关系短语模式，寻找和发现新的潜在关系三元组，其执行流程为：

1）从文档中抽取出包含种子实体的文本。

2）将抽取出的规律（Pattern）匹配文档集。

3）将基于规律抽取出的新文档作为种子库，迭代多轮，直至规律模型拟合。

这种方法构建成本低，适合大规模的构建，同时可以发现新的（隐含的）关系。但是这种方法存在对初始给定的种子集敏感、语义漂移现象、结果的准确率较低等问题。

4. 事件抽取

事件抽取就是把含有事件信息的非结构化文本以结构化的形式呈现出来。事件信息包括事件发生的时间、地点、原因、参与者等。事件抽取是一个比较综合的任务，一个标准的事件抽取任务可以进一步分解为触发词识别、事件类型分类、论元识别和角色分类等子任务。每个事件都会有一个事件类型及相应的触发词，并且配有不同角色的论元。事件类型和论元角色是在约定的有限集合中选择，而触发词和论元一般情况下都是输入句子的片段。

我们以 2022 年北京冬奥会的一段新闻为例进行分析："2月5日，由范可新、曲春雨、张雨婷、任子威、武大靖组成的中国队以 2 分 37 秒 348 的成绩获得冠军，并在 2022 年北京冬奥会上获得了中国队的首枚金牌。"图 2-11 所示为事件抽取任务分解图。

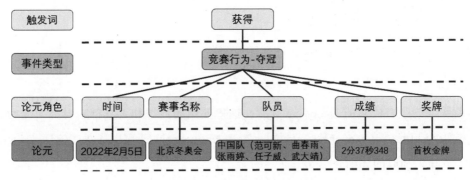

图 2-11　事件抽取任务分解图

在事件抽取实践中，我们通常使用机器学习或深度学习来实现对事件的抽取。

基于机器学习的方法可以将事件抽取任务转化为实体抽取任务和多标签分类任务。

1）由于转化为实体抽取任务的方法的事件类型和对应的论元角色是在有限集合（Schema）中预定义好的，因此可以将（事件类型、论元角色）双元组整体作为概念，继而抽取对应的论元实体。

2）转化为多标签分类的方法先将事件类型抽取、转化为一个多标签分类任务，使用模型得到每个文本包含的事件类型，然后进行论元抽取，包括任务问题构建、模型构建以及范围（Span）预测。

基于深度学习的方法能够自动提取句子特征，使用词向量作为输入。词向量蕴含丰富的语言特征，并且能够自动提取句子特征，避免了人工设计特征的烦琐工作，且大大降低了对外部 NLP 工具的依赖。

2.3　知识抽取实例

接下来将介绍如何使用 Deepdive 抽取公司实体间的股权交易关系，即关系抽取。Deepdive 是由斯坦福大学 InfoLab 实验室开发的一个开源知识抽取系统。它通过弱监督学习，从非结构化的文本中抽取结构化的关系数据。在使用 Deepdive 时需要考虑它是否支持中文，因为我们的数据是中文的。一般来说可以修改自然语言处理的 model 包，使它支持中文，并提供中文教程；也可以下载浙江大学支持中文的 Deepdive 版本。当学习了如何替换其中的各个模块后，我们就可以自己定义语言了。我们将参考中文开放知识图谱（OpenKG.CN）网站支持的中文 Deepdive 资源，给出知识抽取的实例并进行讲解。

2.3.1 Deepdive 的安装和配置

我们首先下载并安装 Deepdive，进行环境配置之后，进行项目框架搭建。

1. 下载

目前网络已经有较多的 Deepdive 资源，这里使用的数据和工具都来自上面提到的开放资源，链接为 http://www.openkg.cn/dataset/cn-deepdive，同时它也提供了有关 Deepdive 安装以及进行知识抽取的详细介绍。

2. 安装

我们以 Linux 环境下安装 Deepdive 为例，首先下载 .zip 格式的压缩文件并将其解压。

1）创建一个 deepdive 文件夹。

2）将下载好的 CNdeepdive.zip 移动到 deepdive 文件夹下，并使用 zip 解压；解压后可以看到 CNdeepdive 文件夹，进入该文件夹有一个 install.sh 文件。

3）打开 install.sh 文件，修改第 193 行 xzvf 为 xvf 后，在 CNdeepdive 目录下执行（此过程需要联网）./install.sh。

4）按照提示输入"1"，然后按回车键，Deepdive 就会开始安装；安装完成后，我们再安装 PostgreSQL，输入"6"然后按回车键执行安装。

5）安装自然语言处理的相关组件，可执行 ./nlp_setup.sh 命令。

3. 配置环境

安装完成之后，主目录会创建一个 local 文件夹，这时要把文件夹中的 bin 目录添加到环境变量 Path 中。使用文本方式打开 ~/.bashrc 以配置所需环境，可以在命令行中使用 vi 或者 gedit 等文本编辑程序；或者在图形界面打开主目录后，按快捷键 Ctrl+H 显示隐藏文件后再编辑。例如，在文件的末尾添加下面的内容：

```
export PATH="/home/(username)/local/bin:$PATH"
```

其中，username 要替换成你当前登录的用户名。

修改完成后保存并关闭文件。要使我们的修改生效，在终端中输入：

```
source ~/.bashrc
```

到这里 Deepdive 就已经安装完成了，打开终端执行 deepdive 命令，我们就可以看到 Deepdive 的版本信息和命令参数的帮助页。

4. 项目框架搭建

建立自己的项目文件夹 transaction，在本地 PostgreSQL 中为项目建立数据库，之后在项目文件夹下建立数据库配置文件：

```
echo "postgresql://$USER@$HOSTNAME:5432/db_name" >db.url
```

接下来，在 transaction 下分别建立输入数据文件夹 input、脚本文件夹 udf、用户配置文件 app.ddlog、模型配置文件 deepdive.conf，可参照给定的 transaction 文件夹格式。transaction 文件夹是已经建好的项目，后面所需的脚本和数据文件都可以直接复制。Deepdive 定义了很多自己的语法规则和自动化脚本，导入数据库的过程一般为 deepdive do db_name 指令，用户通过配置 app.ddlog 指示数据流。

2.3.2 实验步骤

在实验过程中，我们先导入先验数据，随后导入待抽取文章，然后使用 nlp 模块进行文本处理，生成实体抽取及候选实体，提取特征以供模型构建用。

1. 先验数据导入

我们需要从知识库中获取已知具有交易关系的实体对来作为训练数据。本项目以国泰安数据库（http://www.gtarsc.com）中公司关系 – 股权交易模块中的数据为例。

1）通过匹配有交易的股票 – 代码对和代码 – 公司对，过滤出存在交易关系的公司对，存入 transaction_dbdata.csv 中，并将 CSV 文件放在 input 文件夹下。

2）在 DeepdireTest 项目文件夹的用户配置文件 app.ddlog 中定义相应的数据表。

```
@source
transaction_dbdata(
@key
company1_name text,
@key
company2_name text).
```

3）用命令行生成 PostgreSQL 数据表。

```
$ deepdive compile && deepdive do transaction_dbdata
```

4）在执行 app.ddlog 前，如果有改动，需要先执行 deepdive compile 命令编译才能生效，对于不依赖于其他表的表格，Deepdive 会自动去 input 文件夹下找到同名 CSV 文件，在 PostgreSQL 里建表导入。

5）运行命令时，Deepdive 会在当前命令行里生成一个执行计划文件，和 vi 语法一样，审核后使用 :wq 保存并执行。

2. 待抽取文章导入

接下来，我们导入已准备好的待抽取文章。

1）准备待抽取的文章（示例使用了上市公司的公告），命名为 articles.csv，并放在 input 文件夹下。

2）在 app.ddlog 中建立对应的 articles 表。

```
articles(
    id          text,
    content     text).
```

3）执行以下命令，将文章导入 PostgreSQL 中。

```
$ deepdive do articles
```

Deepdive 可以直接查询数据库数据，用查询语句或者 Deepdive SQL 语句进行数据库操作。

4）使用查询 id 指令，检验导入是否成功（结果可能因数据集更新而变化）：

```
$ deepdive query '?- articles(id, _).'
id
----------------
1201835868
1201835869
1201835883
1201835885
1201835927
1201845343
1201835928
1201835930
1201835934
1201841180
:
```

3. 用 nlp 模块进行文本处理

Deepdive 默认采用 Standford NLP 处理包进行文本处理。输入文本数据，nlp 模块将以句子为单位，返回每句的分词、命名实体识别、每个词的原词形（Lemma）、词性（Part Of Speech，POS）和句法分析的结果，为后续特征抽取做好准备。其中，原词形为英文单词经过词形还原（Lemmalization）之后的结果，例如表示复数的 cars 将还原成 car，表示过去时的 ate 将还原成 eat，在进行中文处理时不需要再考虑这些。我们将这些结果存入 sentences 表中。

1）在 app.ddlog 文件中定义 sentences 表，用于存放 NLP 结果：

```
sentences(
    doc_id                  text,
    sentence_index          int,
    sentence_text           text,
    tokens                  text[],
    lemmas                  text[],
    pos_tags                text[],
    ner_tags                text[],
    doc_offsets             int[],
    dep_types               text[],
    dep_tokens              int[]).
```

2）定义 NLP 处理的函数 nlp_markup。

```
function nlp_markup over (
    doc_id          text,
    content         text
) returns rows like sentences
    implementation "udf/nlp_markup.sh" handles tsv lines.
```

代码说明如下。

- 声明一个 ddlog 函数，这个函数输入文章的 doc_id 和 content，输出 sentences 表需要的字段格式。
- 函数 udf/nlp_markup.sh 调用 nlp 模块，这里可以自由发挥。
- nlp_markup.sh 的脚本内容见 transaction 示例代码中的 udf/ 文件夹，它调用了 udf/bazzar/parser 下的 run.sh 实现。

注意，此处需要重新编译 nlp 模块。复制 transaction/udf/ 目录下的 bazzar 文件夹到项目 DeepdiveTest 的 udf/ 中。进入 bazzar/parser 目录下，执行编译命令：

```
sbt/sbt stage
```

编译完成后会在 target 中生成可执行文件。

3）使用如下语法调用 nlp_markup 函数，从 articles 表中读取输入，并将输出存放在 sentences 表中。

```
sentences += nlp_markup(doc_id, content) :-
    articles(doc_id, content).
```

4）编译并执行 deepdive compile 和 deepdive do sentences 两个命令，生成 sentences 数据表。执行以下命令来查询并返回 sentences 表前 5 句的解析结果：

```
deepdive query '
doc_id, index, tokens, ner_tags | 5
?- sentences(doc_id,index,text,tokens,lemmas,pos_tags,ner_tags, _, _, _).
```

如果 articles 表有更新，需要重新执行 deepdive redo articles 命令或者用 deepdive mark todo articles 命令来将 articles 表标记为未执行，这样在生成 sentences 表的过程中就会默认更新 articles 表了。注意，这一步运行会非常慢，可能需要四五个小时。我们可以减少 articles 表的行数来缩短时间。

4. 实体抽取及候选实体对生成

这一步我们要抽取文本中的候选实体（公司），并生成候选实体对。

1）在 app.ddlog 中定义实体数据表 company_mention：

```
company_mention(
    mention_id          text,
    mention_text        text,
    doc_id              text,
    sentence_index      int,
    begin_index         int,
    end_index           int).
```

每个实体都是实体数据表中的一列数据，该表同时存储了实体在句中的起始位置和结束位置。

2）定义实体抽取的函数：

```
function map_company_mention over (
    doc_id              text,
    sentence_index      int,
    tokens              text[],
    ner_tags            text[]
) returns rows like company_mention
    implementation "udf/map_company_mention.py" handles tsv lines.
```

其中，map_company_mention.py 脚本会遍历每个数据库中的句子，找出连续的、被命名实体识别环节标记为公司（ORG）的序列，再进行其他过滤处理。map_company_mention.py 脚本也是一个生成函数，用 yield 语句返回输出行。

3）在 app.ddlog 中调用函数，从 sentences 表中输入数据，并将结果输出到 company_mention 中，被调用的函数内容如下。

```
company_mention += map_company_mention(doc_id, sentence_index, tokens, ner_tags)
    :-
    sentences(doc_id, sentence_index, _, tokens, _, _, ner_tags, _, _, _).
```

4）最后编译并执行：

```
$ deepdive compile && deepdive do company_mention
```

5）下面生成实体对（要预测关系的两个公司）。在这一步我们将实体表进行笛卡儿积运算，同时按自定义脚本过滤一些不符合形成交易条件的公司。

定义数据表如下：

```
transaction_candidate(
    p1_id text,
    p1_name    text,
    p2_id text,
    p2_name    text).
```

6）统计每个句子的实体数：

```
num_company(doc_id, sentence_index, COUNT(p)) :-
company_mention(p, _, doc_id, sentence_index, _, _).
```

7）定义过滤函数：

```
function map_transaction_candidate over (
    p1_id text,
    p1_name    text,
    p2_id text,
    p2_name    text
) returns rows like transaction_candidate
    implementation "udf/map_transaction_candidate.py" handles tsv lines.
```

8）描述函数的调用：

```
transaction_candidate += map_transaction_candidate(p1, p1_name, p2, p2_name) :-
num_company(same_doc, same_sentence, num_p),
company_mention(p1, p1_name, same_doc, same_sentence, p1_begin, _),
company_mention(p2, p2_name, same_doc, same_sentence, p2_begin, _),
```

```
num_p < 5,
p1_name != p2_name,
p1_begin != p2_begin.
```

一些简单的过滤操作可以直接通过 app.ddlog 中的数据库规则执行，比如语句 p1_name != p2_name 过滤掉两个相同实体组成的实体对。

9）编译并执行以下命令，以生成实体候选表。

```
$ deepdive compile && deepdive do transaction_candidate
```

5. 特征提取

这一步我们抽取候选实体对的文本特征。

1）定义特征表：

```
transaction_feature(
    p1_id text,
    p2_id text,
    feature   text).
```

这里的 feature 列是实体对间一系列文本特征的集合。

2）生成 feature 表需要的输入为实体对表和文本表，输入和输出属性在 app.ddlog 中定义如下：

```
function extract_transaction_features over (
    p1_id              text,
    p2_id              text,
    p1_begin_index    int,
    p1_end_index   int,
    p2_begin_index    int,
    p2_end_index   int,
    doc_id             text,
    sent_index         int,
    tokens             text[],
    lemmas                text[],
    pos_tags           text[],
    ner_tags           text[],
    dep_types          text[],
    dep_tokens         int[]
) returns rows like transaction_feature
    implementation "udf/extract_transaction_features.py" handles tsv lines.
```

函数调用 extract_transaction_features.py 来抽取特征。这里调用了 Deepdive 自带的 ddlib 库，得到各种 POS、NER、词序列的窗口特征。此处也可以自定义特征。

3）对 sentences 表和 mention 表进行 join 操作，将得到的结果输入函数，输出到

transaction_feature 表中。

```
transaction_feature += extract_transaction_features(p1_id, p2_id, p1_begin_index,
    p1_end_index, p2_begin_index, p2_end_index, doc_id, sent_index, tokens,
    lemmas, pos_tags, ner_tags, dep_types, dep_tokens) :-
company_mention(p1_id, _, doc_id, sent_index, p1_begin_index, p1_end_index),
company_mention(p2_id, _, doc_id, sent_index, p2_begin_index, p2_end_index),
sentences(doc_id, sent_index, _, tokens, lemmas, pos_tags, ner_tags, _, dep_
    types, dep_tokens).
```

4）然后编译生成特征数据库：

```
$ deepdive compile && deepdive do transaction_feature
```

执行如下语句，查看生成结果（结果可能因数据集更新而变化）：

```
deepdive query '| 20 ?- transaction_feature(_, _, feature).'
feature
─────────────────────────────────────────────
WORD_SEQ_[ 郴州市  城市  建设  投资  发展  集团  有限  公司 ]
LEMMA_SEQ_[ 郴州市  城市  建设  投资  发展  集团  有限  公司 ]
NER_SEQ_[ORG ORG ORG ORG ORG ORG ORG ORG]
POS_SEQ_[NR NN NN NN NN NN JJ NN]
W_LEMMA_L_1_R_1_[ 为 ]_[ 提供 ]
W_NER_L_1_R_1_[O]_[O]
W_LEMMA_L_1_R_2_[ 为 ]_[ 提供  担保 ]
W_NER_L_1_R_2_[O]_[O O]
W_LEMMA_L_1_R_3_[ 为 ]_[ 提供  担保  公告 ]
W_NER_L_1_R_3_[O]_[O O O]W_LEMMA_L_2_R_1_[ 公司  为 ]_[ 提供 ]
W_NER_L_2_R_1_[ORG O]_[O]
W_LEMMA_L_2_R_2_[ 公司  为 ]_[ 提供  担保 ]
W_NER_L_2_R_2_[ORG O]_[O O]
W_LEMMA_L_2_R_3_[ 公司  为 ]_[ 提供  担保  公告 ]
W_NER_L_2_R_3_[ORG O]_[O O O]
W_LEMMA_L_3_R_1_[ 有限  公司  为 ]_[ 提供 ]
W_NER_L_3_R_1_[ORG ORG O]_[O]
W_LEMMA_L_3_R_2_[ 有限  公司  为 ]_[ 提供  担保 ]
W_NER_L_3_R_2_[ORG ORG O]_[O O]
(20ows)
:
```

现在，我们已经有了想要判定关系的实体对和它们的特征集合。

6. 样本打标签

这一步，我们希望在候选实体对中标出部分正负样本，主要思路如下：

❑ 将已知标签的实体对和候选实体对关联，得到候选实体的标签。

❑ 利用清晰的正负样本区分规则对部分能够清晰区分的数据标记相应的正负标签。

1）首先在 app.ddlog 里定义 transaction_label 表，存储标记需要使用的数据：

```
@extraction
transaction_label(
@key
@references(relation="has_transaction", column="p1_id", alias="has_transaction")
p1_id text,
@key
@references(relation="has_transaction", column="p2_id", alias="has_transaction")
p2_id text,
@navigable
label       int,
@navigable
rule_id     text).
```

其中，rule_id 代表标记规则的名称。而 label 为正负标签，正值表示正相关，负值表示负相关。绝对值越大，相关性越大。

2）初始化定义，复制 transaction_candidate 表，将 label 预先填充为零。

```
transaction_label(p1, p2, 0, NULL) :- transaction_candidate(p1, _, p2, _).
```

3）将前文数据库中的数据导入 transaction_label 表中，将 rule_id 标记为 "from\dbdata"。因为国泰安的数据比较官方，可以设置较高的权重，这里设为 3。在 app.ddlog 中进行如下定义：

```
transaction_label(p1,p2, 3, "from_dbdata") :-
transaction_candidate(p1, p1_name, p2, p2_name), transaction_dbdata(n1, n2),
[ lower(n1) = lower(p1_name), lower(n2) = lower(p2_name) ;
lower(n2) = lower(p1_name), lower(n1) = lower(p2_name) ].
```

4）如果只利用下载的实体对，可能和未知文本中提取的实体对重合度较小，不利于特征参数推导。因此可以通过一些逻辑规则，对未知文本进行预标记。将标记函数 supervise() 写在 udf/supervise_transaction.py 脚本中。

```
function supervise over (
    p1_id text, p1_begin int, p1_end int,
    p2_id text, p2_begin int, p2_end int,
    doc_id              text,
    sentence_indexint,
    sentence_text       text,
    tokens              text[],
    lemmas              text[],
    pos_tags            text[],
    ner_tags            text[],
    dep_types           text[],
    dep_tokens          int[]
) returns (p1_id text, p2_id text, label int, rule_id text)
    implementation "udf/supervise_transaction.py" handles tsv lines.
```

说明：
- 输入候选实体对的关联文本，并在 app.ddlog 中定义标记函数；
- 标记函数调用 udf/supervise_transaction.py 脚本，规则名称和所占的权重定义在该脚本中。

5）调用标记函数，将规则抽到的数据写入 transaction_label 表中。

```
transaction_label += supervise(
    p1_id, p1_begin, p1_end,
    p2_id, p2_begin, p2_end,
    doc_id, sentence_index, sentence_text,
    tokens, lemmas, pos_tags, ner_tags, dep_types, dep_token_indexes) :-
    transaction_candidate(p1_id, _, p2_id, _),
    company_mention(p1_id, p1_text, doc_id, sentence_index, p1_begin, p1_end),
    company_mention(p2_id, p2_text, _, _, p2_begin, p2_end),
sentences(
    doc_id, sentence_index, sentence_text,
    tokens, lemmas, pos_tags, ner_tags, _, dep_types, dep_token_indexes).
```

6）不同的规则可能覆盖了相同的实体对，从而给出不同甚至相反的标签，所以需要额外建立一张用于建立实体对标签的表，如 transaction_label_resolved 表。利用标签求和，在多条规则和知识库标记的结果中，为每对实体进行投票，决定最终标签类别。

```
transaction_label_resolved(p1_id, p2_id, SUM(vote)) :-transaction_label(p1_id,
    p2_id,vote, rule_id).
```

7）执行以下命令，得到最终标签，用于构建实体抽取模型。

```
$ deepdive do transaction_label_resolved2
```

2.3.3 模型构建

通过之前的步骤，我们已经得到了所有前期需要准备的数据。下面可以构建模型了。

1. 变量表定义

1）定义最终存储的表格，可以用"？"表示此表是用户模式下的变量表，即需要推导关系的表。下面代码预测的是公司间是否存在交易关系。

```
@extraction
has_transaction?(
p1_id text,
p2_id text).
```

2）将打标签的结果（交易关系）输入到 has_transaction 表中。

```
has_transaction(p1_id, p2_id) = if l > 0 then TRUE
else if l < 0 then FALSE
else NULL end :- transaction_label_resolved(p1_id, p2_id, l).
```

此时变量表中的部分变量的 label 已知，成了先验变量。

3）最后编译执行 transaction 表：

```
$ deepdive compile && deepdive do has_transaction
```

2. 关系概率模型生成

（1）指定特征

将每一对 has_transaction 中的实体对和特征表连接起来，通过特征的连接，从全局学习这些特征的权重。在 app.ddlog 中进行如下定义：

```
@weight(f)
has_transaction(p1_id, p2_id) :-
transaction_candidate(p1_id, _, p2_id, _),
transaction_feature(p1_id, p2_id, f).
```

（2）指定变量间的依赖性

我们可以指定两张变量表间遵守的规则，并给予这个规则一定权重。比如 c1 和 c2 有交易，可以推出 c2 和 c1 也有交易，因此对这条规则可以给予较高权重：

```
@weight(3.0)
has_transaction(p1_id, p2_id) => has_transaction(p2_id, p1_id) :-
transaction_candidate(p1_id, _, p2_id, _).
```

变量表间的依赖性使得 Deepdive 很好地支持了多关系下的抽取。

（3）编译并生成最终的概率模型

```
$ deepdive compile && deepdive do probabilities
```

查看我们预测的公司间交易关系概率（结果可能因数据集更新而发生变化）：

```
$ deepdive sql "SELECT p1_id, p2_id, expectation FROM  has_transaction_label_
    inference ORDER BY random() LIMIT 20"
p1_id           p2_id           expectation
1201778739_118_170_171 1201778739_118_54_60 0
1201778739_54_30_35 1201778739_54_8_11 0.035
1201759193_1_26_31 1201759193_1_43_48 0.07
1201766319_65_331_331 1201766319_65_159_163 0
1201761624_17_30_35 1201761624_17_9_14 0.188
```

```
1201743500_3_0_5 1201743500_3_8_14 0.347
1201789764_3_16_21 1201789764_3_75_76 0
1201778739_120_26_27 1201778739_120_29_30 0.003
1201752964_3_21_21 1201752964_3_5_10 0.133
1201775403_1_83_88 1201775403_1_3_6 0
1201778793_15_5_6 1201778793_15_17_18 0.984
1201773262_2_85_88 1201773262_2_99_99 0.043
1201734457_24_19_20 1201734457_24_28_29 0.081
1201752964_22_48_50 1201752964_22_9_10 0.013
1201759216_5_38_44 1201759216_5_55_56 0.305
1201755097_4_18_22 1201755097_4_52_57 1
1201750746_2_0_5 1201750746_2_20_26 0.034
1201759186_4_45_46 1201759186_4_41_43 0.005
1201734457_18_7_11 1201734457_18_13_18 0.964
1201759263_36_18_20 1201759263_36_33_36 0.002
```

至此，我们的交易关系抽取就完成了，在 http://deepdive.stanford.edu 中能够查阅到更详细的内容。

2.4 本章小结

本章对知识抽取的定义及任务做了详细的论述，方便读者从源头开始理解知识抽取的内容。同时，本章尽量囊括知识抽取涉及的实体抽取、实体链接、关系抽取、事件抽取等子任务，以及使用 Deepdive 进行知识抽取的实例。

第 3 章

知识表示

合抱之木,生于毫末;九层之台,起于累土;千里之行,始于足下。

——《老子·德经·第六十四章》

合抱的粗木,是从细如针毫时长起来的;九层的高台,是一筐土一筐土筑起来的;千里的行程,是一步又一步迈出来的。

本章以知识图谱的表示方法为基础,主要讲解了知识表示的相关概念、方法与实例。

3.1 知识表示概述

本节讲解知识表示的定义及其任务,让读者对知识表示有个大概的认识。

3.1.1 知识表示的定义

知识表示是将现实世界中存在的知识转换成机器可识别和处理的内容,是一种描述或约定知识的数据结构。

简单来说,知识表示就是将知识符号化。更进一步说,知识表示就是研究如何在机器中以最合适的形式描述现实世界中各种类型的知识,并对知识进行形式化和模型化处理,以便将人类所理解的知识转化成机器所能理解的形式,从而被机器所接受,进而存储并使用这些知识。

知识表示是知识工程中一个重要的研究课题,也是知识图谱中知识获取、融合、建模、计算与应用的基础。知识表示在人工智能的构建中具有关键作用,机器要想实现接近的人类智能,必须掌握大量的知识,尤其是常识知识。以适当的方式表示这些知识,形成尽可能全面的知识表达,使机器通过学习这些知识,表现出类似人类的行为。

3.1.2 知识表示的任务

知识表示的研究可以追溯到人工智能的早期。

不论是早期专家系统的知识表示方法,还是语义网的知识表示模型,都属于以符号逻辑为基础的知识表示方法。这种方法易于刻画显性、离散的知识,具有内生的可解释性。但也存在计算效率低、数据稀疏、隐性知识等问题。为了解决这些问题,知识图谱采用以三元组为基础的较为简单实用的知识表示方法,并弱化了对强逻辑表示的要求。这些基于向量空间的知识图谱表示使得这些数据更加易于与深度学习模型集成,并得到了越来越多的重视。

由于知识表示涉及大量传统人工智能的内容,并有其明确、严格的内涵及外延定义,为避免混淆,本章主要侧重于知识图谱的知识表示方法介绍,因此接下来提及的"知识表示"含义为知识图谱的知识表示方法。

3.2 知识表示的方法

下面按照基于符号和基于向量两种维度将多种知识表示方法进行分类,然后分别展开介绍。

3.2.1 基于符号的知识表示

基于符号的知识表示方法分为早期知识表示方法与语义网(Semantic Web)知识表示方法。其中,早期的知识表示方法包括一阶谓词逻辑表示法、产生式规则表示法、语义网络表示法与框架表示法。

注意:语义网络(Semantic Network)和语义网是不同的。

1. 早期知识表示方法

（1）一阶谓词逻辑表示法

基于谓词逻辑的知识表示方法，通过命题、逻辑联结符号、个体（词）、谓词与量词等要素组成的谓词公式描述事物的对象、性质、状况和关系。它是一种重要的知识表示方法，在这种方法中，知识可以看成一组逻辑公式的集合。

1）命题：具有确定真值的陈述句。

2）逻辑联结符号：

- ¬ 表示否定，复合命题"¬Q"即"¬Q"；
- ∧ 表示合取，复合命题"$P \wedge Q$"表示"P 与 Q"；
- ∨ 表示析取，复合命题"$P \vee Q$"表示"P 或 Q"；
- → 表示推断，复合命题"$P \rightarrow Q$"表示"如果 P，那么 Q"；
- ↔ 表示双条件，复合命题"$P \leftrightarrow Q$"表示"P 当且仅当 Q"。

3）个体（词）：指研究对象中可以独立存在的具体事务、状态或关系。个体常量表示具体的个体，用 a、b、c、d 表示，个体变量表示抽象的个体，用 x、y、z 表示，个体域表示个体变量取值范围，常用 D 表示。

4）谓词：将表示谓词的符号和表示个体的符号组合成一个函词，简称谓词，一般用 P、Q、R 等大写字母表示。谓词中包含的个体数称为谓词的元数，$P(x)$ 是一元谓词，$P(x, y)$ 是二元谓词，以此类推。若 x 是个体常量、变量或函数，则谓词称为一阶谓词；如果某个 x 本身是一个一阶谓词，则谓词称为二阶谓词，以此类推。

5）量词：表示了个体与个体域之间的包含关系，全称量词表示个体域中"所有个体 x"要遵从约定的谓词关系；存在量词表示"个体域中的某些个体 x"要遵从约定的谓词关系。

谓词公式就是用谓词联结符号将一些谓词联结起来所形成的公式。

事实性知识由合取符号"∧"和析取符号"∨"联结形成谓词公式。规则性知识通常以推断符号"→"联结形成谓词公式。

用谓词公式表示知识的步骤如下。

1）定义谓词及个体，确定每个谓词及个体的确切含义。

2）根据所要表达的事物或概念，为每个谓词中的变元赋以特定的值。

3）根据所要表达的知识的语义，用适当的联结符号将各个谓词联结起来，形成谓词公式。

下面举例说明，设有下列事实性知识：

李丽住在海边，但她不喜欢游泳。
张三比他父亲长得高。

下面按照表示知识的步骤，用谓词公式表示上述知识。

第 1 步，定义谓词如下：

LIVE（x）：x 住在海边。
DISLIKE（x, y）：x 不喜欢 y。
HIGHER（x, y）：x 比 y 长得高。

这里涉及的个体有：李丽（lili）、游泳（swimming）、张三（zhangsan），以函数 father(zhangsan) 表示张三的父亲。

第 2 步，将这些个体代入谓词中，得到：

LIVE(lili),~DISLIKE(lili, swimming), HIGHER(zhangsan, father(zhangsan))

第 3 步，根据语义，用逻辑联结词将它们联结起来，得到表示上述知识的谓词公式：

LIVE(lili) ∧ ~DISLIKE(lili, swimming)
HIGHER(zhangsan, father(zhangsan))

总体来说，一阶谓词逻辑表示方法易于被人理解和接受，适用于精确性知识的表示，可以比较容易地转换为计算机的内部形式，易于模块化，便于对知识的添加、删除和修改。但是这种方法表示能力较差，只能表达确定性的知识，对过程性和不确定性的知识表达有限，容易造成组合爆炸，即需要许多个逻辑联结语句来表达一个能够用简单言语描述的知识，导致知识表示的效率低。

（2）产生式规则表示法

产生式规则在一阶谓词逻辑表示的基础上，进一步解决了不确定性知识的表示问题，根据知识之间具有因果关联关系的逻辑，形成了 IF-THEN 的知识表示形式，这是早期专家系统常用的知识表示方法之一。

下面举一个例子：

r1:
IF 动物有犬齿 AND 有爪 AND 眼盯前方
THEN 该动物是食肉动物

其中，r1 是编号；"动物有犬齿 AND 有爪 AND 眼盯前方"是产生式的前提 P；"该动物是食肉动物"是产生式的结论 Q。

总体来说，产生式规则表示法与人类的因果判断方式大致相同，直观、自然、便于推理。另外，产生式规则表示法的知识表达范畴较广，包括确定性知识、设置置信度的不确定性知识、启发式知识与过程性知识。但这种方法不能表示结构性和层次性的知识。

（3）语义网络表示法

在语义网络中，信息被表达为一组节点，节点通过一组带标记的有向直线彼此相连，用于表示节点间的语义关系，根据表示的知识的情况定义边上的标识，一般该标识是谓词逻辑中的谓词，常用的标识包括实例关系、分类关系、成员关系、属性关系、包含关系、时间关系、位置关系等。

例如有以下知识：中国科学技术大学是一所大学，位于合肥市，建立于1958年。用语义网络表示法表示，如图3-1所示。

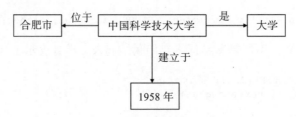

图 3-1　语义网络表示法示例

语义网络表示法具有广泛的表示范围和强大的表示能力，表示形式简单直接、容易理解、较为自然。语义网络节点与边的值没有标准，完全由用户自己定义，但存在不利于知识共享、无法区分知识描述与知识实例等问题。

（4）框架表示法

框架表示法的理论认为，我们对现实世界事物的认识都是以类似框架的结构存储在记忆中的。当遇到一个新事物就从记忆中找出一个合适的框架，并根据新的情况对齐细节，即加以修改、补充，从而形成对这个新事物的认识。

框架表示法结构一般由"框架名－槽名－侧面－值"四部分组成，如图3-2所示，即一个框架由若干个槽组成，其中槽用于描述事物某一方面的属性；一个槽由若干个侧面组成，侧面用于描述相应属性的一个方面，每个侧面又拥有若干值。

我们以个体"人"进行说明：一个人的描述项可以有姓名、性别、职业等，因而可以用这些项目组成框架的槽，当描述一个具体的人时，再用这些项目的具体值填入对应的槽中。

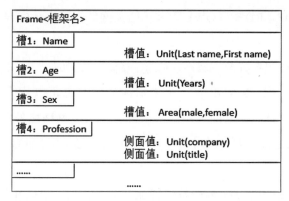

图 3-2　框架表示法结构

框架表示法具有继承性、结构化、自然性等优点，但复杂的框架构建成本较高，对知识库的质量要求较高，同时表达不够灵活，很难与其他的数据集相互关联使用。因此，它经常与产生式规则表示法结合起来使用，以取得互补的效果。

2. 语义网知识表示方法

语义网的核心优势是，Web 不仅通过超链接把文本页面连接起来，还能进一步把事物链接起来。目前大多数知识图谱的实际存储方式都是以传统符号化的表示方法为主，大多数开放域的知识图谱都是基于语义网的表示模型进行了扩展或删改。

基于语义网的知识表示框架，W3C 推荐的语义网标准栈，如图 3-3 所示。该标准栈规定了以 RDF 为标准数据格式，以 URI 为事物命名规范。

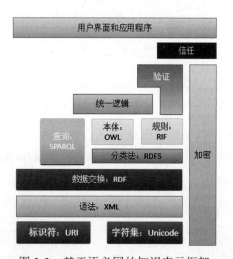

图 3-3　基于语义网的知识表示框架

接下来,针对 RDF、RDFS、OWL 等基于语义网的知识表示框架展开介绍。

(1)RDF

RDF 数据模型主要包括资源、属性、陈述,简单介绍如下。

1)资源:一般认为,以 RDF 表示法来描述的内容都可以称为资源,资源可以是一个网站、一个网页,也可以只是网页中的某个部分,甚至网络之外的纸质文献、器物、人等。在 RDF 中,资源是以 URI 来命名的,资源子集包括 URL 和 URN(Uniform Resource Names,统一资源名称)。

2)属性:属性是用来描述资源的特定特征或关系,每一个属性都有特定的意义。属性用来定义属性值、所描述资源的形态,以及和其他属性的关系。

3)陈述:特定的资源以一个被命名的属性及相应的属性值来描述。RDF 资源、属性和属性值的组合可形成一个 RDF 陈述。陈述的主语(Subject)是资源,谓语(Predicate)是属性,宾语(Object)是属性值,即 2.2.1 节提过的 SPO 三元组,如图 3-4 所示。陈述的客体可能是一个字符串,也可能是其他的资料形态或一个资源。

RDF 提出使用三元组形式来描述事物和关系,如图 3-4 所示。在知识图谱中,我们称一个三元组为一条知识,即用三元组表示一个逻辑表达式或一条关于世界的陈述。三元组由主语(Subject)、谓词(Predicate)、宾语(Object)构成,简称 SPO。在知识图谱中,三元组被用来表示实体与实体之间的关系,或者实体的某个属性的属性值是什么,其主要有两种形式:实体–关系–实体,实体–属性–属性值。

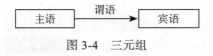

图 3-4 三元组

RDF 数据模型是一种与语法无关(Syntax Neutral)的表示法。如果两个 RDF 语法对应的数据模型相同,则代表这两个 RDF 语法具有同样的意义;反过来说,如果两个 RDF 语法具有同样的意义,则它们的数据模型应该相同。

那么基于 RDF 的表现形式和类型,如何存储和传输 RDF 数据呢?我们需要创建 RDF 数据集,并将其序列化。目前,RDF 序列化的方式主要有 RDF/XML、N-Triples、Turtle、RDFa、JSON-LD 等。下面分别展开介绍。

1)RDF/XML,因为 XML 的技术比较成熟,有许多现成的工具来存储和解析 XML,所以可以用 XML 的格式来表示 RDF 数据。图 3-5 所示为一个 RDF 文档示例。

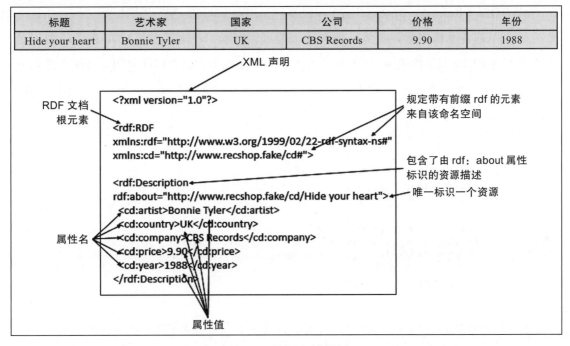

图 3-5 RDF 文档示例

从上面的例子可以看到，URI 可唯一地标识资源，而 XML 则定义了 RDF 的表示语法，我们可以使用 XML 嵌套的形式定义数据结构，使用 RDF 三元组的形式表示数据的关系。但是对 RDF 来说，XML 的格式太冗长，也不便于阅读，通常我们不会使用这种方式来处理 RDF 数据。

2）N-Triples，是一个易于解析的、基于行的纯文本格式，它用多个三元组来表示 RDF 数据集，是最直观的表示方法。在文件中，每一行表示一个三元组，方便机器解析和处理。开放领域知识图谱 DBpedia 通常是用这种格式来发布数据的。

```
<http://example.org/about> <http://purl.org/dc/terms/title> "Anna's Homepage"@en.
<http://example.org/about> <http://purl.org/dc/terms/title> "Annas hjemmeside"@da.
```

3）Turtle 比 RDF/XML 紧凑，且可读性比 N-Triples 好，因此是使用最多的一种 RDF 序列化方式。以下为简单的三元组语句示例，其中的一系列（主语、谓语、宾语）项用空格隔开，每个三元组后以句号终止。

```
<http://example.org/#spiderman>
<http://www.perceive.net/schemas/relationship/enemyOf>
<http://example.org/#green-goblin>。
```

4)RDFa(Resource Description Framework in attributes),是一种网络标记语言,让网站构建者能够在页面中标记实体,如人物、地点、时间、评论等。与 RDF 数据模型的对应关系使得 RDFa 可以将 RDF 三元组嵌入 XHTML 文档中,也可以从 RDFa 文件中提取出这些 RDF 三元组。下面是一个简单的示例,更多内容可参考 https://www.w3.org/TR/rdfa-syntax/。

```
<html
    xmlns="https://www.w3.org/1999/xhtml"
    xmlns:foaf="http://xmlns.com/foaf/0.1/"
    xmlns:dc="http://purl.org/dc/elements/1.1/"
    >
    <head>
        <title>My home-page</title>
        <meta property="dc:creator" content="Mark Birbeck" />
        <link rel="foaf:topic" href="http://www.formsPlayer.com/#us" />
    </head>
    <body>...</body>
</html>
```

5)JSON-LD(JSON for Linking Data),描述了如何通过 JSON 表示有向图,以及如何在一个文档中混合表示互联数据及非互联数据。它用键 – 值对的方式来存储 RDF 数据。下面是一个简单示例,更多内容可参考 https://json-ld.org/。

```
{
    "@context": "https://json-ld.org/contexts/person.jsonld",
    "@id": "http://DBpedia.org/resource/John_Lennon",
    "name": "John Lennon",
    "born": "1940-10-09",
    "spouse": "http://DBpedia.org/resource/Cynthia_Lennon"
}
```

(2)RDFS

RDFS(RDF Schema)是定义类和属性的方法。从描述逻辑来看,RDFS 相当于 Tbox(Terminology Box),RDF 相当于 Abox(Assertion Box)。RDFS 命名空间的词汇表可参考 https://www.w3.org/2000/01/rdf-schema#。

在 RDF 中,类是一组个体资源的抽象,每个个体资源被称作类的一个实例。例如,"李丽"是类"人"的一个实例。

RDF 核心类包括 rdfs:Resource、rdf:Property 和 rdfs:Class。其中,rdfs:Resource 是所有资源的类,每个资源都是类 rdfs:Resource 的一个实例。rdf:Property 用来表示 rdfs:Resource 实例的属性的类。rdfs:Class 是所有类的类,表示资源的类型。

RDF 核心属性包括 rdf:type、rdfs:subClassOf 和 rdfs:subPropertyOf。其中，rdf:type 用于描述资源和类之间的 instance-of 关系。rdfs:subClassOf 用于描述该类的父类。rdfs:subPropertyOf 用于描述该属性的父属性。

RDF 核心约束包括 rdfs:domain 和 rdfs:range。其中，rdfs:domain 指明属性的定义域，也就是该属性属于哪个类别，可以理解为三元组中主语的类型约束。rdfs:range 指明属性的值域，可以理解为三元组中宾语的类型约束。

其中 rdf:Property 和 rdf:type 也是 RDFS 的词汇，因为 RDFS 本质上就是 RDF 词汇的一个扩展。

来看一个 RDFS 的简单示例，其中 horse 是 animal 类的子类。

```
<xml version="1.0"?>
<rdf:RDF
xmlns:rdf="http://www.w3.org/1999/02/22-rdf-syntax-ns#"
xmlns:rdfs="http://www.w3.org/2000/01/rdf-schema#"
xml:base="http://www.animals.fake/animals#">
<rdfs:Class rdf:ID="animal" />
<rdfs:Class rdf:ID="horse">
    <rdfs:subClassOf rdf:resource="#animal"/>
</rdfs:Class>
</rdf:RDF>
```

（3）OWL

OWL（Web Ontology Language，网络本体语言）主要在 RDFS 基础之上扩展了类和属性约束的表示能力，从而可以构建更为复杂而完备的本体。OWL 主要提供了快速、灵活的数据建模能力，以及高效的自动推理能力。OWL 添加了更多用于描述属性和类的词汇，这里简单介绍一下常用的词汇。

1）描述属性特征的词汇。

描述属性特征的词汇主要有属性中的传递性、对称性、唯一性和相反关系，具体如下所示。

① owl:TransitiveProperty，表示该属性具有传递性。例如，我们定义"位于"是具有传递性的属性，若 A 位于 B，B 位于 C，那么 A 肯定位于 C。

② owl:SymmetricProperty，表示该属性具有对称性。例如，我们定义"认识"是具有对称性的属性，若 A 认识 B，那么 B 肯定认识 A。

③ owl:FunctionalProperty，表示该属性取值的唯一性。例如，我们定义"母亲"是具有唯一性的属性，若 A 的母亲是 B，在其他地方我们得知 A 的母亲是 C，那么 B 和 C 指的

是同一个人。

④ owl:inverseOf，定义某个属性的相反关系。例如，定义"父母"的相反关系是"子女"，若 A 是 B 的父母，那么 B 肯定是 A 的子女。

2）本体映射词汇。

本体映射词汇（Ontology Mapping）主要描述类之间的关系，包括相同类、相同属性、同一实体。

① owl:equivalentClass，表示某个类和另一个类是相同的。

② owl:equivalentProperty，表示某个属性和另一个属性是相同的。

③ owl:sameAs，表示两个实体是同一个实体。

OWL 以描述逻辑为主要理论基础，在很多领域知识图谱的构建中有实际的应用价值，如医疗、金融、电商等。基于 OWL 的本体建模内容详见第 6 章。

综上，传统的知识图谱表示遵循 RDF 框架，它把每个实体和关系都表示成唯一的符号，将每条知识表示成形如（头实体，关系，尾实体）的三元组。这种符号化的表示可以清晰地标识实体和关系，用传统的语义网或专家系统构建小规模知识库是可行的。但是，如前所述，知识图谱与传统语义网的一个重要区别就是规模庞大，基于符号的知识表示面临以下问题。

首先，继续采用符号化表示法将无法适应知识图谱的规模化和随之而来的数据稀疏性问题，并且人们还需要设计专门的图算法以存储和利用知识库，费时费力。

其次，基于符号化的知识表示无法有效地度量实体之间的语义关联。例如，淘宝和京东都是国内知名的电商平台，但在知识图谱中如果分别用两个独立的符号表示，显然无法从这两个符号表示得到二者的相关性。

最后，基于符号化的知识表示无法满足知识图谱在其他智能领域的应用需求。

由此催生出对分布式知识图谱表示方法的研究，如基于向量的知识表示。

3.2.2 基于向量的知识表示

近年来，受 Word2vec 等基于向量的分布式表示学习启发，研究人员提出用分布式表示解决知识图谱的表示问题。基于向量的知识表示方法学习得到的就是一种知识的分布式表示形式。**知识图谱的分布式表示旨在将知识图谱中的实体和关系表示到连续的向量空间中。**各种知识图谱分布式表示方法的核心问题在本质上是相同的，即在分布式假说的前提下探索如何表征周围分布对当前实体或关系的影响。

依据知识图谱嵌入表示模型建模原理将基于向量的知识表示模型划分为平移模型、组合模型、神经网络模型。

1. 平移模型

平移模型的灵感来自 Word2vec 中词汇关系的平移不变性。

TransE（参考论文"Translating Embeddings for Modeling Multi-relational Data"）是 Trans 系列的第一个模型。TransE 模型的基本思想就是把关系看作头实体到尾实体的翻译。TransE 定义了一个距离函数 $d(h+r,t)$，它用来衡量 $h+r$ 和 t 之间的距离，其中距离度量方式有 L1 范数和 L2 范数两种。

获取到实体、关系后，每个实体、关系在 $\left[-\frac{6}{\sqrt{k}}, \frac{6}{\sqrt{k}}\right]$ 范围内随机生成一个 k 维向量，然后将正确的三元组 (h, r, t) 设置为正例，随机替换头实体或尾实体或关系得到 (h', r, t')，并将其设置为负例。在模型的训练过程中，TransE 采用最大间隔方法，即通过最大化正负样本的间距来最小化目标函数，目标函数如下：

$$L = \sum_{(h,r,t) \in S} \sum_{(h',l,t') \in S'_{(h,l,t)}} [\gamma + d(h+r,t) - d(h',r,t')] + \cdots$$

其中，γ 为边缘值。通过模型训练得到实体和关系的最终向量表示 L。在测试模型效果时，可执行预测三元组中缺失的关系或尾实体、判断三元组 (h, l, t) 是否正确、预测关系等任务。虽然 TransE 模型取得了很大的突破，但是对复杂关系的建模效果十分不理想。

TransH（参考论文"Knowledge Graph Embedding by Translating on Hyperplanes"）模型通过超平面转化或线性变换来处理多元关系，也就是处理一对多/多对一的关系，而不会过分增加模型的复杂度和训练难度。

模型的基本思想是针对每一个关系 $r^\ominus$，将前件 h 和后件 t 的向量表示投影到一个由向量 w_r 确定的超平面，得到向量 $h\perp$ 和 $t\perp$，在这个超平面上存在一个关系的表示向量 r，与 TransE 一样，TransH 通过训练使得 $h\perp + r \approx t\perp$，因此每一个关系实际上是由向量 w_r 和向量 r 共同表示的。

TransR（参考论文"Knowledge Graph Embedding by Translating on Relation"）模型认为不同的关系关注实体的不同属性（实体向量的不同维度），因此不同的关系应具有不同的语义空间。TransR 为每个关系假定一个语义空间，将实体映射到这个语义空间上进行翻译。

⊖ TransH 将 TransE 中的三元组 (h, r, t) 进行了向量表示，配合矩阵运算，所以这里的变量表示形式不同。63 页的 SE、SME 与 NTN 中的变量表示与此类似，不再赘述。

TransD（参考论文"Knowledge Graph Embedding via Dynamic Mapping Matrix"）模型使用两个向量表示每个实体或关系，一个向量表示语义，另一个用来构建实体空间到关系空间的映射矩阵。这样实体和关系共同决定了映射矩阵，使得每个实体对有唯一的矩阵，从而丰富实体的多样性。

TranSparse（参考论文"Knowledge Graph Completion with Adaptive Sparse Transfer Matrix"）模型为了解决不平衡性问题，将转置矩阵设置为自适应的稀疏矩阵，更细致地对头实体和尾实体设置了不同的转置矩阵。

2. 组合模型

组合模型采用了向量的线性组合和点积原理，典型特征是将实体建模为列向量，将关系建模为矩阵，然后将头实体向量与关系矩阵进行线性组合，再与尾实体进行点积来计算打分函数。主要包括采用普通矩阵的双线性模型 RESCAL、采用低秩矩阵的 LFM（Latent Factor Model，隐变量模型）、采用对角矩阵的 Distmult 和采用循环矩阵的 HOLE（Holographic Embeddings）。

1）RESCAL 定义了一个张量 X，将二元关系数据表示为三维张量，其中两维为实体，第三维表示关系。将知识图谱中每一个三元组对应的张量值分解为实体和关系的矩阵，使分解后的实体矩阵和关系矩阵相乘尽量接近于原来的张量值。

对张量进行分解的公式如下：

$$X_k \approx AR_kA^T, 其中 k=1,\cdots,m$$

其中，m 表示关系数，每个关系对应张量中的一个矩阵，每个矩阵相当于表示图的邻接矩阵。位置元素为 1 代表两个实体之间存在关系，为 0 表示不存在。A 为 $n \times d$ 的矩阵，矩阵中的每行表示一个实体，n 表示矩阵 A 中的实体数，d 为每个实体设定的特征维数，R_k 是 $d \times d$ 的矩阵，表示实体与实体之间的第 k 种关系。A^T 为 A 的转置矩阵。矩阵 A 和 R_k 通过约束最小化问题来计算。

2）隐变量模型 LFM 使用 $G=(E, R, T)$ 来表示完整的知识图谱，其中 $E=\{e_1, e_2, ..., e_{|E|}\}$ 表示实体集合，$R=\{r_1, r_2, ..., r_{|R|}\}$ 表示关系集合，T 表示三元组集合，$|E|$ 和 $|R|$ 表示实体与关系的数量。利用基于关系的双线性变换，将实体建模为嵌入向量、关系建模为矩阵，刻画实体和关系之间的二阶联系。

头实体 h 与尾实体是否存在关系 r 的可能性的打分函数为：

$$f_r(h,t) = l_h^T M_r l_t$$

其中,知识图谱以三元组 <h, r, t> 的形式表示,$h \in E$ 表示头实体,$t \in E$ 表示尾实体,$r \in R$ 表示 h 和 t 之间的关系,l_h^T 表示头实体向量 l_h 的转置向量,l_t 表示尾实体向量,M_r 是关系 r 对应的双线性变换矩阵。

与以往模型相比,LFM 通过简单有效的方法刻画了实体和关系的语义联系,协同性较好,计算复杂度低,适用于建模大型多关系数据集。

3) Distmult 模型在 RESCAL 模型的基础上,将关系矩阵设置为对角矩阵,减少双线性模型的参数量,通过去除非对称关系的建模能力,极大降低了模型复杂度,显著提升了模型效果。

4) HOLE 模型在 RESCAL 模型的基础上,利用循环关联的操作来生成组合表示,能够建模知识图谱中的非对称关系,且能够利用快速傅里叶变换加速计算过程,显著提高了模型计算效率。

3. 神经网络模型

神经网络的知识图谱分布式表示方法同时优化实体和关系的嵌入向量以及网络的权重矩阵参数,利用神经网络自适应学习的特点来对知识图谱的结构特性进行建模。这类方法随着知识图谱表示形态的变化和神经网络的发展而不断进步。采用神经网络拟合三元组,包括基于线性神经网络的 SE(Structured Embeddings,结构化嵌入模型)、SME(Semantic Matching Energy,语义匹配能量)模型,基于非线性神经网络的 NTN(Neural Tensor Network,神经张量网络)、单层模型 SLM(Single Layer Model)和 MLP(Multi-Layer Perceptron,多层感知机),以及采用多层网络结构的 NAM(Neural Association Model,神经联想模型)。

其中,SE 将三元组 (h, r, t) 中的关系 r 建模为两个矩阵 M_r^1 和 M_r^2,分别用来投影头实体和尾实体,并投影后的头实体和尾实体作为相似性比较的权重。

SME 首次提出将关系和实体嵌入同一向量空间中,并用二分支神经网络得到关系与头尾实体的融合结果 $g_u(h, r)$ 和 $g_v(t, r)$,三元组最终的打分函数为上述融合结果的内积:

$$f_r(h, t) = g_u(h, r)^T g_v(t, r)$$

SME 包含线性和双线性两个版本。SME 作为基于神经网络的知识图谱分布式表示的基本方法,是后续众多方法实验评估的基准。

NTN 定义了一系列与三元组 (h, r, t) 中的关系 r 相关的参数,并用双线性张量层替代标准线性层,从而使头实体向量 h 和尾实体向量 t 能够在多维度进行交互。之后,双线性张量层的输出经过非线性激活函数后在线性输出层与关系 r 对应的向量进行交互。SLM 是一个单层非线性神经网络，是 NTN 的一种退化形式，存在参数规模大、计算复杂度高等问题。与 NTN 不同，MLP 中与每个关系相对的只有一个向量。三元组 (h, r, t) 对应的嵌入向量 h、r 和 t 在输出层拼接成一个向量后，输入到非线性层，之后得到该三元组的分数。NAM 使用了更深的神经网络结构。给定三元组头实体和尾实体的嵌入向量，在神经网络的输入层进行拼接，然后经过多个 ReLU 层。

综上，分布式表示将知识图谱中的实体和关系编码为稠密低维实值向量，从而将知识图谱保存到低维嵌入向量空间，进而解决符号表示存在的以下问题。

首先，稠密的分布式表示向量表示的实体和关系数量是非分布式向量维度的指数级别，从而解决了知识图谱的大规模表示问题。而嵌入向量空间的连续性则可以有效缓解知识图谱的数据稀疏性问题。

其次，实体和关系之间复杂的语义关联可以通过嵌入式向量空间的向量间的数值计算进行度量，从而实现通过数值运算来发现新事实和新关系，以及更多的隐性知识和潜在假设，这一点能够促进知识图谱的推理与融合。

最后，实体和关系的向量表示可以作为机器学习算法的输入，从而使知识图谱在其他人工智能领域的应用成为可能。

3.3 知识表示实例

本节详细介绍使用 D2RQ 将 MySQL 中结构化数据转换为 RDF 格式文件的具体操作。

3.3.1 环境配置

转换实例使用的工具及版本如表 3-1 所示。

表 3-1 转换实例使用的工具及版本

工具	版本号	下载地址
D2RQ	0.8.1	http://d2rq.org/
MySQL	8.0.28.0	https://dev.mysql.com/downloads/mysql/
mysql-connector-java	5.1.48	http://mvnrepository.com/artifact/mysql/mysql-connector-java

我们首先在 D2RQ 官网下载 d2rq-0.8.1.zip，然后将其解压。将下载的文件 mysql-connector-java-5.1.44.jar 复制到 D2RQ 解压后的 lib 目录下，如图 3-6 所示。

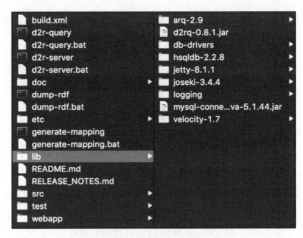

图 3-6　将 Jar 包复制到 lib 目录下

可以根据实际情况下载工具，本实例中的工具及版本仅作演示使用。

3.3.2　生成映射文件

环境配置完毕之后，我们需要生成映射文件。

打开 CMD，然后切换到 D2RQ 工具所在的目录，执行映射文件生成命令 generate-mapping，输出映射文件 people_mapping.ttl。下面分别给出主要操作系统中的具体命令。

在 Mac、Linux 操作系统中执行以下命令：

```
./generate-mapping -u root -p XXX -o people_mapping.ttl jdbc:mysql://localhost:3306/people
```

在 Windows 操作系统中执行以下命令：

```
generate-mapping.bat -u root -p XXX -o people_mapping.ttl jdbc:mysql://localhost:3306/people
```

generate-mapping 参数说明如下。

- -u 指定数据库的登录名。
- -p 指定 XXX 为 MySQL 的密码，如果没有密码，就不用输入。
- -o 指定输出文件路径及名称。
- jdbc:mysql://localhost:3306/people 指定 MySQL 对应的数据库 people。

连接数据库，导出数据到文件名为 ttl 的映射文件。执行上述命令后，在 D2RQ 目录下会生成 people_mapping.ttl 文件，如图 3-7 所示。

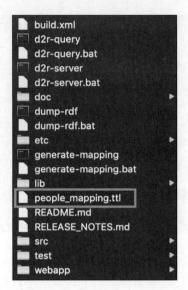

图 3-7 在 D2RQ 目录下生成的 people_mapping.ttl 文件

现在根据 MySQL 数据库默认生成的 people_mapping.ttl 文件进行修改，并将不需要的 id 和 label 属性删除。修改类型值，将 d2rq:class vocab:people_s; 修改为 d2rq:class :people_s。修改后的 people_mapping.ttl 文件如下：

```
@prefix map: <#> .
@prefix db: <> .
@prefix vocab: <vocab/> .
@prefix rdf: <http://www.w3.org/1999/02/22-rdf-syntax-ns#> .
@prefix rdfs: <http://www.w3.org/2000/01/rdf-schema#> .
@prefix xsd: <http://www.w3.org/2001/XMLSchema#> .
@prefix d2rq: <http://www.wiwiss.fu-berlin.de/suhl/bizer/D2RQ/0.1#> .
@prefix jdbc: <http://d2rq.org/terms/jdbc/> .

@prefix : <http://www.demo.com#> .   # 设置一个前缀

map:database a d2rq:Database;
    d2rq:jdbcDriver "com.mysql.jdbc.Driver";
    d2rq:jdbcDSN "jdbc:mysql://localhost:3306/people";
    d2rq:username "root";
    d2rq:password "12345678";
    jdbc:autoReconnect "true";
    jdbc:zeroDateTimeBehavior "convertToNull";
    .

# Table people
# d2rq:ClassMap 代表 OWL 本体或者 RDFS 中一个或一组相似的类，一般映射到关系型数据库中的一个表
map:people a d2rq:ClassMap;
    d2rq:dataStorage map:database;
```

```
    # d2rq:uriPattern "people/@@people.id@@";
    d2rq:uriPattern "http://www.demo.com/@@people.id@@";
    # d2rq:class vocab:people;
    d2rq:class :people;      # 指明资源的类型，对应 rdf:type
    d2rq:classDefinitionLabel "people";
    .

# d2rq:PropertyBridge 代表 OWL 本体或者 RDFS 中类的属性，一般映射到关系型数据库中某个表的一列
map:people_s a d2rq:PropertyBridge;
    d2rq:belongsToClassMap map:people;
    # d2rq:property vocab:people_s;
    d2rq:property :people_s; # 指明属性的标识名字
    d2rq:propertyDefinitionLabel "people s";
    d2rq:column "people.s";
    .
map:people_p a d2rq:PropertyBridge;
    d2rq:belongsToClassMap map:people;
    # d2rq:property vocab:people_p; # 指明属性的标识名字
    d2rq:property :people_p;
    d2rq:propertyDefinitionLabel "people p";
    d2rq:column "people.p";
    .
map:people_o a d2rq:PropertyBridge;
    d2rq:belongsToClassMap map:people;
    # d2rq:property vocab:people_o; # 指明属性的标识名字
    d2rq:property :people_o;
    d2rq:propertyDefinitionLabel "people o";
    d2rq:column "people.o";
    .
```

3.3.3 将 MySQL 数据转为 RDF 三元组

接下来，我们将数据转化成需要的 RDF 数据。下面使用 dump-rdf 命令将 people_rdf.ttl 转换为 RDF 三元组 people.nt。

在 Mac、Linux 操作系统中执行 dump-rdf 命令：

```
./dump-rdf -o people_rdf.nt people.ttl
```

在 Windows 操作系统中执行 dump-rdf 命令：

```
.\dump-rdf -o people_rdf.nt people.ttl
```

D2RQ 支持导出的 RDF 格式有 TURTLE、RDF/XML、RDF/XML-ABBREV、N3、N-TRIPLE、默认的输出格式是 N-TRIPLE。

最后查看一下生成的 RDF 数据，people_rdf.nt 的部分数据如图 3-8 所示。

```
<http://www.demo.com/1> <http://www.demo.com#people_o> "\u674E\u5A1C" .
<http://www.demo.com/1> <http://www.demo.com#people_p> "\u522B\u540D" .
<http://www.demo.com/1> <http://www.demo.com#people_s>
"\u674E\u5A1C(\u8457\u540D\u4E2D\u56FD\u7F51\u7403\u8FD0\u52A8\u5458)" .
<http://www.demo.com/1> <http://www.w3.org/1999/02/22-rdf-syntax-ns#type> <http://www.demo.com#people> .
<http://www.demo.com/2> <http://www.demo.com#people_o> "\u674E\u5A1C" .
<http://www.demo.com/2> <http://www.demo.com#people_p> "\u4E2D\u6587\u540D" .
<http://www.demo.com/2> <http://www.demo.com#people_s>
"\u674E\u5A1C(\u8457\u540D\u4E2D\u56FD\u7F51\u7403\u8FD0\u52A8\u5458)" .
<http://www.demo.com/2> <http://www.w3.org/1999/02/22-rdf-syntax-ns#type> <http://www.demo.com#people> .
<http://www.demo.com/3> <http://www.demo.com#people_o> "\u4E2D\u56FD" .
<http://www.demo.com/3> <http://www.demo.com#people_p> "\u56FD\u7C4D" .
<http://www.demo.com/3> <http://www.demo.com#people_s>
"\u674E\u5A1C(\u8457\u540D\u4E2D\u56FD\u7F51\u7403\u8FD0\u52A8\u5458)" .
<http://www.demo.com/3> <http://www.w3.org/1999/02/22-rdf-syntax-ns#type> <http://www.demo.com#people> .
```

图 3-8 生成的 RDF 数据

3.4 本章小结

本章对知识表示的定义及任务进行了详细的论述，方便读者从源头开始理解知识抽取步骤的抽取内容。同时，本章尽量囊括了基于符号的知识表示方法和基于向量的知识表示方法，并给出了使用 D2RQ 将 MySQL 中的结构化数据转为 RDF 格式文件的实例。

第 4 章

知识融合

操千曲而后晓声，观千剑而后识器。

——《文心雕龙》

练习很多支乐曲之后才能懂得音乐，观察过很多柄剑之后才懂得如何识别剑器。

知识融合是指将从多个数据源抽取的知识，按照适合业务的知识表示形式进行融合。不同数据源的知识，存在知识质量良莠不齐、知识重复、知识间的关联不够明确等问题，需要将这些知识融合为一体，形成高质量的知识图谱。正如需要练习很多支乐曲才能懂得音乐，观察过许多柄剑才能识别剑器一样，想要学会一种技艺，不经过长时间的练习，达到一定的经验积累，很难有很高的造诣。知识融合也是一门技艺，需要经过不断练习、实践来积累经验，才能利用工具完成知识融合的任务。

本章主要讲解知识融合定义及其任务，并详细介绍概念层的本体对齐、数据层的实体对齐等知识融合方法；接着，使用知识融合工具 Dedupe 来构建融合实例。

4.1 知识融合概述

本节将基于知识融合的不同表述，引出知识融合的定义，以及概念层的本体对齐、数据层的实体对齐等知识融合任务。

4.1.1 知识融合的定义

知识融合（Knowledge Fusion）的概念最早出现在 1983 年发表的文献中，并在 20 世纪 90 年代得到研究者的广泛关注。

在维基百科中"知识融合"的定义是，"对来自多源的不同概念、上下文和不同表达等信息进行融合的过程"。除此之外，有一些专家提出知识融合的目标是产生新的知识，是对松耦合来源中的知识进行集成，构成一个合成的资源，用来补充不完全的知识和获取新知识。还有一些专家认为，知识融合是知识组织与信息融合的交叉学科，它面向需求和创新，通过对众多分散、异构资源上的知识进行获取、匹配、集成、挖掘等处理，获取隐含的或有价值的新知识，同时优化知识的结构和内涵，提供知识服务。

总之，知识融合是一个不断发展变化的概念。尽管以往研究人员的具体表述不同、所站角度不同、强调的侧重点不同，但这些论述中还是存在很多共性。这些共性反映了知识融合的固有特征，可以将知识融合与其他类似或相近的概念区分开来。知识融合一般通过冲突检测、真值发现等技术消解知识集成过程中的冲突，再对知识进行关联与合并，最终形成一个一致的结果。

知识融合的研究工作开始于本体对齐，初期主要针对本体类别的语义相似性的匹配的研究。但随着 Web 2.0 和语义 Web 技术的不断发展，越来越多的语义数据具有丰富实例和相对薄弱的本体模式，促使本体对齐的研究工作慢慢地从概念层转移到数据层。不同数据源的实体可能会指向现实世界的同一个对象，这时需要使用实体对齐将不同数据源中相同对象的数据进行融合。

4.1.2 知识融合的任务

从理论上来说，任何组织和机构都可以根据自己的需要构建知识图谱，如不同的交叉领域、同一领域的不同组织、不同领域的系统之间等。

由于数据来源多样、构建方式不同，因此导致知识质量良莠不齐、知识重复、知识指代不明确等问题，具体如下。

1）相同的实体有不同的名称，比如 laptop 和 notebook、"宇航员"和"航天员"。

2）同名指代不同实体，比如苹果（水果）、苹果（公司）、苹果（电影）、苹果（歌曲）。

3）实体定义的粒度不同，比如飞机、飞机类型（客机、战斗机）、飞机型号（空客 A320、中国商飞 C919）等。

4）相同的属性在不同的知识库中有不同的判别能力，比如"最近几年"可能被解释为"最近 2 年"或"最近 3 年"。

5）相同的类别在不同的知识库中具有不同数量的属性。

6）缩写名词、单位、大小写、空格、录入错误、格式等不同，比如标准单词和简写冲突（如 minute 和 min）、句法造成命名不同（如 San Zhang 和 Zhang,San）、计量单位不同（如 163cm 和 1.63m）等。

因此，需要提供统一的本体，以将各个数据源获取的知识融合成一个统一的知识图谱。本体是同一领域内的不同主体之间进行交流的语义基础。本体是树状结构，相邻层次的节点（概念）之间具有严格的 IsA（即父类 – 子类）关系。确定本体之后，我们可以通过本体融合技术把不同数据源中描述同一类知识的某些本体融合在一起；也可以通过知识映射技术建立本体和多数据源知识实体之间的映射关系，将不同数据源的知识融合在一起。

知识融合任务执行流程如图 4-1 所示，包括输入、预处理、对齐、后处理和输出，以及所需的配置、外部资源、人机交互等。其中，**配置**是指知识融合过程中需要预设的参数、阈值、规则等；**外部资源**是指知识融合过程中使用的背景知识，包括字典 / 词典、常识知识等；**人机交互**是指在知识融合过程中需要对部分数据或结果进行标注。

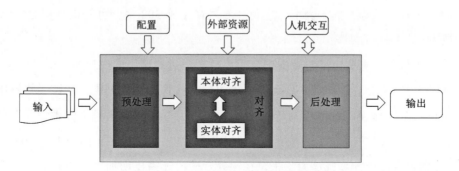

图 4-1　知识融合任务执行流程

1. 输入

知识融合的输入为待融合的两个或多个知识库。输入也可以是工作所需的其他知识源，主要包括以下 3 种。

1）第三方知识库产品或从已有的结构化数据获取知识输入，例如链接开放数据。

2）企业或机构自建的关系型数据库，可以通过 RDB2RDF 方法将关系型数据库的数据转换成 RDF 三元组数据。

3）其他以半结构化格式（如 XML、CSV、JSON 等）存储的数据，可以采用 RDF 数据模型将其合并到知识图谱当中。例如，XSPARQL 支持从 XML 格式转化为 RDF，DataLift 支持从 XML 和 CSV 格式转换为 RDF。

综上，所有可以转换为 RDF 数据文件的知识源都可以作为知识融合任务的输入。

2. 预处理

预处理主要工作是将待融合的两个或多个知识库进行清洗和转换，去掉无效和冗余的数据，并利用规则对实体属性和属性值进行标准化处理。知识库是预先按照一定规则建立好的数据库，数据的质量有一定的保证。因此，在很多情况下知识融合算法之前的数据预处理步骤的重要性并没有像在数据挖掘等数据处理任务中那样突出。

知识融合的数据预处理主要是进行一些简单的格式整理或者停用词的处理，主要包括语法正规化和数据正规化两部分。

1）语法正规化，主要包括语法规则正规化和综合属性正规化。
- 语法规则正规化。如联系电话的表达方式，规定手机号码为 11 位数字，固定电话采用区号 -8 位数字，政府热线采用 123+ 两位数字等。
- 综合属性正规化。如地址和住址的表达方式，规定地址包含省市县（区），住址统一用"*号楼*栋*室"表示，避免"6号楼1栋302室"可能被登记为"6#1-302"或者"6-1-302"。

2）数据正规化，主要包括对数据进行简单整理、过滤停用词或替换为正式名字。
- 移除空格、《》、""、- 等一些无意义的符号，按照停用词列表过滤掉一些停用词等。
- 用正式名字替换昵称和缩写等，例如"中科大"是"中国科学技术大学"的简称，"天津财经大学"与"天津财经学院"实际上是一所院校在不同历史时期的名称。

如果数据较多造成计算机算力紧张，在预处理阶段还需要增加"分块索引"步骤。

分块索引是在实体对齐过程中减少需要比较的记录对数量的一种方案。假设 A、B 两个文件各有 M 和 N 条记录，那么需要进行 $M \times N$ 次对齐运算。如果这两个文件包含千万级数量的记录，则对齐运算次数将会非常庞大。将待对齐数据进行分块索引，在排除不可能对齐的记录对后，让相似的实体对尽量分配到一个或几个区块中成为候选对，最终的对齐比较只在这些候选对中进行，以降低计算的复杂度。

3. 对齐

知识融合的对齐任务包括概念层的本体对齐任务、数据层的实体对齐任务。

（1）本体对齐任务

本体对齐侧重发现概念层等价或相似的类、属性及关系。

本体对齐问题定义：若一个三元组 $\langle O, O', M \rangle$，包括一个源本体 O、一个目标本体 O'，以及一个映射单元集合 $M = \{m_1, m_2, \ldots m_i, m_n\}$。其中，$m_i$ 表示一个基本映射单元，它可以写成 $m_i = \langle id, c, c', s \rangle$ 的四元组形式，其中：

- id 为映射单元的标识符，用于唯一标识该四元组。
- c 和 c' 分别为 O 和 O' 中的概念。
- s 表示 c 和 c' 之间的相似度，满足 $s \in [0, 1]$。

本体对齐通过本体概念之间的相似性度量发现异构本体间的对齐关系。

（2）实体对齐任务

实体对齐侧重发现现实世界相同对象的不同实例。与本体对齐相比，虽然实体对齐的数据规模更大，但问题简单（对齐或不对齐）。

一种直观的实体对齐方法是将所有对齐属性的相似度评分加和，然后设置两个相似度阈值，判断总的相似度评分 $\text{sim}_{\text{Attr}}^{\text{sum}}(e_1, e_2)$ 位于哪个相似度区间，该相似度区间可以形式化地表示为：

$$\begin{cases} \text{sim}_{\text{Attr}}^{\text{sum}}(e_1, e_2) > t_2 \Rightarrow e_1, e_2 \text{ 匹配} \\ t_1 \leq \text{sim}_{\text{Attr}}^{\text{sum}}(e_1, e_2) \leq t_2 \Rightarrow e_1, e_2 \text{ 可能匹配} \\ \text{sim}_{\text{Attr}}^{\text{sum}}(e_1, e_2) < t_1 \Rightarrow e_1, e_2 \text{ 不匹配} \end{cases}$$

其中，e_1, e_2 为待匹配实体对；t_1、t_2 为相似度阈值的下界和上界。综合单个属性相似度得到属性相似度向量，再根据属性相似度向量得到一个实体的相似度。

4. 后处理

后处理通过冲突检测、真值发现等技术消解知识图谱融合过程中的冲突，再对知识进行关联与合并，对匹配结果进行抽取及评估，最终形成一个一致的结果。

4.2　知识融合的方法

知识融合的方法包括概念层的本体对齐方法以及数据层的实体对齐方法。

4.2.1　本体对齐方法

本体对齐通过本体概念之间的相似性度量发现异构本体间的对齐关系，解决异构本体之间的相互通信问题,并发现不同本体中实体的语义关系,最后实现本体对齐。常用的本体对齐方法包括基于字符串比较的方法、基于路径结构的方法、基于实例的方法等。除此之外,还包括基于图结构的方法、基于词典的方法、基于搜索引擎等方法,感兴趣的读者可自行研究。

1. 基于字符串比较的方法

基于字符串比较的方法主要有编辑距离、单词前缀/后缀的相似度等。我们常用 Jaro 相似度计算两个字符串的编辑距离,在 Jaro 相似度基础上,Jaro-Winkler 方法进一步改进,突出了前缀相同的重要性,如果两组字符串在前几个都相同的情况下,它们会获得更高的相似性,即共同前缀长度越大的相似度越高。

提示:编辑距离(Edit Distance)是指两个字符串,由一个转换成另一个所需的最少编辑操作次数。通常的编辑操作包括对字符的替换、插入、删除。如比较 S_1="内审协会" 和 S_2="中国内审协会",就可以通过在 S_1 中插入 "中""国" 两个字符,实现与 S_2 一致,故 S_1 和 S_2 编辑距离为 2。

Jaro 相似度与 Jaro–Winkler 相似度计算公式如下。

Jaro 相似度:对给定的两个字符串 S_1 和 S_2,Jaro 相似度 Sim_j 定义为:

$$\text{Sim}_j = \begin{cases} 0 & m=0 \\ \dfrac{1}{3}\left(\dfrac{m}{|S_1|}+\dfrac{m}{|S_2|}+\dfrac{m-t}{m}\right) & \text{其他} \end{cases}$$

其中,$|S_i|$ 表示字符串 S_i 的长度,m 表示两个字符串中匹配的字符数,t 是字符换位数。只有当 S_1 和 S_2 的字符相同,且距离不超过 $\left[\dfrac{\max\{|S_1|,|S_2|\}}{2}\right]-1$ 时,才认为这两个字符是匹配的。将 S_1 与 S_2 匹配的字符进行比较,将位置相同但字符不同(需要调换顺序才能匹配)的字符数量除以 2,得到要转换的次数 t。

Jaro–Winkler 相似度:对于给定的两个字符串 S_1 和 S_2,Jaro–Winkler 相似度 Sim_w 定义为:

$$\text{Sim}_w = \text{Sim}_j + lp(1-\text{Sim}_j)$$

其中:Sim_j 是 S_1 和 S_2 的 Jaro 相似度;l 是字符串共同的前缀长度,最大值为 4;p 是一个常量因子(默认 0.1),可以随共同前缀向上调整,但不能超过 0.25(否则相似度会超过 1)。

示例:如果字符串 S_1、S_2、S_3 分别为 knoxleadph、knolwaexgegraph、knoxelaedddgrhp,分两组进行比较,即 S_1、S_2 和 S_1、S_3。

根据 Jaro 相似度定义，当字符串 S_1、S_2 中相同字符的距离不超过 $d = \left[\dfrac{\max\{10,15\}}{2}\right] - 1 = 6$，即为匹配。如图 4-2 所示，我们将 S_1 中的每个字符与 S_2 中距离不超过 d 的字符（即 S_1 第 i 个字符与 S_2 中 $[\max(0, i-d), \min(i + d, S_{Len})]$ 之间的第 j 个字符，S_{Len} 表示 S_2 的长度）进行比较，得到 S_1、S_2 两个字符串中匹配的字符数量 m 为 11（参见图 4-2 中的箭头连接数）。接着将 S_1 中匹配字符 k、n、o、x、l、e、e、a、a、p、h 与 S_2 中匹配字符 k、n、o、l、a、e、x、e、a、p、h 进行比较，得到 S_1 中 (x、l、e、a) 与 S_2 中 (l、a、x、e) 需要调换顺序才能匹配的字符数为 4，因此需要转换的次数 t 为 4/2 =2。

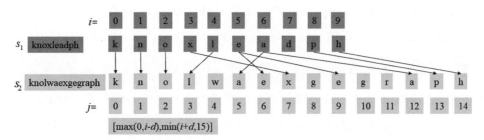

图 4-2　使用 Jaro 计算字符串 S_1、S_2 中匹配的字符数量

Jaro 相似度：$\text{Sim}_{j_{S_1 S_2}} = \dfrac{1}{3} \times (\dfrac{11}{10} + \dfrac{11}{15} + \dfrac{11-2}{11}) = 0.883$。

根据 Jaro 相似度定义，当字符串 S_1、S_3 中相同字符的距离不超过 $d = \left[\dfrac{\max\{10,15\}}{2}\right] - 1 = 6$，即为匹配。如图 4-3 所示，我们将 S_1 中的每个字符与 S_3 中距离不超过 d 的字符（即 S_1 第 i 个字符与 S_3 中 $[\max(0, i-d), \min(i + d, S_{Len})]$ 之间的第 j 个字符，S_{Len} 表示 S_3 的长度）进行比较，得到 S_1、S_3 两个字符串中匹配的字符数量 m 为 13（参见图 4-2 中的箭头连接数）。接着将 S_1 中匹配字符 k、n、o、x、l、e、e、a、d、d、d、p、h 与 S_3 中匹配字符 k、n、o、x、e、l、a、e、d、d、d、h、p 进行比较，得到 S_1 中 (l、e、e、a、p、h) 与 S_3 中 (e、l、a、e、h、p) 需要调换顺序才能匹配的字符数为 6，因此需要转换的次数 t 为 6/2=3。

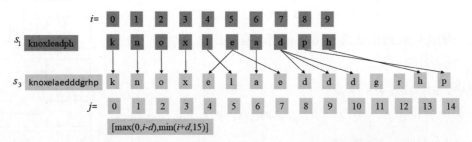

图 4-3　使用 Jaro 计算字符串 S_1、S_3 中匹配的字符数量

Jaro 相似度：$\text{Sim}_{j_{S_1S_3}} = \frac{1}{3} \times \left(\frac{13}{10} + \frac{13}{15} + \frac{13-3}{13} \right) = 0.978$。

此时，通过 S_1、S_2 与 S_1、S_3 的 Jaro 相似度比较，可以得到 S_1 与 S_2、S_3 均不相同，但 S_1 与 S_3 相似度更高。

接着来看 Jaro-Winkler 方法的应用。假设 p 为 0.1，由于 S_1、S_2 匹配字符的共同前缀 kno 的长度 l 为 3，因此未超过最大值 4。

Jaro-Winkler 相似度：$\text{Sim}_{w_{S_1S_2}} = 0.883 + 3 \times 0.1 \times (1 - 0.883) = 0.918$。

而 S_1、S_3 匹配字符的共同前缀 knox 的长度 l 为 4，不超过最大值 4。

Jaro-Winkler 相似度：$\text{Sim}_{w_{S_1S_3}} = 0.978 + 4 \times 0.1 \times (1 - 0.978) = 0.986$。

通过 Jaro-Winkler 距离调整 Jaro 相似度，也可以得到 S_1 与 S_3 相似度更高。

2. 基于路径结构的方法

基于路径结构的方法中的锚点提示算法可快速处理复杂的本体合并、映射。它的基本思想是，如果两对本体相似且有连接这两对本体的路径，那么路径中的元素也通常相似。该算法以两对本体及其相关词汇中已配对的本体对集合为输入，将本体视作图结构（类别作为节点，槽作为边），通过分析已配对节点之间路径上元素的相似性，来生成新的匹配本体对（Anchor）。

锚点提示算法的执行流程如下。

1）算法输入的初始本体集合可以是人工标注的，也可以是使用其他方法匹配的结果。

2）先选定两组已配对本体，找出两组本体之间所有小于路径长度阈值 L 的路径。

3）对于长度都为 L 的两条路径，以既定策略增加相同位置上的本体的相似度。

4）计算所有对应本体对相似度的中位数 M，相似度高于 M 的本体对被认为是匹配的。

图 4-4 展示了一个简单的基于锚点提示算法的本体对齐示例，初始输入的本体集合中包含 (A, B) 和 (H, G) 两组已配对本体，A 与 H 之间存在一条长度为 3 的路径，B 与 G 之间也存在一条长度为 3 的路径，那我们有理由认为这两条路径上对应的本体对 (C, D) 与 (E, F) 可能存在相似性。

其中，S1 到 S6 表示路径。

更多内容可以参考论文 "Anchor-PROMPT: Using Non-Local Context for Semantic Matching"。

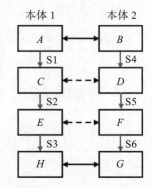

图 4-4 本体对齐示例

3. 基于实例的方法

基于实例的本体对齐方法的简单思想为:两个概念共享的实例越多,则两个概念越相似。基于实例数据的本体对齐一般采用机器学习或者数据挖掘的方法,例如贝叶斯分类、关联规则挖掘等。

基于实例的本体对齐工具 GLUE 采用实体之间的联合概率分布来度量实体间的相似度,将实体 A 和 B 之间的相似度表示为 $\mathrm{Sim}(A, B) = \dfrac{\mathrm{P}(A \cap B)}{\mathrm{P}(A \cup B)}$,然后通过机器学习的算法计算实例的概率分布,并以实例的概率分布来近似代替实体的概率分布。GLUE 使用了多种机器学习的策略,每种策略针对特定的实例信息或者本体包含的分类结构信息。

4.2.2 实体对齐方法

实体对齐方法侧重于发现指称在现实世界中相同对象的不同实例,是面向知识图谱数据层的知识融合。实体对齐方法主要包括属性相似度计算方法和实体相似度计算方法。

1. 属性相似度计算

属性相似度计算主要基于相似度函数或相似性算法查找匹配实例,包括基于文本字符串相似度、基于集合相似度、基于向量的相似度等计算方法。

(1) 基于文本字符串相似度

常用计算文本字符串相似度的相似函数包括基于编辑距离的相似函数、基于 Token 的相似函数或两者混合的方法。下面以计算编辑距离为例。

基于编辑距离的相似度的计算公式如下:

基于编辑距离的相似度 = 1 − 编辑距离 /max{ 字符串 1 长度 , 字符串 2 的长度 }

示例:如果 str1="love",str2="love",经过计算编辑距离等于 0,相似度 = 1 − 0/Math.Max(str1.length,str2.length)=1。如果 str1="love1",str2="love2",经过计算编辑距离等于 1。将 str1 的 "1" 转换为 "2",即转换了 1 个字符,相似度 =1−1/Math.Max(str1.length,str2.length)=0.8。

(2) 基于集合相似度

基于集合相似度的方法通常使用 Dice 距离、Jaccard 距离来度量两个集合的相似度。

Dice 距离把字符串理解为一种集合,通过度量字符串的相似性来进行计算,计算公式如下:

$$\text{Dice}(s_1, s_2) = 2 \times \text{comm}(s_1, s_2) / (\text{leng}(s_1) + \text{leng}(s_2))$$

其中，comm(s_1, s_2) 是 s_1、s_2 中相同字符的个数，leng(s_1) 与 leng(s_2) 是字符串 s_1、s_2 的长度。

示例：以将 Lvensshtain 转换成 Levenshtein 为例，两者相似度为 $2 \times 9/(11+11) = 0.82$。

Jaccard 距离用于比较有限样本集之间的相似性与差异性，描述集合之间的相似度。该方法通常被用来处理短文本的相似度，并使用符号或自然语言模型 N-Gram 分割句子来构建集合。如给定两个集合 A 和 B，Jaccard 相似系数 $J(A, B)$ 定义为 A 与 B 交集大小与 A 与 B 并集大小的比值，计算公式如下：

$$J(A,B) = \frac{|A \cap B|}{|A \cup B|} = \frac{|A \cap B|}{|A| + |B| - |A \cap B|}$$

其中，$J(A, B) \in [0, 1]$。Jaccard 系数值越大，样本相似度越高。当集合 A、B 都为空时，$J(A, B)$ 定义为 1。而 Jaccard 距离是 Jaccard 相似系数的补集，用 $d_j(A, B)$ 表示，$d_j(A, B) = 1 - J(A, B)$。Jaccard 距离越大，样本相似度越低。

示例：如果存在集合 $A = (1, 0, 0, 1, 0)$ 和集合 $B = (0, 1, 0, 0, 1)$，那么 $A \cap B = (0, 0, 0, 0, 0)$，$A \cup B = (1, 1, 0, 1, 1)$。

Jaccard 相似系数为：$J(A, B) = 0/4 = 0$（4 表示 $A \cup B$ 有 4 个 1）。

Jaccard 距离 d_j 为：$d_j(A, B) = 1 - J(A, B) = 1 - 0 = 1$。

说明集合 A 和集合 B 的相似度很低。

（3）基于向量的相似度

基于向量的相似度是通过计算两个向量的距离来计算相似度，距离越近，相似度越大。该方法通常使用 TF-IDF 评估某个字或某个词对一个文件的重要程度。其中，TF（Term Frequency，词频）是指某一个给定的词语在该文件中出现的频率，它衡量了一个词在文件中的重要程度。IDF（Inverse Document Frequency，逆向文件频率）是对一个词语的普遍重要性的度量，需要去除如冠词 a、an、the 等出现频率高但并不重要的词语。某一特定词语的 IDF，可以由总文件数除以包含该词语的文件数，再将得到的商取以 10 为底的对数得到。通过将 TF 与 IDF 相乘得到句子向量，并计算余弦相似度得到基于向量的相似度。

示例：假设某个文档的总词语数是 100 个，而词语"知识图谱"出现了 3 次，那么"知识图谱"在该文档中的 TF 就是 3/100=0.03。假设词语"知识图谱"在 1 000 份文档出现过，而文档总数是 10 000 000 份的话，则其 IDF 就是 lg(10 000 000/1 000)=4。最后的 TF-IDF

的分数为 0.03 × 4 = 0.12。

其他词汇的 TF-IDF 分数也由上述方法得到。这样，一个句子就可以转化为向量，使用余弦相似度测量两个向量夹角的余弦值来度量它们之间的相似性。

2. 实体相似度计算

实体相似度计算方法包括聚合、聚类和嵌入式知识表示学习等。

（1）聚合

聚合方法包括加权平均、制定规则、分类器等方法。

以加权平均方法为例，对相似度得分函数的各个分量进行加权求和，得到最终的实体相似度。假设两个实体记录 e_1 和 e_2，在第 i 个属性上的值分别是 x_i 和 y_i，则在该属性上的相似度分量为 $\text{Sim}(x_i, y_i)$，制定规则为每一个相似度的分量设定一个阈值，若超过该设定阈值则将两实体相连。相似度加权公式如下：

$$\text{Sim}(e_1, e_2) = w_1 \cdot \text{Sim}(x_1, y_1) + w_2 \cdot \text{Sim}(x_2, y_2) + \cdots + w_n \cdot \text{Sim}(x_n, y_n)$$

其中，$w_1, w_2, \cdots, w_n$ 是指相似度每个分量的权重。

对于分类器等机器学习方法，可采用无监督 / 半监督训练的方法（如 EM、生成模型等）生成训练集合，或采用主动学习（如众包等）方案。

（2）聚类

聚类方法把同一个"实体"的多种相似的表现形式聚到一起，可通过训练样本生成一个自适应的距离函数。聚类包括层次聚类、相关性聚类、Canopy + KMeans 聚类等。其中，层次聚类通过计算不同类别数据点之间的相似度对在不同层次的数据进行划分，最终形成树状的聚类结构。相关性聚类的目标就是用最小的代价找到一个聚类方案。而 Canopy 聚类最大的特点是不需要事先指定聚类个数的 k 值，这样使用起来比较方便，我们经常将 Canopy 和 KMeans 配合使用。

Canopy + KMeans 聚类的执行步骤如下。

①使用 Canopy 算法进行"粗"聚类，得到 k 个聚类中心点。

②以 Canopy 算法得到的 k 个聚类中心点作为初始中心点，然后使用 KMeans 算法进行"细"聚类，得到聚类中心。

在进行具体操作时可以调用 Python 中的库来实现，代码如下：

```
from kmeans import k_means, canopy
```

```python
canopy = canopy.Canopy(points, t1=75, t2=50)  # 设置阈值 t1 和 t2
canopy_cluster = canopy.find_cluster_by_canopy()
for i in canopy_cluster:
    center_points.append(i[0].tolist())
K = len(center_points)  # 获得聚类中心点 K

# 以 Canopy 算法得到的 k 个聚类中心点作为初始中心点, 然后进行 KMeans 聚类
kmeans = k_means.KMeans(points, center_points, K)
# 更新后的聚类中心点
center_points, kmeans_cluster = kmeans.find_cluster_by_kmeans()
```

这样就可以将相似的实体尽量聚集到一起。

（3）嵌入式知识表示学习

嵌入式知识表示学习将知识图谱中的实体和关系映射到低维向量空间，直接用数学表达式来计算各个实体之间的相似度。这类方法不依赖任何的文本信息，获取到的都是数据的深度特征。如图 4-5 所示，给定一个网络，嵌入式知识表示学习可以把高维空间实体映射为低维向量空间中的一个点，并对不同名称的相同实体（如 gato 和 cat、cerdo 和 pig 等）进行融合，融合过程中也会考虑录入错误的实体（如 one 和 uno，three 和 tres 等），最终实现实体对齐。

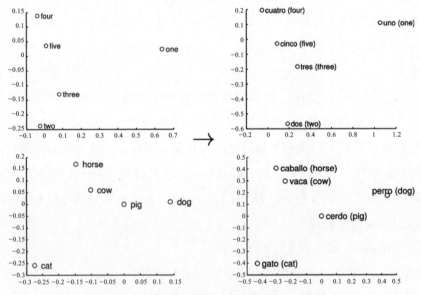

图 4-5　嵌入式知识表示学习方法的示例图

4.3　知识融合实例

前面介绍了知识融合的大体框架和理论知识。接下来将重点介绍 Python 环境下 Dedupe

的安装和一个简单的知识融合实例，此实例融合了来自 10 个不同来源的芝加哥早期儿童教育网站列表形式的数据。

Dedupe 源码链接为 https://github.com/dedupeio/dedupe，以 Dedupe 示例中第一个例子 csv_example 为例，来进行相关环境配置和操作来说明知识融合。

4.3.1 环境配置

使用以下命令安装所需 Python 包，主要是 Dedupe 和 Unicode。

```
pip install xxx -i https://pypi.tuna.tsinghua.edu.cn/simple
```

4.3.2 预处理与匹配

接下来对列表数据进行预测和匹配。我们通过执行 python csv_example.py 命令，从一个包含杂乱数据的 CSV 文件开始，对数据集合进行预处理，处理数据约 10 000 行。

具体代码如下：

```python
import os
import csv
import re
import logging
import optparse
import dedupe
from unidecode import unidecode

def preProcess(column):
    """
    在 Unicode 和 Regex 的帮助下进行一些数据清理。
    可以忽略大小写、多余空格、引号和新行之类的内容。
    """
    column = unidecode(column)
    column = re.sub('  +', ' ', column)
    column = re.sub('\n', ' ', column)
    column = column.strip().strip('"').strip("'").lower().strip()
    # If data is missing, indicate that by setting the value to `None`
    if not column:
        column = None
    return column

def readData(filename):
    """
    从 CSV 文件中读取数据并创建一个记录字典，
    其中键是唯一的记录 ID，每个值都是 dict。
    """

    data_d = {}
```

```python
    with open(filename) as f:
        reader = csv.DictReader(f)
        for row in reader:
            clean_row = [(k, preProcess(v)) for (k, v) in row.items()]
            row_id = int(row['Id'])
            data_d[row_id] = dict(clean_row)

    return data_d

if __name__ == '__main__':
    # Dedupe 使用 Python 日志记录来显示或限制详细输出
    optp = optparse.OptionParser()
    optp.add_option('-v', '--verbose', dest='verbose', action='count',
                    help='Increase verbosity (specify multiple times for more)'
                    )
    (opts, args) = optp.parse_args()
    log_level = logging.WARNING
    if opts.verbose:
        if opts.verbose == 1:
            log_level = logging.INFO
        elif opts.verbose >= 2:
            log_level = logging.DEBUG
    logging.getLogger().setLevel(log_level)

    input_file = 'csv_example_messy_input.csv'
    output_file = 'csv_example_output.csv'
    settings_file = 'csv_example_learned_settings'
    training_file = 'csv_example_training.json'

    print('importing data ...')
    data_d = readData(input_file)

    # 如果设置文件已经存在，将只加载该文件并跳过训练
    if os.path.exists(settings_file):
        print('reading from', settings_file)
        with open(settings_file, 'rb') as f:
            deduper = dedupe.StaticDedupe(f)
    else:
        # 进行训练
        # 特征选择，定义去重会注意的字段，设置需要使用的特征。'field' 是属性名。'type' 是属性
            进行相似度计算时的方式，String 是编辑距离，Exact 表示严格相等，还有 'has miss'
            是描述该属性在原文件中是否有默认值
        fields = [
            {'field': 'Site name', 'type': 'String'},
            {'field': 'Address', 'type': 'String'},
            {'field': 'Zip', 'type': 'Exact', 'has missing': True},
            {'field': 'Phone', 'type': 'String', 'has missing': True},
            ]

        # 创建一个新的重复数据删除器对象，并将我们的数据模型传递给它
        deduper = dedupe.Dedupe(fields)

        if os.path.exists(training_file):
```

```python
            print('reading labeled examples from ', training_file)
            with open(training_file, 'rb') as f:
                deduper.prepare_training(data_d, f)
        else:
            deduper.prepare_training(data_d)

        # 主动学习
        # Dedupe 将查找下一对记录
        # 使用 'y'、'n' 和 'u' 键来标记重复项
        print('starting active labeling...')
        dedupe.console_label(deduper)

        #使用标记好的示例,训练重复数据删除器并学习分块谓词
        deduper.train()

        with open(training_file, 'w') as tf:
            deduper.write_training(tf)

        with open(settings_file, 'wb') as sf:
            deduper.write_settings(sf)

    # 进行聚类,使用 partition 函数将返回重复数据,并删除认为都指向同一实体的记录集
    print('clustering...')
    clustered_dupes = deduper.partition(data_d, 0.5)
    print('# duplicate sets', len(clustered_dupes))

    # 将原始数据写回 CSV 文件,其中包含一个名为 Cluster ID 的新列,该列会指示哪些记录相互引用
    cluster_membership = {}
    cluster_membership = {}
    for cluster_id, (records, scores) in enumerate(clustered_dupes):
        for record_id, score in zip(records, scores):
            cluster_membership[record_id] = {
                "Cluster ID": cluster_id,
                "confidence_score": score
            }

    with open(output_file, 'w') as f_output, open(input_file) as f_input:
        reader = csv.DictReader(f_input)
        fieldnames = ['Cluster ID', 'confidence_score'] + reader.fieldnames
        writer = csv.DictWriter(f_output, fieldnames=fieldnames)
        writer.writeheader()
        for row in reader:
            row_id = int(row['Id'])
            row.update(cluster_membership[row_id])
            writer.writerow(row)
```

在这个例子中,标记重复项以进行主动学习,从而训练出符合的分块方法和记录链接相似性的计算方法,训练过程如图4-6所示。

接下来,通过读取配置文件 csv_example_learned_settings,采用聚类方式计算实体相似度的距离,输出 CSV 文件,获取重复数据 1458 条。聚类结果如图 4-7 所示。

```
importing data ...
starting active labeling...
Site name : easter seals society of metropolitan chicago - kimball day care
Address : 1636 n kimball ave
Zip : None
Phone : None

Site name : chicago commons association kimball day care
Address : 1636 n kimball ave
Zip : 60647
Phone : 2357200

0/10 positive, 0/10 negative
Do these records refer to the same thing?
(y)es / (n)o / (u)nsure / (f)inished
```

图 4-6 标记重复项以进行主动学习

```
reading from csv_example_learned_settings
clustering...
# duplicate sets 1458
```

图 4-7 聚类结果

4.3.3 结果评估

最后，对输出的 CSV 文件进行结果评估，需要执行 python csv_evaluation.py 命令将同一聚类结果（相同 Cluster ID）下的所有样本两两组合，假设同一聚类结果下有样本为（2，5，9，13），那么样本两两组合结果是（2，5）、（2，9）、（2，13）、（5，9）、（5，13）、（9，13）。计算预测值（test_dupes）和真实值（true_dupes）的交集与差集个数，发现重复样本，并计算准确率和回归率。

执行上述操作的具体代码如下：

```
from future.utils import viewitems
import csv
import collections
import itertools

def evaluateDuplicates(found_dupes, true_dupes):
    true_positives = found_dupes.intersection(true_dupes)
    false_positives = found_dupes.difference(true_dupes)
    uncovered_dupes = true_dupes.difference(found_dupes)

    print('found duplicate')
    print(len(found_dupes))
    print('precision')
    print(1 - len(false_positives) / float(len(found_dupes)))
```

```
    print('recall')
    print(len(true_positives) / float(len(true_dupes)))
# dupePairs 函数是将同一聚类下的所有样本两两组合
def dupePairs(filename, rowname) :
    dupe_d = collections.defaultdict(list)
    with open(filename) as f:
        reader = csv.DictReader(f, delimiter=',', quotechar='"')
        for row in reader:
            dupe_d[row[rowname]].append(row['Id'])

    if 'x' in dupe_d :
        del dupe_d['x']

    dupe_s = set([])
    for (unique_id, cluster) in viewitems(dupe_d) :
        if len(cluster) > 1:
            for pair in itertools.combinations(cluster, 2):
                dupe_s.add(frozenset(pair))
    return dupe_s

manual_clusters = 'csv_example_input_with_true_ids.csv'
dedupe_clusters = 'csv_example_output.csv'

true_dupes = dupePairs(manual_clusters, 'True Id')
test_dupes = dupePairs(dedupe_clusters, 'Cluster ID')
# 通过计算预测值和真实值（test_dupes，true_dupes）的交集和差集个数，进而计算准确率和回归率
evaluateDuplicates(test_dupes, true_dupes)
```

我们对样本组合结果进行重复项评估，结果发现 4992 个重复样本。接着使用了标注的 30 条数据，得到准确率为 0.9777，回归率为 0.7386。

4.4 本章小结

本章根据知识融合的定义及任务，介绍了概念层的本体对齐和数据层的实体对齐等知识融合方法，并给出了知识融合工具 Dedupe 的应用示例。

第 5 章

知 识 存 储

> 且夫水之积也不厚，则其负大舟也无力。
>
> ——《庄子·逍遥游》

如果水积得不深不厚，那么它就没有力量负载大船。

知识存储能够容纳大规模关系复杂的数据，不管是基于关系型数据库的知识存储，还是基于分布式数据库的知识存储，都能够存储上亿单元的知识结构。正如深水才能负载大船，要想存储更多知识，必须解决大规模原生图数据存储的问题，且需要应对业务需求不断变化和大规模数据增长的情况，始终保持高效的查询性能，才能真正胜任知识图谱的存储任务。

本章以知识存储的概念为基础，主要讲解知识存储的定义及其任务，并详细介绍不同数据类型的知识图谱存储方法，以及一些主流的存储工具，如使用 Apache Jena 构建语义网络和数据链接应用、将数据导入 Neo4j 等。

5.1 知识存储概述

从本质上来说，知识也是一种数据，本节讲解知识存储的定义及任务。

5.1.1 知识存储的定义

知识也是一种数据，知识记录着有序排列数据之间的内在关系。知识存储要求知识图谱能够容纳大规模关系复杂的数据。知识存储与数据存储的任务基本相同，即将数据以某种格式记录在计算机内部或者外部存储介质上。区别在于知识图谱存储"知识数据"可能包含属性知识、时序知识、外部链接知识等，且具有关系复杂、类型繁多且结构不一等特性。

在当前的知识图谱标准中，这些"知识数据"的基本数据结构是 RDF 数据和图模型，所以知识数据的存储系统实质上是研究如何存储 RDF 和图。知识图谱需要存储的基本数据包括：三元组知识、事件信息、时态信息、基于图结构的数据。

5.1.2　知识存储的任务

当我们谈论起存储时，首先想到的是成熟的关系型数据库 RDBMS（如 MySQL、SQL Server、Oracle 等）。由于 RDBMS 具有成熟的组织管理、完善的事务系统和简单的查询操作，在存储 RDF 数据时优先考虑使用 RDBMS，例如著名的 DBpedia 知识库。但 RDF 数据毕竟是三元组，不同于 RDBMS 的二维表思想，这使得在使用 RDBMS 存储 RDF 时的扩展性较差，也不可避免地降低了查询效率。

为了解决知识存储系统的查询低效率现象，一些新的方案也被提出。例如，Sesame 系统实现了多种底层存储模式，包括二分图方式与三元组表方式，其中二分图方式可以直接获得从一个节点出发的所有三元组，即将 RDF 数据加载到内存中，由内存进行计算以提高处理速度。但内存的消耗过大，使得基于内存的方式仅仅能够作为一种补充。以上两种存储方式都是基于"关系"模式，而实际上 RDF 三元组从基本数据结构上来看是一种带有语义的图模型。

随着建设大规模图谱需求的增长，去"关系"化成了重要的发展趋势。

由此，基于 NoSQL 的知识存储技术开始迅速发展。其中，有 3 个重要的分支：基于列式存储、基于文档存储与基于图存储。

基于列式存储的设计以数据的"列"为核心，特点是不会因数据量的增加而降低数据库的计算速度。最先应用列式技术的是 Google 开发的 BigTable，后 Apache HBase 对 BigTable 进行了开源实现。研究者利用 HBase 对原有 RDBMS 存储方法进行了补充，形成了混合存储结构，极大地提高了 RDF 的存储与计算效率。另外重要的是，HBase 具有了大数据的并行计算能力，处理大规模 RDF 数据得心应手。

基于文档存储的方式通过文档记录 RDF 三元组，这也是 RDF 存储的一种形式。早期由于 RDF 与 XML 在资源表示上的相似性，研究人员开始使用 XML 数据库存储 RDF 数据。但是一个 RDF 数据集通常序列化为多个不同的 XML 文档，而且文档表示时的格式不唯一，这给后续的查找工作带来了更大的复杂度。而后 W3C 推出了基于 JSON-LD 文档的存储方式，其将带有语义信息的 RDF 数据序列化为 JSON 格式。一个 JSON-LD 文档代表一个 RDF 三元组实例，再将 JSON-LD 文档存入 MongoDB 和 CouchDB 等数据库中，这样处理后加强了大规模知识数据的处理能力。

如果将 RDF 三元组看成带有标签的边，那么 RDF 就可视作一种特殊的图数据结构。近年来**基于图存储**的方式成为热门的发展方向。

图存储大致分为属性图和超图，其中属性图是当前应用较为广泛的存储技术，而超图则更多地处于研究状态中。属性图中最为流行的包括 Neo4j、AllegroGraph 等。图数据库的优势在于可以使用图的查询与挖掘，其处理速度是非常快的，但是数据更新速度不理想。

随着互联网大数据的发展，人们又提出了基于云的存储方式，其中有利用分布式集群存储的，也有打造云端数据网存储的。利用分布式集群存储 RDF 的方案主要是基于大数据平台 Hadoop 进行，相关的产品有 HadoopRDF、SPIDER 与 H2RDF 等。

W3C 提出并打造的云端数据网 LOD(链接开放数据)，主张在互联网上建立一个共享数据网络，LOD 云所包含的数据集如图 5-1 所示。LOD 目的是打破不同数据集之间的障碍，使这个数据网络中的数据集可以相互联系，并可以被计算机所理解。

图 5-1　LOD 云所包含的数据集

综上，目前还没有一个统一的可以实现所有类型知识存储的方式。因此，如何根据自身知识的特点选择知识一种或组合存储方案，以满足知识推理、知识快速查询、图实时计算等应用需要，是知识存储需要解决的关键问题。但总体来说，随着数据技术的发展，知识存储有了更多的选择。

5.2 知识存储的方法

我们从 3 种类型，即基于关系型数据库、基于 NoSQL 和基于分布式来讨论知识存储的方法。

5.2.1 基于关系型数据库的知识存储

鉴于关系型数据库拥有较高的通用性、可靠性、稳定性及成熟的技术，所以基于 RDF 的知识也广泛使用关系型数据库作为其存储方式。关系型数据库采用关系模型来组织数据，并以行和列的形式存储数据。一行表示一条记录，一列表示一种属性。用户通过 SQL 查询功能来检索数据库中的数据。

基于关系型数据库的知识存储方案主要有以下几种：基于三元组的三列表存储、水平表存储，以及基于类型的属性表存储和全索引表存储等。

1. 三列表存储

三列表存储将 RDF 三元组的主语、谓语和宾语，即（实体，关系，实体）或者（实体，属性，属性值）直接存储到关系型数据库表的三列中。一个典型的三列表形式如表 5-1 所示。

表 5-1 三列表形式

实体 1	关系	实体 2
阿尔伯特·爱因斯坦	研究领域	物理学
阿尔伯特·爱因斯坦	博士生导师	阿尔弗雷德·克莱纳
阿尔伯特·爱因斯坦	奖项	诺贝尔物理学奖
阿尔伯特·爱因斯坦	出生日期	1879 年 3 月 14 日
阿尔弗雷德·克莱纳	国籍	瑞士
阿尔弗雷德·克莱纳	居住地	苏黎世

三列表以三元组的方式存储知识图谱，在规模较小的情况下效率较高。由于其内部包含大量三元组，且三元组中存在大量重复的内容，在查找时需要进行大量的自连接（self-join），造成非常明显的耗时，进而导致关系型数据库查询低效。

例如假设将表 5-1 表示为 T，当需要查找出生日期是 1879 年 3 月 14 日且获得诺贝尔物理学奖的物理学家时，对 T 的 SQL 查询语句为：

```
SELECT T1.实体 1
FROM T as T1, T as T2, T as T3
WHERE T1.关系 =" 研究领域 " and T1.实体 2=" 物理学 "
and T2.关系 =" 奖项" and T2.实体 2=" 诺贝尔物理学奖 "
and T3.关系 =" 出生日期 " and T3.实体 2="1879 年 3 月 14 日 "
```

此时，自连接的数目与涉及的三元组数目相同，而当三列表的规模较为庞大时，会带来严重的查询性能问题。

2．水平表

不同于三元组表一行仅能表示一个三元组，水平表是将知识图谱中的每一个 RDF 主体（主语）表示为数据库表中的一行。该行中的第一列为 RDF 主体名，其他列包括了该 RDF 主体中所有的属性。水平表的设计原理简单，容易实现，同时很容易查询某单个主体的属性值，表 5-2 给出了应用水平表存储的实例。

表 5-2　水平表存储的实例

主语	研究领域	博士生导师	奖项	出生日期	国籍	居住地
爱因斯坦	物理学	克莱纳	诺贝尔物理学奖	1879 年 3 月 14 日		
克莱纳					瑞士	苏黎世

当在水平表中进行查询时，避免了三元组表的自连接问题，但其缺点也相当明显，具体如下。

第一，当知识图谱中存在大量关系属性时，水平表中也会存在大量的属性列，有可能超出数据库的最大承受范围。

第二，每个主体的属性各不相同，通常一个主体并不是在所有的属性列内都有值，就会造成水平表存储时的稀疏问题，大量的空值出现会增加数据库的硬盘与内存负荷、增加索引大小，从而影响查询效率。

第三，水平表每个主语的属性值只能有一个，这往往与事实不符，如爱因斯坦的居住地显然有多个。更为严重的是，一旦数据库中的属性数量发生增减，则需要对整个数据库所有的行进行属性增加或删减，这将极大地增加更新成本，并且容易引入错误。

3．属性表

为了降低自连接次数，同时减少水平表中多属性列的问题，Jena2 使用了属性表存储的方案。属性表有两种形式：一种是聚类属性表，另一种是属性类别表。

聚类属性表依据聚类的思想，将拥有相同或十分相关属性的主体聚类到一张表中，并使用水平表存储这些三元组。若有三元组没有存储至表内，则另外定义一个新的三元组表存放。此表的功能是存储所有未被聚类的三元组。表 5-3 所示为聚类属性表实例。

表 5-3 聚类属性表实例

类 1：人

主语	研究领域	博士生导师	奖项	出生日期	国籍	居住地
爱因斯坦	物理学	克莱纳	诺贝尔物理学奖	1879 年 3 月 14 日	瑞士	苏黎世
克莱纳	物理学	穆勒		1849 年 4 月 24 日	瑞士	苏黎世

类 2：城市

主语	省份	人口	简称	面积	……	……
济南	山东	890.87 万	济	10244 平方千米		
南京	江苏	850.0 万	宁	6587 平方千米		

Jena2 的实践证明了聚类属性表的有效性，但经过聚类的表缓解了三列表存储与水平表的问题，其中的自连接与属性列多的问题其实并未消除，仅仅是两个因素的平衡策略，因而此种方案没有广泛地应用。

与聚类属性表不同的是，属性类别表的设计原理是为 RDF 中的每个属性建立一张表，表中仅包含主语和宾语两项。这种方式也常称作垂直分割或二元存储，采用这种存储方案的数据库有 SW-Store。属性类别表使得对属性的查询相对便捷，减少了空值的出现，且解决了属性多值的问题。其缺点是数据表过多，在针对不同属性的查询时不得不进行大量表连接操作；当碰到谓词不固定的查询时，需要遍历所有表。同时，大量的表也会导致增加删减实体需要对多个表进行操作，这使得增删过程耗时且容易出错。一个属性类别表的实例如表 5-4 所示。

表 5-4 属性类别表实例

主语	研究领域
爱因斯坦	物理学
克莱纳	物理学
亚里士多德	哲学
屠呦呦	药学
……	……

4. 全索引表

除了以上方案外，在知识存储研究中不断有一些新的方案出现。全索引表与 DB2RDF

就是两个代表。全索引表是基于三元组表的改进方案,其设计理念是"以空间换时间"。在三元组表中,一行的组织模式为 < 主语,谓语,宾语 >,即 <S, P, O>。全索引表将三元组的 S、P、O 进行了全排列,即 <S, P, O>、<S, O, P>、<P, S, O>、<P, O, S>、<O, P, S>、<O, S, P>,也就是将原有的一个三元组表变成 6 张表。这些表覆盖了全部的访问模式(三元组查询模式),能够让所有对三元组的查询快速返回结果,因而在简单查询时效果较好,但面对复杂查询时没有明显的优势。这 6 张表索引结构类似,以 <S, P, O> 表为例,<S, P, O> 索引首先通过主语来查询索引项,每个索引项中存在一个链表,链表中的元素对应该主语拥有的属性。链表的每个元素同时拥有一个指针指向一个由宾语构成的链表。属性对应的值存放在该宾语链表当中。具体结构如图 5-2 所示。

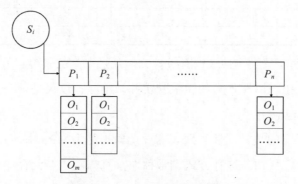

图 5-2 <S, P, O> 索引结构图

在很长一段时间内,知识数据的存储都将关系型数据库作为首选。但关系型数据库并不太适合建立在集群之上,随着数据规模的迅速扩大,关系型数据库作为存储工具显得十分吃力,研究者们开始考虑其他存储方式,NoSQL 数据库进入视野中。

5.2.2 基于 NoSQL 的知识存储

基于 NoSQL 的知识存储方法主要包含列式存储、基于文档的存储以及基于图的存储。

1. 基于列式存储

当前知识存储中基于列式数据库的实现主要是借鉴 HBase,在属性表和全索引表基础上设计而成。HBase 是构建在 Apache Hadoop 上的稀疏的、面向列的分布式数据库,是 Google BigTable 的开源实现。HBase 以 HTable 数据表形式存储数据。HBase 逻辑结构表示例如表 5-5 所示。

表 5-5 HBase 逻辑结构表示例

Row Key	Time Stamp	Column Family "StudentInfo:"		Column Family "StudentGrade:"	
		Name	Age	Math	Computer
001Group	T2	Lee Wei	13		80
001Group	T3	Zhang Han	14	90	90
001Group	T4	Mei Lu	14	100	
002Group	T5	Mei Jiang	12	90	70
002Group	T6	Hao Ming	13	90	90

而实际上，HBase 在物理结构上是不存储空值的。以"Lee Wei"这一行的信息为例，在实际物理存储中的形式（即物理结构表）如表 5-6 所示。

表 5-6 HBase 物理结构表示例

行键	列标识	值	时间戳
001Group	Name	Lee Wei	T2
001Group	Age	13	T2
001Group	Computer	80	T2

属性表在关系型数据库中存储时会受到列数的限制，但在 HBase 中并不存在列数限制，HBase 的一行数据可以有任意多列，数据表的宽度不再成为问题。

在 HBase 上应用属性表的方法大致如下。

第一种方法是在 HBase 内创建一张数据表，表的行键选择 RDF 三元组的主语，表中包含一个谓语"列族"（Column Family）。在这个唯一的列族下将存储该"主语"包含的所有属性名称及属性值。

此种方法的优点如下。

- **表结构简单**。在 HBase 内用于存储 RDF 数据的只有一张表，且该表中只有一个列族。
- **避免自连接操作**。同一个主语对应的属性都存储在同一行当中，因此在读取数据行时可以直接采用 HBase 提供的 Filter 功能，从而避免自连接操作。

此方案的缺点在于索引结构难以创建。HBase 默认只对 Row-Key 进行索引，也就是说在上述表的设计中，HBase 只能够快速响应主语确定的查询，当主语未知时只能通过遍历整张数据表来进行查询。HBase 提供了支持索引的索引表实现，但创建额外索引需指定针对哪些列创建，并且索引创建以及索引维护的开销都比较大。

另一种方法也是在 HBase 内创建一张数据表，表的行键选用主语，且表中包含大量不同的列族，每一个列族对应一个属性。由于查询时需要找到主语对应的列族才能对属性进行查询，而主语和属性之间缺少索引，难以快速响应后续的查询工作。

基于全索引表的存储方式几乎与属性表相似，不同的是全索引表的 6 张表同时进行到 HBase 的转换，虽然能够快速响应，但对于空间花销影响大。

2. 基于文档的存储

基于文档的存储实际上是将 RDF 数据写到文件中，而常用的文件格式为 RDF/XML、N-Triples、Turtle、RDFa、JSON-LD 等几种。RDF 数据需要先序列化为这几种格式再存储。因而利用文档型数据库来存储 RDF 的首要任务是进行 RDF 的序列化工作，在序列化之后，将 RDF 数据保存到文件中，再交由对应的数据库来计算处理。下面是一个典型的以 JSON-LD 格式存储的例子：

```
{
"@context":" http://json-d.org/context/person.jsonld",
"name":" Antonio Michael",
"homepage":"http://Antonio.Michael.org/",
"image":" http://Antonio.Michael.org/1.png",
}
```

可以看出，以上例子表示了一个人的若干个三元组信息。为了方便 RDF 到 JSON-LD 的转换，JSON-LD 官网也提供了 JSON-LD RDF API，并附有详细的算法伪代码供学习。JSON-LD 后续可以存入 MongoDB 等数据库，方便进一步的查询处理。

3. 基于图的存储

在知识数据模型的发展过程中，关系型数据库中采用的关系模型和语义网中采用的图模型是两个应用较广泛的模型。尽管 RDF 三元组可以存储在关系型数据库中，但是从根本上说，RDF 可以看成图模型的一种特例。图结构数据库有利于知识的查询，并可结合图计算算法进行知识的深度挖掘与推理。目前被采用的图模型有 3 种，分别是属性图（Property Graph）、资源描述框架（RDF 图）和三元组超图（HyperGraph），其中属性图和 RDF 图已广泛运用到多个图数据库产品中。

属性图又称带标签的属性图（Labeled-Property Graph），由顶点（Vertex）、边（Edge）、属性（Property）和标签（Label）组成。顶点又称为节点（Node），边可以理解为不同顶点间的关系。关系是有向的，通过箭头来表示。边有且仅有一个标签，用于标注关系的类别，拥有相同标签的边属于同一个集合。顶点则可以有零到多个标签，拥有相同标签的顶点属于同一个集合。需要注意的是，知识图谱中的实体等同于属性图中的"节点＋关系"。属性图的表达很贴近现实生活中的场景，也可以很好地描述业务中所包含的逻辑。图数据库 Neo4j 是一个高性能的 NoSQL 图形数据库，采用的是属性图结构，Neo4j 属性图示例如图 5-3 所示。

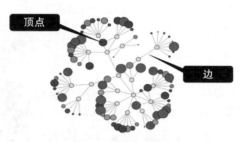

图 5-3　Neo4j 属性图示例

属性图有利于关系的查询，但是对属性的查询依然是较为复杂的，因为属性本身是存储在实体所在的节点的。一些图形数据库对属性值的查找设计进行了优化，例如使用属性值索引等方法，以加速查询的过程。

基于 RDF 图的查询可以视为在大图中找子图的问题。北京大学计算机科学技术研究所数据管理实验室实现并维护了 gStore，一个基于 RDF 图的数据库。gStore 中的表示如图 5-4 所示，"唐朝""李白""杜甫"等是实体节点，而"青莲居士""诗仙""四川"是属性值节点。RDF 图与属性图不同的是，属性图中的节点只包含实体，属性作为其附加值；而 RDF 中实体与属性值都是节点，连接实体间的边即为关系，连接实体与属性值的边即为属性。

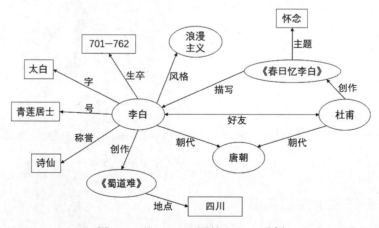

图 5-4　基于 RDF 图的 gStore 示例

这样做的好处是在对图进行搜索时或设立检索时会包含属性值，这使得对属性值的查询变得简单。而且由于 RDF 图中的节点是唯一的，因此通过属性值来找实体也很便捷。RDF 图的劣势则是对于同样的信息，它所需要的存储空间和索引大小会比属性图大得多，因为它所存储的节点数与连接数比属性图的更多。

超图概念的提出，是为了解决简单图中的共指消解和分割等问题。简单图的一个边只能和两个顶点连接；超图的超边（hyper edge）可以和任意个数的顶点连接。超图可以完美表示标签网络中的一条边包含多个节点的问题。超图示意图如图 5-5 所示，其中实心的点为顶点，包围顶点的区域为超边。由于完整的超图是一个过于宽泛的概念，其理论上可以定义一切事物，因此在实际运用中需要加以限制。

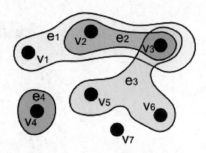

图 5-5　超图示意图

简单来说，知识图谱可以将一对多的多条关系用一条边来表示，例如（实体 1，关系 1，实体 2）与（实体 3，关系 2，实体 2）可以用（关系：{实体 1，实体 2，实体 3}）来表示，从而起到消歧、精炼等作用。如果将知识图谱中的连接问题简化为电路的形式，D.A.Papa 与 I.L.Markov 给出了将连接图表示为超图的例子，如图 5-6 所示。

超图目前主要应用在图数据库中，为其提供并行算法的实现，以节省时间。超图在知识图谱中的应用还不多，B. Fatemi 等研究人员提出利用超图进行实体间的连接推测与补全的算法，其准确率在数个数据集中均不低于或大幅领先于其他算法。而在数据存储领域，HyperGraphDB 使用超图模型存储数据，并支持超边的定义。

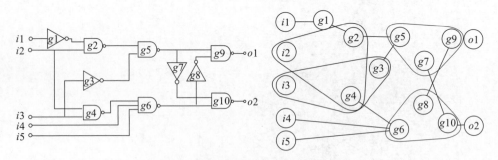

图 5-6　将电路连接图表示为超图示例

5.2.3　基于分布式的知识存储

知识大爆炸可能是描述当前 RDF 数据增长趋势的最贴切用词，传统的集中式存储技术已无法适用，因此研究者们把目光投向了分布式存储领域。具体到 RDF 存储领域而言，基于 NoSQL 技术的分布式存储系统则在研究与产品开发中占了大多数。

接下来通过介绍几类典型的分布式 RDF 存储系统来观察其中的设计思想。

1. RDFPeers

RDFPeers 是一个基于 P2P 技术的分布式 RDF 存储系统。它是由 RDF 三元组存储节点构成的，并且是构建在 MAAN（Multi-Attribute Addressable Network）之上的一个 P2P 网络。该系统将一个 RDF 三元组存放在网络中 3 个不同的节点上，这 3 个节点分别存放该 RDF 三元组的主语、谓语、宾语，并且采用全局的 Hash 函数进行索引，因此所有节点都知道哪个节点存放了要查询的三元组的值。

2. YARS2

YARS2 是一个集群式 RDF 存储系统。在 RDF 数据存储上，YARS2 采用 6 个索引来存储 RDF 信息，包含主语、谓语、宾语、上下文四个单一索引，以及（主语，谓语，宾语，上下文）和（谓语，宾语，上下文，主语）两个复合索引。YARS2 使用称为稀疏索引的内存数据结构来实现索引，其中的索引项指向磁盘上每一个 RDF 数据文件的起始位置。在进行查询时，在内存中对稀疏索引进行二分查找，从而获取所需要的 RDF 数据文件。

3. 4Store

4Store 是另一个集群式 RDF 存储系统，支持存放 RDF 信息，包含主语、谓语、宾语以及一个数据模型。在数据划分上，4Store 为每个主语分配一个 RID，而后根据 RID 将 RDF 数据划分给不同的 Segment，并存放在不同节点当中。节点中的 RDF 数据存放在 3 个不同索引当中：P Index、M Index、R Index。P Index 用于索引谓语，M Index 用于索引数据模型，R Index 用于索引 RID，通过三层索引的组合嵌套来完成查询。

以上 3 个系统主要解决数据如何划分到机器集群上的问题，主要的区别在于数据的划分策略、存储方式以及索引策略。这些是分布式存储领域典型的一类基于数据划分的 RDF 存储管理方法。除此之外，基于云计算平台的分布式 RDF 系统也是分布式管理中的一大主流，现有方案包括：基于 Hadoop+HDFS+MapReduce 的分布式存储系统、基于 HBase 的 H2RDF、基于 Trinity 系统的 Trinity RDF、基于 Parquet 系统的 Sempala、基于 Spark 系统的 S2RDF 等。但我们还是使用以上关系型数据库或者 NoSQL 数据库的系统进行存储。

5.3 知识存储实例

本节以基于 NoSQL 的知识存储为例，使用 Apache Jena 进行数据存储与查询，并将数据导入 Neo4j。其中，Jena 使用表结构存储，而 Neo4j 使用图结构存储。

5.3.1 使用 Apache Jena 存储数据

Apache Jena 是一个免费开源的、支持构建语义网络和数据链接应用的 Java 框架，提供了 SPARQL API 来查询、修改本体和进行本体推理，并且提供了 TDB 和 Fuseki 来存储和管理三元组。

Fuseki 是 Jena 提供的 SPARQL 服务器，也就是 SPARQL 终端。其提供了 4 种运行模式：单机运行、作为系统的一个服务运行、作为 Web 应用运行或者作为一个嵌入式服务器运行。Fuseki 支持 SPARQL 查询语句与图存储协议，并与 TDB 相结合，以实现事务的一致性。

（1）Jena 及 Fuseki 的安装

Jena 3.0.0 后的版本需要安装 Java8，之后下载 Jena 包和 Fuseki 包，即可完成安装。

```
// Jena 下载
wget http://mirrors.hust.edu.cn/apache/jena/binaries/apache-jena-3.10.0.tar.gz
    && tar -xvzf apache-jena-3.10.0.tar.gz;
// Fuseki 下载
wget http://mirrors.hust.edu.cn/apache/jena/binaries/apache-jena-fuseki-
    3.10.0.tar.gz && tar -xvzf apache-jena-fuseki-3.10.0.tar.gz;
```

（2）NTriples to TDB

TDB 是 Jena 用于存储 RDF 的组件，是属于存储层面的技术。在单机情况下，它能够提供非常高的 RDF 存储性能。在下载完 apache-jena 后，进入 Jena 文件夹的 bin/，并运行以下命令：

```
./tdbloader --loc="../tdb/" "path/to/NTriples"
```

上述代码实现了将 NTriples 加载到 TDB 中。其中，--loc 指定了 TDB 文件的存储位置。第二个参数 "path/to/NTriples" 是利用 D2RQ 等工具进行知识抽取生成的 .nt 文件。

5.3.2 使用 Neo4j 数据库存储数据

将数据存储到 Neo4j 数据库有多种方法，但是速度和效率不同，本节介绍两种存储方式：用 python-py2neo 的 create 语句创建 Neo4j 数据库，并用 neo4j-import 命令将其导入。

(1)所需环境
- Neo4j 数据库桌面版;
- Python3 开发环境;
- Python 依赖包:py2neo、hashlib、re、json、os、Pandas 等。

(2)使用 py2neo 包中的 create 方法创建实体及关系

使用 py2neo 包导入 Neo4j 数据库,其本质是使用 Neo4j 数据库的 API 来进行类似于 HttpRequest 的操作,可以随时向数据库中导入数据。其主要缺点是导入大量数据时较慢。本节使用的电影数据来源于网络公开数据集,该数据集原始来源为 IBDM 网站。

具体步骤如下。

第 1 步,使用 Python 连接 Neo4j 数据库,即使用 py2neo 包的 Graph 方法连接 Neo4j 数据库,输入参数地址、端口、用户名、密码,初始化后即可连接到 Neo4j 数据库。

```
self.g = py2neo.Graph('http://localhost:11020/browser/', http_port = 11020, user
    = 'neo4j', password='pwd')
```

第 2 步,导入实体到 Neo4j 数据库,即在知识图谱存储过程中,可以直接使用已经存储到变量中的实体与关系。

使用 read_nodes 方法读取 JSON 文件,并以集合的方式存储实体。

```
movie_id, movie_titles, movie_introductions, movie_ratings, movie_release_dates,
    movie_genres, movie_actors,person_ids, person_birth_days, person_death_
    days, person_names, person_english_names, person_biographys, person_birth_
    places = self.read_nodes()
```

使用 py2neo 包中的 create 方法创建节点。

```
def create_node(self, label, nodes):
    count = 0
    for node_name in nodes:
        sql = "CREATE(:%s {name:'%s'})"% (label, node_name)
        self.g.run(sql)
        count += 1
        print('正在创建节点: ', count, '共', len(nodes), '个')
--------------------------------------------------------------------
print('创建节点....')
self.create_node('movie_id', movie_ids)
self.create_node('movie_title', movie_titles)
self.create_node('movie_introduction', movie_introductions)
......
```

第 3 步,导入关系到 Neo4j 数据库。在导入关系的过程中,我们可以使用 py2neo 模块中的关系函数 relationship，也可以使用数据库的 create(u:…)-[r:…]->[n:..] 命令创建关系。下面以使用数据库的 create 命令创建关系为例，首先定义电影介绍、评分、主演的关系，并使用定义的关系创建 SQL 语句，然后调用 Graph().run() 函数执行该 SQL 语句。

```python
def create_relationship(self, rels, start_type, end_type):
    count = 0
    for rel in set(rels):
        rel = rel.split('@')
        start_name = rel[0]
        end_name = rel[3]
        rel_type = rel[1]
        rel_name = rel[2]
        sql = 'match (m:%s), (n:%s) where m.name = "%s" and n.name = "%s" create
            (m)-  [rel:%s{name:"%s"}]->(n)' %(start_type, end_type, start_name,
            end_name,rel_type,rel_name)
        try:
            self.g.run(sql)
            count += 1
        except Exception as e:
            print("在创建的过程中，出现了问题：", e, "\n错误语句为：", sql)
            exit(-1)
    print('创建关系：',count)
    return 0
---------------------------------------------------------------------
print('创建关系....')
self.create_relationship(rels_introduction,'movie_id', 'movie_introductions')
print('电影介绍关系创建完毕！')
self.create_relationship(rels_actor,'movie_id', 'movie_ratings')
print('电影评分关系创建完毕')
self.create_relationship(rels_actor,'movie_id', 'person_id')
print('电影主演关系创建完毕')
……
```

（3）使用 Neo4j import 命令批量导入实体及关系

使用 Neo4j import 命令可以大批量导入数据，但需要借助本地 CSV 文件与 Neo4j 客户端来操作，且只能导入非空的、处于非运行状态的数据库中。

先将提取到的实体、关系数据转化为 CSV 文件，为了方便客户端对 CSV 文件进行识别，CSV 文件的表头需要加入对数据模型的限制。

实体及关系的表头的具体形式如下。

1）实体：attribute1:ID, attribute2, attribute3, … :LABEL。

其中，ID 代表了实体的唯一性，实体通过关系与其他实体相连需要使用 ID，并且需要保证本次导入的所有实体的 ID 的唯一性；LABEL 代表了这个实体的标签，当一个实体有多个标签时，可使用";"进行分隔。

例如，有电影实体表 movie.csv：

```
movieId:ID,title,year:int,:LABEL
tt0133093,"The Matrix",1999,Movie
tt0234215,"The Matrix Reloaded",2003,Movie;Sequel
tt0242653,"The Matrix Revolutions",2003,Movie;Sequel
```

除了电影实体表之外，还有一张演员表 actor.csv：

```
personId:ID,name,:LABEL
keanu,"Keanu Reeves",Actor
laurence,"Laurence Fishburne",Actor
carrieanne,"Carrie-Anne Moss",Actor
```

2）关系：:START_ID, relation, :END_ID, :TYPE。

其中，:START_ID 代表关系方向的起始点 ID；:END_ID 代表关系方向的终点 ID；:TYPE 代表关系的种类。

电影 – 演员关系表 roles.csv 如下：

```
:START_ID,role,:END_ID,:TYPE
keanu,"Neo",tt0133093,ACTED_IN
keanu,"Neo",tt0234215,ACTED_IN
keanu,"Neo",tt0242653,ACTED_IN
laurence,"Morpheus",tt0133093,ACTED_IN
laurence,"Morpheus",tt0234215,ACTED_IN
laurence,"Morpheus",tt0242653,ACTED_IN
carrieanne,"Trinity",tt0133093,ACTED_IN
carrieanne,"Trinity",tt0234215,ACTED_IN
carrieanne,"Trinity",tt0242653,ACTED_IN
```

在实际应用中，ID 也许仅对所在的文件来说唯一，这种情况下可以通过定义 ID 域的方式解决。

实体表头定义方式如下：

```
attribute1:ID(id_space), attribute2, … :LABEL
```

关系表头定义方式为：

```
:START_ID(start id_space), relation, :END_ID(end id_space), :TYPE
```

将电影实体表、演员表、关系表中的 ID 统一用数字形式表示，并加以 ID 域约束的结果如下。

电影表 movie.csv 变为：

```
movieId:ID(Movie-ID),title,year:int,:LABEL
```

```
1,"The Matrix",1999,Movie
2,"The Matrix Reloaded",2003,Movie;Sequel
3,"The Matrix Revolutions",2003,Movie;Sequel
```

演员表 actor.csv 变为：

```
personId:ID(Actor-ID),name,:LABEL
1,"Keanu Reeves",Actor
2,"Laurence Fishburne",Actor
3,"Carrie-Anne Moss",Actor
```

关系表 roles.csv 变为：

```
:START_ID(Actor-ID),role,:END_ID(Movie-ID),:TYPE
1,"Neo",1,ACTED_IN
1,"Neo",2,ACTED_IN
1,"Neo",3,ACTED_IN
2,"Morpheus",1,ACTED_IN
2,"Morpheus",2,ACTED_IN
2,"Morpheus",3,ACTED_IN
3,"Trinity",1,ACTED_IN
3,"Trinity",2,ACTED_IN
3,"Trinity",3,ACTED_IN
```

注意，如果没有在表头对 ID 域进行定义的话，系统将无法区分关系中的演员 ID 与电影 ID，可能会演变成自循环，从而引入错误。

当 CSV 文件创建完成后，我们需要将该 CSV 文件放入 Neo4j 数据库对应的 import 文件夹。import 文件夹可以在 Neo4j 中找到。首先在界面中新建项目，然后选择"新建本体图"选项，单击"管理"按钮进入管理界面，之后单击"打开文件夹"选项打开本体图所对应的文件夹，在其中找到 import 文件夹。将生成后的 CSV 文件复制到 import 文件夹下即可。

依次执行 Neo4j Desktop → setting → terminal 命令，在出现的界面中输入：

```
bin\neo4j-admin import --nodes=import/movies.csv --nodes=import/actors.csv
    --relationships=import/roles.csv
```

至此，数据就成功导入到数据库。

我们首先运行 Neo4j 数据库，然后打开浏览器界面，或者在浏览器中输入地址 localhost:7474，在输入框中输入 Cypher 语句：MATCH p = (n)-[r]->(m) RETURN p，即可看到刚导入的数据，结果如图 5-7 所示。

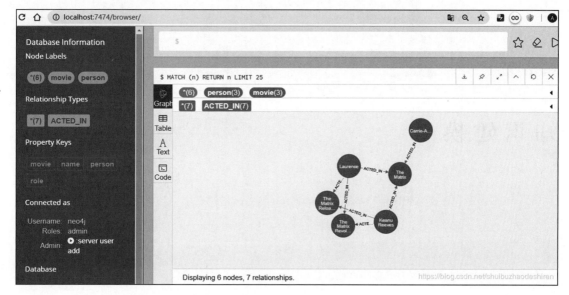

图 5-7　查询结果

5.4　本章小结

本章对知识存储的定义及任务做了详细的论述，方便读者从源头开始理解知识存储的内容。同时，本章介绍了基于关系型数据库、NoSQL 数据库以及分布式知识存储系统以及应用案例。

第 6 章

知识建模

不以规矩,不成方圆。

——《孟子·离娄章句上》

不用规和矩,就画不成方形和圆形。

若想构建一个高质量的知识图谱,就需要对知识图谱的数据模式进行统一、规范的设计。知识图谱的 Schema(数据模式)提供其所涉及的概念、属性以及概念之间的关系。正如不用圆规和曲尺,很难画出方形和圆形一样。知识建模也是一个构建规范的过程,如果没有一个规范来约束,各行其是,则知识图谱中的知识就会陷入混乱无序状态。只有高质量的数据模式,才能真正胜任知识图谱的建模任务。

本章以知识建模的概念为基础,讲解知识建模的定义及任务、方法与实例。

6.1 知识建模概述

本节将介绍知识建模的定义及其任务。

6.1.1 知识建模的定义

经过知识抽取、知识融合之后,本体和实体从数据源中被识别、抽取,并且经过消歧、统一处理后,此时得到的关联数据就是对客观事实的基本表达,但客观事实还不是知识图谱需要的知识体系，想要获得结构化的知识网络，还需要经过知识建模、知识推理和质量评估等知识加工过程。

知识建模是指建立知识图谱的数据模式（Schema），即采用什么样的方式来表达知识，构建一个本体模式对知识进行描述。在本体模式中需要构建本体的概念、属性以及概念之间的关系。

知识建模是知识图谱构建的基础。行业知识图谱的数据模式对整个知识图谱的结构进行了定义，高质量的数据模式能避免许多不必要、重复性的知识获取工作，有效提高知识图谱构建的效率，减低行业数据融合的成本，因此需要保证知识可靠性。不同领域的知识具有不同的数据特点，可分别构建不同的本体模式。

知识建模一般有自顶向下（Top-Down）和自底向上（Bottom-Up）两种构建方式。

1. 自顶向下知识建模

自顶向下的知识建模方法是指在构建知识图谱时需要先通过领域专家人工编辑，定义数据模式（即本体）。从顶层概念开始定义，然后逐步向下细化概念，最后细化到底层概念，形成结构良好的分类层次结构。构建方法如图 6-1 所示。本体构建完毕之后，我们根据本体模式的约束，按照分类层次结构，再将相应的实体加入知识库，完成知识图谱的构建。

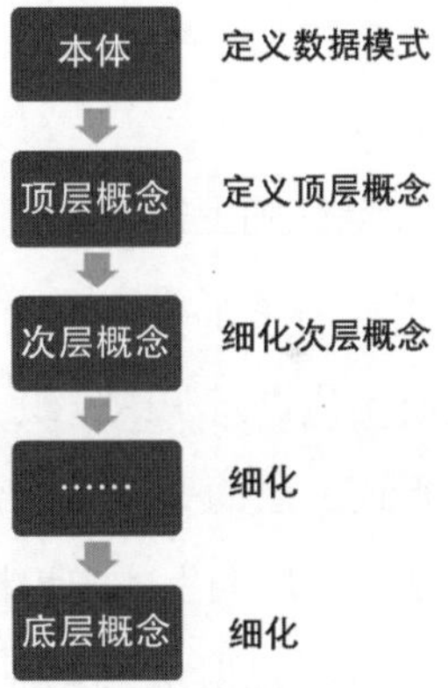

自顶向下的方法使用较多。本体的制作一般也是基于百科类数据，这些数据的概念层次较为清晰，并具有丰富的标签，便于概念的分类。例如，图 6-2 所示为百度百科对"机器学习"的解释，可以看到，它的文本描述和目录已经给出了分类的层次结构。基于这个百科知识，我们可以定义机器学习顶层概念，然后细化定义、发展历程、研究现状、机器学习的分类、常见算法、应用等次层概念，进一步按分类、算法、应用等细化概念，最后细化到决策树算法、朴素贝叶斯算法、支持向量机算法等底层概念。本体构建完毕之后，我们根据细化后的概念来分类层次结构，从百科中提取出相应的实体并加入到知识库，完成自顶向下的知识图谱构建。

图 6-1 自顶向下的知识建模方法

基于百科数据建模的优势是可以复用已有的资源，其不足在于百科类的知识准确度较低，实体条目可能存在不完善或者部分错误的情况，仍需人工校核总结。而当人们掌握了机器学习的知识挖掘方式之后，可以实现自底向上的自动挖掘，并提炼出了相应的可行的建模方法。

机器学习（多领域交叉学科） 锁定

本词条由"科普中国"科学百科词条编写与应用工作项目 审核。

机器学习是一门多领域交叉学科，涉及概率论、统计学、逼近论、凸分析、算法复杂度理论等多门学科。专门研究计算机怎样模拟或实现人类的学习行为，以获取新的知识或技能，重新组织已有的知识结构使之不断改善自身的性能。

它是人工智能的核心，是使计算机具有智能的根本途径。

中文名	机器学习	性 质	多领域交叉学科
外文名	Machine Learning	涉及学科	概率论、统计学、逼近论

目录

1 定义
2 发展历程
3 研究现状
· 传统机器学习的研究现状
· 大数据环境下机器学习的研究现状
4 机器学习的分类
· 基于学习策略的分类
· 基于学习方法的分类
· 基于学习方式的分类
· 基于数据形式的分类
· 基于学习目标的分类
5 常见算法
· 决策树算法
· 朴素贝叶斯算法
· 支持向量机算法
· 随机森林算法
· 人工神经网络算法
· Boosting与Bagging算法
· 关联规则算法
· EM（期望最大化）算法
· 深度学习
6 应用
· 数据分析与挖掘
· 模式识别
· 在生物信息学上的应用
· 更广阔的领域
· 具体应用

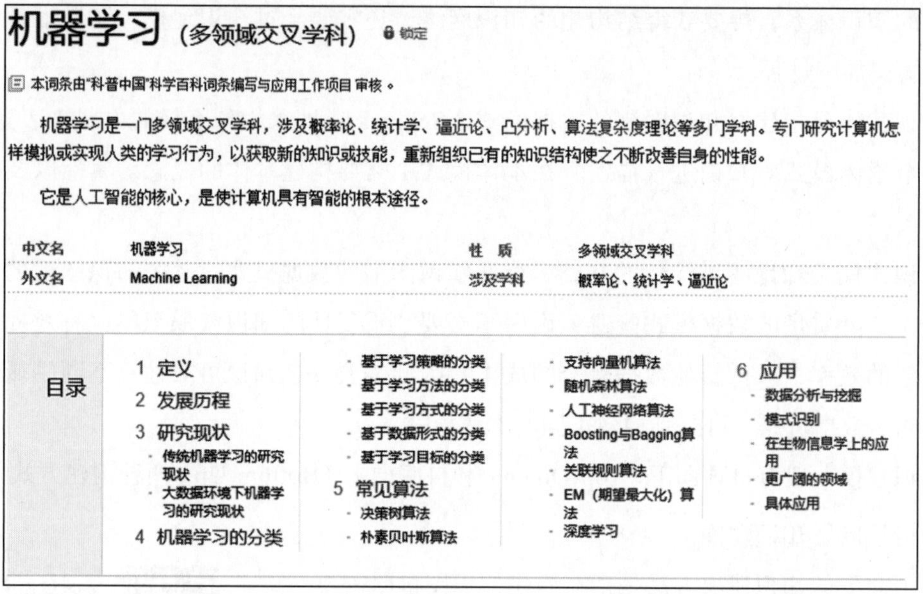

图 6-2 百度百科中的“机器学习”的解释

2. 自底向上知识建模

自底向上的知识建模方法是指在构建知识图谱时首先对现有实体进行归纳组织，形成底层的概念，再逐步往上抽象，形成上层的概念，最终抽象为本体，从而完成知识图谱的构建。自底向上的知识构建方法如图 6-3 所示。

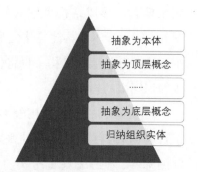

图 6-3 自底向上的知识构建方法

该方法主要从一些通用知识图谱中提取出实体，然后选择其中置信度较高的实体加入知识库，再构建顶层的本体模式。该方法多用于开放域知识图谱的本体构建，因为开放的世界太过复杂，用自顶向下的方法无法考虑周全，且随着世界的变化，对应的概念还在增长，自底向上的方法则可满足概念不断增长的需要。

自底向上的方法要求有足够多的底层数据支撑，一般通过算法分类并提取出标签，再逐层向上提炼出层次结构。得益于知识抽取与知识融合等技术的发展，在有着足够多数据的条件下，知识建模算法可以自动化地形成知识层次。Google 的 Knowledge Vault 等数据集就是基于此方法搭建的。不过最顶层与最底层的概念往往并不好归纳，需要特定的数据支持，实际运用中也可以将两者相结合，从中间层开始。这时我们先定义更突出的、可解释性强的元素，然后向泛化（Generalize）与专精化（Specialize）两个方向延伸。

在知识图谱技术发展初期，多数企业和科研机构主要采用自顶向下的方式构建基础知识库。这种构建方式需要利用现有的结构化知识库作为基础知识库，如 Freebase，先从维基百科中获得大部分数据进行知识库构建。随着自动知识抽取与加工技术的不断成熟，当前的知识图谱大多采用自底向上的方式构建，如谷歌的 Knowledge Vault 和微软的 Satori 知识库。

6.1.2 知识建模的任务

从广义上来说，知识建模是一种提取知识、建立模型的跨学科方法论，其任务是将散乱的知识体系化，并整合成一个可以重复使用的形式，以达成保存、迭代、整合梳理、传播与再利用的目标。这种可复用的形式是高度抽象概括的框架，是顶层设计。

一般来说，相同的数据可以有若干种 Schema。知识数据在真正进入知识图谱之前都需要通过预定义的 Schema 对数据进行处理，高质量的 Schema 能够有效地组织数据并降低多源数据之间融合的成本。因此，Schema 的提出对知识图谱的质量意义重大。

知识建模是指建立知识图谱的数据模式，相当于定义关系型数据库中表结构。知识建模主要分为两个部分：一是本体建模，即知识图谱概念层的模型；二是知识表示建模，即知识图谱数据层的模型。

对知识进行建模需要对某一领域或者要研究的主题深入了解。在知识建模早期的研究中曾出现术语表来充当 Schema。但发展到现在，分类法、叙词表以及本体成了 3 种应用度和流行度都较高的知识建模方法。下面以本体建模为例，着重介绍建模原理及其在知识建模中的关键步骤。

本体具有 4 种特性。

- 概念模型：将现实世界中的具体事物及现象抽象而得到的概念模型。
- 明确：抽象出的概念及概念的约束都有明确的含义。
- 形式化：本体是能够被计算机处理的。
- 共享：本体体现的是共同认知，反映的是领域内公认的概念集。

这 4 种特性使得本体非常适用于统一共享知识数据，可以充当知识图谱的"模具"。由于需要被形式化，因此本体在使用时需要被具体表示。当前有以下 4 种表现方式：非形式化语言、半非形式化语言、半形式化语言、形式化语言。

当然，本体形式化的程度越高，越有利于机器的自动化处理。自 20 世纪 90 年代开始，一些基于 AI 的本体表示语言被陆续提出，比如 Ontolingua、CycL、Loom 等。后来，随着 Web 的发展，一些基于 Web 的本体表示语言出现了，如 XOL、RDFS、DAML-OIL 和 OWL 等。基于 Web 的本体语言相较而言具有更好的综合性能，而当前表示本体的主流语言为 OWL。

本体建模的关键步骤通常分为本体构建与质量评估，也就是建立知识图谱并验证其内容是否符合标准。

本体建模的过程一般是首先为知识图谱定义数据模式，数据模式从最顶层概念构建，逐步向下细化，形成结构良好的分类层次，然后将实体添加进概念。之后，继续确定实体属性、关系。最后用 OWL 语言对本体信息进行描述。当然一个完整的本体必须要经过评价后才可投入使用。本体构建总流程如图 6-4 所示。

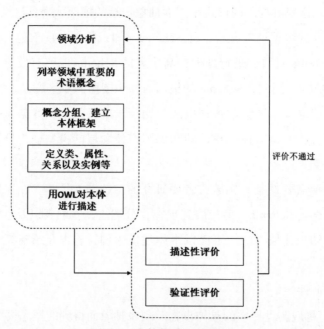

图 6-4　本体构建总流程图

本体构建是知识图谱内实体连通的语义基础，主要以"点、线、面"组成的网状结构为表现形式，"点"代表不同实体，"线"代表实体间的关系，"面"代表知识网络。

本体的模型深度和广度，决定了知识图谱的应用价值。通过本体建模可以得到知识图谱的层次结构，达到人类可以理解的程度；而通过知识表示建模，可以得到知识图谱的数据模型，这使得计算机可以理解这些数据之间的关系。

本体定义了一组通用术语，用于描述和表示领域知识。本体基于通用术语定义了一组特殊术语,用于描述属性。通过明确定义术语和这些术语之间的关系,本体以一种可以被计算机理解的方式对领域的知识进行编码。这是本体的基本思想。

我们以交通主题为例,讲解如何通过人工编辑的方式创建本体。首先选择交通主题,并基于交通主题定义 Schema 层,包括交通工具、道路、地点、路口等概念,并给出了概念之间的关系。图 6-5 展示了一个交通主题下的 Schema 设计实例。

实体层基于 Schema 层概念的约束,再将实体加入知识库。例如:交通工具对应的 3 路公交车、2 号线地铁实体;道路对应的南京路、北京路等实体;地点对应的博物馆、万达广场等实体。

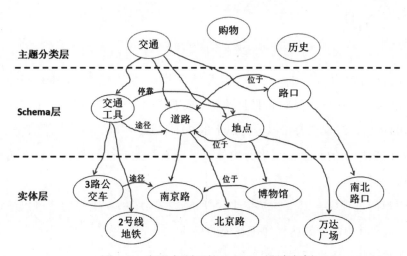

图 6-5 交通主题下的 Schema 设计实例

因为人工方式工作量巨大,且很难找到符合要求的专家,因此当前主流的全局本体库产品都是从一些面向特定领域的现有本体库出发,采用自动构建技术逐步扩展得到的。

6.2 知识建模的方法

目前知识建模的实际操作过程,可根据人工干预程度分为:手工建模方法、半自动建模方法和数据驱动的本体自动建模方法。

6.2.1 手工建模方法

手工建模指的是完全依托人工来对本体模式进行设计的过程。图 6-6 展示了手工本体建模的知识图谱流程图。其优点是可以最大程度地表达出项目所需的结构，是3种方法中质量最高的。但由于需要领域内的专业人士人工建立，其成本也是最高的。

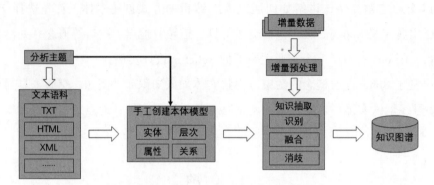

图 6-6　手工本体建模的流程图

手工建模目前没有统一标准，研究人员使用的方法包括 Methontology、IDEF-5、TOVE、骨架法等。在这里，我们参照业界较为成熟的七步法进行详述。七步法由斯坦福大学 Protégé 项目提出，过程主要可以分为以下的 7 个步骤：明确领域本体及任务、模型复用、列出本体涉及的领域中的元素、明确分类体系、定义类的属性及关系、定义属性的约束条件、创建实例。

在人工建模的过程中，以上的 7 个步骤并不是按顺序一一执行的，可以根据知识建模的具体需求，组合其中的步骤达到知识建模的目的。

下面分别对这些步骤进行详细的介绍。

1. 明确领域本体及任务

确定知识图谱建模的主题和范围，可以参照以下问题：这个知识图谱将着重于哪个（或哪一类）主题？这个知识图谱将达到什么样的目的？这个知识图谱将针对什么类型的问题给出回答？这个知识图谱使用及维护的对象群体是什么？上述问题的答案在知识图谱的构建过程中也许会发生改变，但这些问题的定义将协助确定知识图谱建模的主题和范围。

举一个例子来说，假设我们打算建立一个关于神经网络的知识图谱。这样一个关于神经网络的知识图谱可能会涵盖各种神经网络模型，包括它们的算法、伪代码、应用场景等。神经网络技术的软件及开发者等在此图谱中便不会被提及。如果使用知识图谱的对象是初学者，神经网络调用的库、相关应用语句则可能需要被包括在知识图谱中；如果使用者是编写通识教育教材的人员，在知识图谱中加入涉及的科学家或开发者、历史、隐层数、准确度、训练时间等元素会更好。

在设计时可以列出一些能够解答的问题作为基本的知识图谱参照，以便在初步测试时使用。这些问题不需要详细，其目的是保证设计与实现在功能上保持一致，这与软件开发中先拟定自动化测试内容，再进行功能实现的概念类似。比如，若打算建立一个神经网络技术及应用的知识图谱，设计时的问题可以是：CNN 主要应用场景有哪些？GAN 模型有哪些拓展？语音识别是哪种神经网络的应用？AlexNet 属于哪一类神经网络？

2. 模型复用

如果我们可以在已有的知识图谱上进行拓展以达成设计目的，就不值得重新建立一个知识图谱。当前，有相当部分的知识图谱可以被公开访问到，例如国内复旦大学的 CN-DBpedia 便提供了 API 访问。除此外，OpenKG 社区（http://openkg.cn/）中也有众多不同种类的知识图谱。国外也有 Ontolingua、DAML 等开放的知识源。同时，一些可用的商用知识图谱也可以被应用在知识图谱中。得益于知识表示的结构性，这些第三方的知识图谱返回的结果可以很轻松地转化成我们所需要的形式。

3. 列出本体涉及的领域中的元素

接下来的两步"明确分类体系"与"定义类的属性及关系"相对比较复杂，为了帮助后面的工作的顺利开展，我们可以先梳理领域中的元素及其属性。在梳理时，可以考虑这几个问题：有哪些知识点是我们希望涉及的？这些知识点都有着什么样的属性及关系？我们打算在这个知识点中包含什么内容？

例如，神经网络这个主题下比较重要的元素有神经网络、深度学习、CNN、GAN、RNN、神经网络的维度、激活函数、损失函数、优化器、隐层、卷积层、池化层、全连接层、循环层、归一化层等。

4. 明确分类体系

这一步有多种方法，包括上文中提到的自顶向下与自底向上以及将两者结合起来考虑的方法。在神经网络这个主题下，自顶向下的方法将从神经网络开始，延伸至 CNN、RNN 等。自底向上的方法可从最大池化层、最小池化层、平均池化层等开始，并将最大池化层、最小池化层、平均池化层都归属于池化层这个中间层，再逐步拓展其他的部分，从而组成整个网络。而将两者结合起来的方法会从 CNN、RNN、GAN 等开始，向上总结成神经网络，向下细分为各个具体的模型，使用的隐层等。

以上3种方法没有优劣之分，选择时取决于开发者个人的思维方式。不过考虑中间层的可描述性相对更强，对大多数开发者来说，将两者结合起来的方法在实际操作中更为简单。

无论选择哪种方法，我们都从定义类（class）开始。从本体涉及的领域的元素中选择那些拥有存在性而不是解释性的元素，这些元素将作为类的层次体系的锚点。然后将这些类依照分级分类的原则组织成层次体系。例如，A类是B类的上级层次，那么所有B类所属的类都是A类的下级层次，这样将类以树状乃至森林（数个相互独立的树状结构）的结构呈现。需要注意的是对于一个主题，并没有所谓唯一正确的模型，永远存在着其他可行的选择。

5. 定义类的属性及关系

类本身并不足以提供所有所需的信息，我们还需要添加类的属性用于对类进行描述，并且需要添加类之间的联系，将树和森林扩展成网状结构。第4步已经选取了一部分在第3步时列出的元素，这样剩下来的大多是属性类元素，比如维度、损失函数等。

我们必须决定每个属性归属于哪一个类的管辖，成为类的属性以及其子类的属性。例如，可以给隐层添加属性维度，那么所有的隐层的子项都将定义这些属性。

属性应当归属于最泛的类，而所有这个类的子类都将继承母类所拥有的属性。比如损失函数这个属性应当建立在神经网络这个类中，因为所有的神经网络都具备这个属性，而且神经网络是其中最泛的类。

6. 定义属性的约束条件

定义一个属性会有多个方面，比如属性值的基数、类以及属性的定义域等。

1）属性值的基数定义了一个属性可以有多少个属性值。有些设计仅区分单一属性值和复数属性值，而另一些设计则规定了这个属性最少和最多能接受多少个属性值。

2）属性值的类定义了属性值可以用什么类来表示。常用的属性值的类包括字符串（String）、数字（Integer、Float）、布尔值（Boolean）、实体（Instance）、枚举（Enumerated）。

3）属性的定义域是属性所归属的类；属性的值域则是当属性值是实体时的类。定义属性的定义域与值域的基本规则类似。

① 当定义域与值域时，使用最泛化（Generalize）的类。

② 也不要使用过于泛化的类（比如 Object 类或 Thing 类）。属性定义域中的所有类应当

都可以由这个属性所描述，属性值域内所有类的实体都应当是属性值的潜在填充者。具体而言，有以下几种形式。

- 如果定义域与值域内同时包括某个类与其子类，子类应当被去除。
- 如果定义域与值域内同时包括某个类所有的子类，而没有这个类本身，则所有子类应当被换为这个类本身。
- 如果定义域与值域内同时包括某个类的部分子类，应当考虑置换为这个类本身是否更为妥当。

7. 创建实例

最后一步是创建层次体系中各个类的实例。创建实例的步骤如下：① 选择一个类；② 创建这个类的一个实体；③ 填充这个实体的属性。

比如 AlexNet 是一个 CNN 类的实体，这个实体拥有以下属性：

提出者：Alex Krizhevsky、Ilya Sutskever、Geoffrey E. Hinton。

损失函数：Softmax Cross Entropy。

层数：8。

类别：图像分类/识别。

特点：验证了 ReLU 激活函数在深度学习中的效果；验证了 Dropout 的实际效果；使用了最大池化层；提出了 LRN 层；使用了 CUDA 加速；在模型层面最大化使用多个 GPU 并行运算；使用了数据增强等。

以上手动建模方式适用于知识建模规模小、质量要求高的场景，但是无法满足大规模的知识图谱构建，这是一个耗时、昂贵、需要专业知识的任务。因而研究者开始使用机器学习的方式来代替纯手工知识建模工作中可被替代的部分，即采用半自动建模方式。半自动建模方式将自然语言处理与手工方式结合，适用于规模大且语义复杂的知识图谱。半自动建模方式是人们在研究自动化建模的过程中得到的过渡方案，为的是在技术水平还不足以有效地完成自动建模时简化人工建模的过程。相比纯手工方式，半自动方式节省了数据的收集与整理工作，但依然相当程度地依赖于人工干预来完成对本体层次关系的构建。

6.2.2 半自动建模方法

半自动建模方法先通过自动方式获取知识图谱，然后进行大量的人工干预，如图6-7所示。其本质是用机器代替人去完成人工建模中比较复杂、烦琐的第3、4、5步。

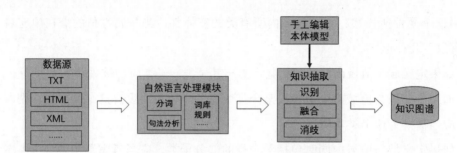

图 6-7　半自动建模方法的流程

我们可以按照知识建模的规范数据模式，从结构化、半结构化以及非结构化数据中抽取有用的信息，以进行知识建模，具体知识抽取方法参见 2.2 节。经过自然语言处理，我们会得到大量的（实体，关系，实体）与（实体，属性，属性值）所组成的 RDF 数据集，相当于人工建模的第 3、4 步。近年来，对非结构化数据的知识建模方法研究较多，涌现出一批优秀的基于非结构化数据的知识建模方法的高水平研究成果。而剩下的步骤主要依赖人工完成，尤其是较为关键的第 4 步。

无论是手动本体建模还是自动本体建模，在海量的实体数据面前，人工编辑构建的方式工作量极其巨大，故当前主流的本体库产品都采用了自动构建技术，自底向上地进行本体构建。例如 Microsoft 的 Probase 本体库就是采用数据驱动的方法，利用机器学习算法从网页文本中抽取概念间的 IsA 关系，然后合并形成概念层次结构。目前，Probase 所包含的概念总数已达到千万级别，准确率高达 92.8%，是目前为止包含概念数量最多，概念可信程度最高的知识库。

6.2.3　本体自动建模方法

数据驱动的本体自动构建方法主要可分为以下 3 步。

（1）实体并列关系相似度计算

通过计算任意两个实体间并列关系的相似度，可辨析它们在语义层面是否属于同一个概念。计算方法主要包括模式匹配与分布相似度两种。

模式匹配（Pattern Matching）通过对两个文本施加相同的模式，然后对比结果的相似程度。具体的模式规则可以自定义。分布相似度（Distributional Similarity）基于 Z. Harris 提出的分布假设，即在类似的上下文环境中出现的词语多半有着相同的含义。通过词语在上下文的权重来比较两个实体的相似度。

（2）实体上下位关系抽取

上下位关系抽取方法包括基于语法的抽取与基于语义的抽取两种方式，例如目前主流的信息抽取系统 KnowltAll、TextRunner、NELL 等，都可以在语法层面抽取实体的上下位关系，而 Probase 则采用了基于语义的抽取模式。

注意：上下位关系也称为 IsA 关系或类属关系，是语言学中的概念。上下位关系是一种相对的关系，一般将概括性较强的词语称作特定性较强词语的上位词，而特定性较强的词语称作概括性较强词语的下位词。例如，鲜红色是红色的下位词，而红色则是鲜红色的上位词。

基于语法的抽取是使用分词器将词语标签化，按照语句中的语法关系提取出实体与关系，并判断是否为上下位关系。基于语义的抽取则是指利用深度学习来分析语句中词语的关系，常用的深度学习模型包括基于 CNN、RNN 与 BERT 的模型。同时，由于百科类知识资源具有层次性，也可以依托百科类资源对实体进行上下位关系的分析。

（3）本体生成

对各层次得到的概念进行聚类，并为每一类的实体指定一个或多个公共上位词。其中典型的算法如 LDA（Latent Dirichlet Allocation）使用的就是三层贝叶斯模型。该模型分为词、主题、文档三层。LDA 假设每个主题都是按一定概率从文档中得到，每个词都是按一定概率从这个主题中得到。由于聚类后，同一聚类中的词关系相近，因此可以从中提炼出上位词，并逐级实现本体的层次结构。

前两步属于知识抽取（第 2 章）与知识融合（第 4 章）中对关系的分析，通常需要配合文本等源数据来实现。

来看一个自动化本体构建实例，其构建过程如图 6-8 所示。当知识图谱获得"阿里巴巴""腾讯""手机"这 3 个实体的时候，可能会认为它们 3 个之间并没有什么差别，但计算 3 个实体之间的相似度后就会发现，阿里巴巴和腾讯可能更相似，它们和手机的差别更大一些。

这就是第一步的作用，但这样操作下来，知识图谱实际上还是没有一个上下层的概念，它还是不知道阿里巴巴和手机根本就不隶属于一个类型，从而无法比较。因此在实体上下位关系抽取这一步，就需要去完成这样的工作，从而生成第三步的本体。

当第 3 步结束后，这个知识图谱可能就会明白，阿里巴巴和腾讯其实都是公司实体下的细分实体。它们和手机并不是一类。

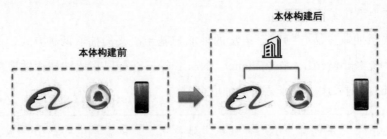

图 6-8　自动化本体构建实例的构建过程

虽然自动化本体构建技术是大数据时代下的理想选择，但目前还是理论研究居多，而实际成果较少。

知识拓展：相对于分类法与叙词表而言，本体是能够最为完备地表示复杂知识模型的工具。在叙词表中，知识的分布是一维的、线性的；而在本体中，知识的分布是网状的，也就是说，面对多关系的知识图谱时，应该首选本体作为建模方式。如果知识图谱涉及语义检索、语义推理等用途时，也应当使用本体建模。而如果仅仅要组织目录或者建立词典/字典形式的知识图谱时，从建立的便捷性来说，选择分类法或者叙词表会更合适。

6.3　知识建模实例

为了方便本体建模，国内外出现了 Protégé、PlantData 等建模工具。其中，Protégé 是一套基于 RDF（S）、OWL 等语义网规范的开源本体编辑器，拥有图形化界面，适用于原型构建场景；而 PlantData 知识建模工具是一款商用知识图谱智能平台软件，该软件提供了本体概念类、关系、属性和实例的定义与编辑。这两者都屏蔽了具体的本体描述语言，用户只需在概念层次上进行领域本体模型的构建，就会使得建模更加便捷。本节以本体建模工具 Protégé 为例介绍如何具体进行知识建模。

Protégé 是基于 Java 语言开发的开源本体编辑软件，提供了本体概念类、关系、属性和实例的构建，以树形的等级体系结构来显示，用户可以通过单击相应的项目来增加或编辑类、子类、实例，大大降低了构建本体模型的门槛。同时，Protégé 可以通过插件和基于 Java 的 API 两种方式进行扩展，并且支持中文；除了客户端版本之外，还提供了在线版本 WebProtégé，方便在线进行知识图谱本体的自动化构建。

Protégé 的不足之处在于：基本只提供单人编辑，在线版本的并发功能不完善，并发编辑时需要通过文件共享来实现；对大数据量的处理能力的支持不够，会出现内存溢出；不支持复杂事件及时态的建模;完全依靠人工,难以实现与知识图谱构建(半)自动化过程的交互。

接下来,我们使用WebProtégé(http://webProtégé.stanford.edu/)进行本体建模。这个版本由斯坦福大学自己的服务器托管,使用W3C标准,支持用户在线协同编辑、版本管理等功能,并兼容本地版本的Protégé。我们将建立一个简单的神经网络图谱实例以及实体AlexNet。

6.3.1 创建项目实例

输入WebProtégé(http://webProtégé.stanford.edu/)在线网址,进入界面后,使用邮箱可免费注册一个账号。注册完成后可使用用户名和密码登录。登录后在左上角选择新建项目,如图6-9所示,填写项目名、语言和项目描述。

图6-9 创建项目

单击Create New Project按钮后,可在右侧看到创建的项目实例,在这里可以新建、打开、下载、删除所建立的项目。图6-10所示为项目管理界面。

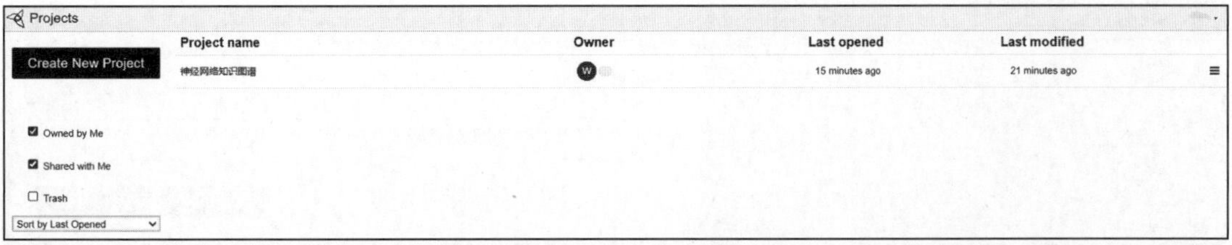

图6-10 项目管理界面

单击项目名可以进入项目工作空间进行创作，如图 6-11 所示。默认的初始打开位置是 Classes 界面，并预设了一个 owl：Thing 类，这个类是所有类的最高级，代表整个项目中最为广泛的类。在菜单栏中可选择对 Classes（类）、Properties（属性）、Individuals（实体）、Comments（批注）等进行选择修改。

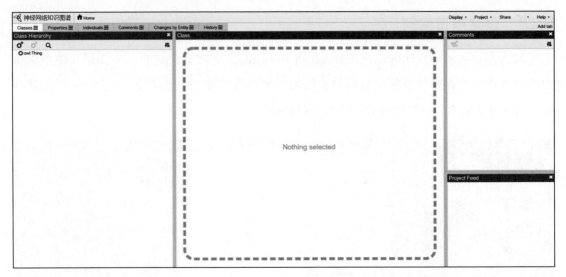

图 6-11　项目工作空间

6.3.2　创建本体关系和属性

首先在类中新建所需要的类。在建立时可以通过换行同时创建多个类，如图 6-12 所示。

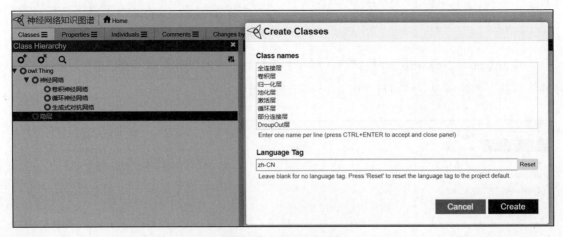

图 6-12　创建多个类

需要注意的是，新建的类将会在选中的类下创建并作为其子类，如果没有任何类被选中，新的类会被建立在 Thing 类之下。不过可以用拖动的方式进行调配，或通过操作快捷菜单进行移动。对同时属于多个母类下的子类，每个母类下都会有一个子类被显示出来。创建范例项目所需要的完整类数据如图 6-13 所示。

在建好类之后就可以添加实体了。可以在菜单栏的 Individuals 菜单中新建实体并添加分类（Types）得到。类与实体的选择是多样化的，可以根据 AlexNet 的不同模块分别建立各自的类，再建立各自的实体，并用关系将这些实体与建立在 CNN 类下的 AlexNet 实体相连。也可以先创建多个实体，再让实体关联不同的类，如图 6-14 所示。

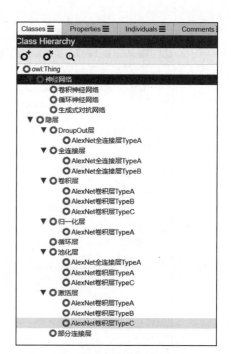

图 6-13　范例项目完整类数据

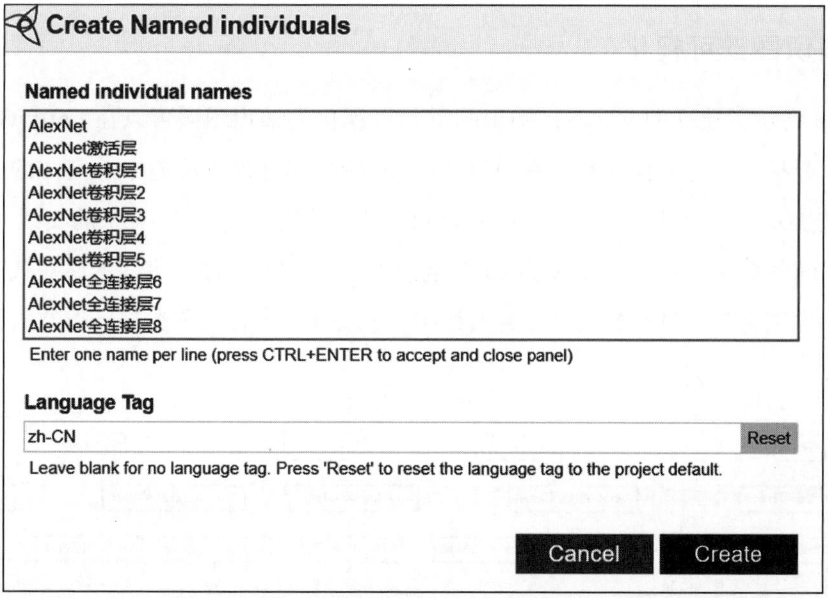

图 6-14　创建多个实体

实体归类后，再为实体添加属性，图 6-15 所示为 AlexNet 属性。

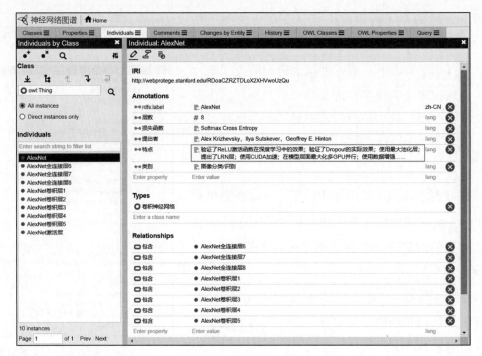

图 6-15　AlexNet 属性

6.3.3　知识图谱可视化

图 6-16 展示了建立的 AlexNet 知识图谱，可视化的知识图谱可以在 EntityGraph（实体图）选项中查看。值得一提的是，在 WebProtégé 的实体可视化功能中，实体的关系必须是实体才能被展示在图像中。其中，以 AlexNet 为起点标注"包含"关系的实线（紫色实线）代表了实体间的联系，虚线（黄色虚线）的起点代表了类的实体，虚线的终点代表了实体类别，以实体类别为起点没有标注关系的实线（黄色实线）代表了子类与母类的从属关系。

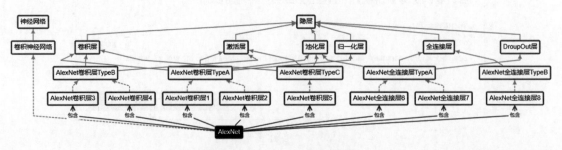

图 6-16　AlexNet 知识图谱

注：实际颜色效果以描述或实际生成效果为准。

6.4　本章小结

　　本章根据知识建模的定义及任务，介绍了自顶向下和自底向上这两种 Schema 的知识图谱构建方式，并介绍了手工建模、半自动建模、本体自动建模等建模方法，最后使用本体建模工具 WebProtégé 进行知识建模。

第 7 章

知识推理

察己则可以知人，察今则可以知古。

——《吕氏春秋》

通过考察自己就可以了解别人，考察现在就可以知道古代。

知识推理是在已有知识库基础上通过推理技术进一步挖掘隐含的知识，从而丰富、扩展知识库，进而更好地支持智能搜索、推荐系统或知识问答等复杂系统。正如通过考察自己可以了解别人，考察现在就可以推知它的本来面目一样。

本章以知识推理的概念为基础，主要讲解知识推理的定义及任务，以及基于逻辑规则的推理、基于知识表示学习的推理、基于神经网络的推理以及混合推理等常用方法，并通过规则引擎及规则推理实例展示知识推理的功能。

7.1 知识推理概述

想要获得高质量的知识图谱，除了知识建模任务之外，还需要经过知识推理和知识评估与运维等过程。本节介绍知识推理的定义及其任务。

7.1.1 知识推理的定义

由于知识图谱是由获取的数据构建而成的，这使得数据的缺失和错误会导致知识图谱的缺失与错误，我们可以通过知识推理来验证并弥补这些问题。同时，基于知识图谱的推理可以挖掘隐藏的知识信息，完成实体预测、关系预测、属性预测、路径推理等任务。

关于知识推理的定义众多，但核心是从知识库中已有的实体关系数据出发，通过推理技术验证旧的事实并进一步挖掘隐藏的知识信息。

值得注意的是，知识推理的对象除了实体、实体间的关系、实体的属性值，还包括本体的概念及层次结构等。例如已知某人的属性信息——身份证，那么理应能够通过推理得到此人的生日、年龄等属性。根据本体库中的概念继承关系，也可以进行本体关系推理，例如已知（研究所，是，科研院所）和（科研院所，承担，教学任务），可以推出（研究所，承担，教学任务）。

7.1.2 知识推理的任务

随着知识图谱研究的深入，研究发现知识图谱在各种应用中存在质量问题。

一是知识图谱的不完备性，即知识图谱中的关系缺失或者属性缺失。例如人物的职业信息缺失。导致这个问题的原因可能是构建知识图谱的数据本身就是不完备的，也可能是信息抽取算法无法识别出一些关系或者抽取到的属性值。

二是知识图谱中存在错误的关系。例如人物知识图谱中可能包含错误的人物关系。导致这个问题的原因可能是构建知识图谱的数据有错误，也可能是知识图谱在构建时采用的统计方法很难保证学习到的知识是绝对正确的。

以中国古代的帝王知识图谱为例，我们通过对 Web 信息的抽取得到了（隆庆，父亲，嘉靖）和（万历，父亲，隆庆）两个三元组。而事实上，隆庆是一个不太有存在感的帝王，人们可能更感兴趣的是"嘉靖和万历是什么关系"，但二者关系在知识库中是缺失的。若是在知识图谱中出现（万历，父亲，嘉靖）这一事实错误的三元组，那将比缺失问题更严重，其支撑的知识问答系统的专业性将受到极大的质疑。

缺失问题不仅可能出现在帝王知识图谱中，它几乎存在于任何知识图谱中。例如在 Freebase 知识库中就有将近 96% 的人物对象缺少"兄弟"或"姐妹"信息，大约 75% 的人物对象缺少"国籍"信息，约 68% 的人物对象缺少"职业"信息。因此，将知识库中的关系、属性等信息补全，以及将错误修正是知识库工程化前的重要工作，也是知识推理所要解决的问题。

因此，知识推理的任务包括知识图谱补全和知识图谱去噪。对知识图谱补全进行细分，其中又包括实体预测（Entity Prediction）、关系预测（Relation Prediction）和属性预测（Attribute Prediction）等子任务。知识图谱去噪则是专注于对知识图谱中三元组事实的正确性判断。

知识推理能够利用知识图谱中现有的显性知识来预测其中尚未存储的隐性知识，从而将知识图谱逐渐补充完整，因此知识推理是知识图谱的研究热点之一，在诸多应用领域都发挥了重大作用。

7.2 知识推理的方法

面向知识图谱的推理方法主要分为基于逻辑规则的推理、基于知识表示学习的推理、基于神经网络的推理及混合，本节将介绍这些知识推理方法。

7.2.1 基于逻辑规则的推理

基于逻辑的推理方式主要包括基于一阶谓词逻辑、基于描述逻辑、基于概率图逻辑推理以及基于路径规则等。下面分别介绍它们的基本原理及整体推理步骤。

1. 基于一阶谓词逻辑的推理

基于一阶谓词逻辑的推理是以命题为基本信息进行推理，而命题又包含个体变量和谓词。一个一阶谓词逻辑遵循的规则如下：

$$\forall x, y \; \text{CapitalOf}(x, y) \Rightarrow \text{LocatedIn}(x, y)$$

其中，谓词为 CapitalOf、LocatedIn；x、y 是个体变量；逻辑蕴涵符 $\Rightarrow$ 表示一种假设，即"假如……，则……"的语义；$\forall$ 是全称量词，表示"对全部的""对任意的""都"等语义，量词系统还包括表示"存在"的存在量词 $\exists$、表示"属于"的逻辑蕴涵符 $\in$ 等；CapitalOf (x, y) 被称为规则体，是整个谓词逻辑规则的前提；而 LocatedIn (x, y) 称为规则头，是整个谓词逻辑规则的结论。基于以上逻辑谓词规则的各部分元素，可以得出：假如 CapitalOf (*Hefei*, *Anhui*)，则 LocatedIn (*Hefei*, *Anhui*)。

$$\text{CapitalOf}(\textit{Hefei}, \textit{Anhui}) \Rightarrow \text{LocatedIn}(\textit{Hefei}, \textit{Anhui})$$

值得注意的是，理论上规则体的数目可以从 0 到无穷个，并通过逻辑联结词"与"（∧）、"或"（∨）、"非"（¬）连接。

2. 基于描述逻辑的推理

描述逻辑是在一阶谓词逻辑上发展而来,目的是在表示能力与推理复杂度之间追求一种平衡。基于描述逻辑的知识库主要包括 TBox(Terminology Box,术语公理集)和 ABox(Assertion Box,断言事实)。通过 TBox 与 ABox,可将关于知识库中复杂的实体关系推理转化为一致性的检验问题,从而简化并实现推理。

TBox 是关于描述领域的概念/术语的断言,用于定义概念、概念间的关系、角色间的关系。例如通过公式 Mother ≡ Woman ∩ ∃hasChild.Person 描述逻辑给出 Mother 的描述。此时 Mother 被称为原子概念。每一个原子概念均只被定义一次,即每一个原子概念只能在等式左边出现一次,且原子概念被视为最基础的、不可进一步分割的概念。

按照这样的定义,可以给出家庭关系的术语集。

Woman ≡ Person ∩ Female
Man ≡ Person ∩ ¬Woman
Mother ≡ Woman ∩ ∃hasChild.Person
Father ≡ Man ∩ ∃hasChild.Person
Parents ≡ Father ∪ Mother
Wife ≡ Woman ∩ ∃hasHusband.Man

TBox 推理的任务就是确定一个描述是不是没有矛盾的(可满足性)或者第一个描述是否包含第二个描述。TBox 提供的相关推理包括:可满足性推理、包含关系推理、等价关系推理。假设 T 是一个 TBox,可满足性推理是指,如果存在 T 的一个模型 I,C^I 是非空的,且概念 C 是可满足的,那么 I 就是 C 的模型;包含关系推理是指,如果对于 T 的每一个模型 I 都有 $C^I \subseteq D^I$,那么概念 C 被概念 D 包含;等价关系推理是指,如果对于 T 中的每一个模型 I 都有 $C^I \subseteq D^I$,那么概念 C 和概念 D 是等价的。这些推理关系定义实际都是对描述的包含关系或者不可满足性的检查。

ABox 通过概念和角色来描述应用领域的一个具体事件,可以理解为个体的实例化,以及这些个体的一些属性的实例化。在 ABox 中,用符号(如 a、b、c)来表示个体的名字,假设有概念 C 和角色 R,且可以得到 $C(a)$ 和 $R(b, c)$ 两类判断,则其中 $C(a)$ 称为概念判断,表示 a 属于 C;$R(b, c)$ 称为角色判断,表明 b、c 是角色 R 的承载者。

下面是 ABox 的一个例子。如果 Li Wei、Zhang Hua 和 Zhang Ming 是个体的名字,那么 Father(Li Wei)意味着 Li Wei 是一名父亲;hasChild(Zhang Hua, Zhang Ming)意味着 Zhang Ming 是 Zhang Hua 的一个孩子。

描述逻辑为 ABox 提供了两种主要类型的推理：判断 ABox 的一致性；对 ABox 进行实例检测，即判断一个特定的个体是否为一个给定概念描述的实例。

1）**一致性检测**：当存在一个解释 I，它既是 TBox T 的模型，同时是 ABox A 的模型，则称 A 与 T 是一致的。

2）**实例检测**：对于 ABox 的每一个模型 I，均满足实例 a，则 a 通过实例检测，可记为 $A\models a$。

可以发现，ABox 的实例检测与 TBox 的可满足性推理都可以转化为 ABox 的一致性检测问题。而当前解决这一问题的算法模型是 Tableau。该算法的基本思想是构造 ABox 的可能模型，然后通过描述逻辑中的一系列转换规则消除量词和连接词从而得到新的 ABox。新的 ABox 只包含原子断言事实，原子断言事实即不可继续被分割推理的断言事实，例如 Man（Li Wei）。若这些原子断言事实没有明显的矛盾，则新的 ABox 就是原 ABox 的一个模型。

在这里我们详细介绍一致性判定算法。

定义 1：当且仅当具有如下情形时，目标公式 α 是冲突的。

1）$\{\bot(a)\}$。

2）$\{C(a), \neg C(a)\}$。

3）$\{R(a,b), \neg R(a,b)\}$。

其中，C 为任意概念，R 为关系，a、b 为任意特定的个体。

定义 2：当且仅当目标公式 α 中不含冲突，则认为 α 是一致的，否则 α 就是不一致的。

一致性检测算法主要是利用描述逻辑中的基本公理对原有公式集进行扩充，然后依据定义 1 和定义 2 检测一致性。其中目标公式 α 必须是标准形式，即所有的"¬"操作符必须出现在原子目标之前。如果 α 不是标准形式，则按以下规则进行相应转化。

1）$\neg(\alpha \cap \beta) \Leftrightarrow \neg\alpha \cup \neg\beta$。

2）$\neg(\alpha \cup \beta) \Leftrightarrow \neg\alpha \cap \neg\beta$。

具体检测的步骤如下。

步骤 1：若有 $C(x) \in \alpha$，并且有 $\forall x(C(x) \rightarrow D(x))$，则把 $D(x)$ 添加到 α 中。

步骤 2：逻辑规则[⊖]名称及内容如表 7-1 所示，基于此表对 α 中的公式进行扩充。

⊖ 具体可参见张灵峰等所写的"基于 Tbox 和 Abox 的描述逻辑推理研究"一文对逻辑规则的详细介绍。

表 7-1 逻辑规则名称及内容

规则名称	规则内容
∩（"交"）规则	若 α 中含有 $C_1(x) \cap C_2(x)$，但是 $C_1(x)$ 和 $C_2(x)$ 不同时出现在 $C_1(x)$ 中，则将 $\{C_1(x), C_2(x)\}$ 并入 α 中
∪（"并"）规则	若 α 中含有 $C_1(x) \cup C_2(x)$，但是 $C_1(x)$ 和 $C_2(x)$ 都不出现在 α 中，则将 $\{D(x)\}$ 并入 α 中，其中 $D = C_1$ 或者 $D = C_2$
∃（"存在"）规则	若 α 中含有 $(\exists R \cdot C)(x)$，但不存在个体 z 使得 $R(x,z)$ 和 $C(z)$ 出现在 α 中，则将 $\{R(x,z), C(z)\}$ 并入 α 中
∀（"任意"）规则	若 α 中含有 $(\exists R \cdot C)(x)$ 和 $R(x,y)$，但是 α 中不存在 $C(y)$，则将 $\{C(y)\}$ 并入 α 中

步骤 3：最后检测 α 中是否有冲突，如果没有冲突，则 α 是一致的；否则 α 是不一致的，算法终止。

描述逻辑的原理是容易理解的，但是也有以下缺点。

- 描述逻辑表示能力越强，意味着推理复杂度越高。
- 不论是人工标注还是自动标注，都无法保证数据的准确性。
- 适用领域窄（尤其适合数据不大的领域），如药物、家谱等。

3. 基于概率图逻辑的推理

谓词逻辑可以进行较为精准的推理，但这种推理往往过于"严谨"。即如果一个结论违反了谓词逻辑中的某一条规则，则这个结论一定会被否定。但更为合理的处理方式是即使一个结论违反谓词逻辑中某一条规则时，也可以按照一定的概率接纳这个结论，保留它存在的可能性。2004 年，美国华盛顿大学的 Domingos 和 Richardson 首次提出了马尔可夫逻辑网（Markov Logic Networks）。马尔可夫逻辑网是一种统计关系学习框架，它与一阶谓词逻辑结合后具有强大的描述能力、逻辑推理能力和处理不确定性的能力。从处理不确定性问题来看，马尔可夫逻辑网为一阶谓词附加权值，能容忍知识库中存在不完整和互相矛盾的知识，具有较好的处理不确定性问题的能力。

马尔可夫逻辑网的基本思想是放松一阶谓词逻辑的硬性规则，即针对一个特定问题，如果结论违反了其中的一条规则时，其存在的可能性将降低，但并非不可能。一个结论违反的规则越少，这个问题存在的可能性就越大。马尔可夫逻辑网的实现是通过给每个规则都加上了一个特定的权值，权值即反映对满足该规则的结论的约束力。一个规则的权重越大，对满足和不满足该规则的不同问题而言，它们之间的差异就越大。在将权值无限增加后，通过马尔可夫逻辑网得出的结果会向通过一阶谓词逻辑推理得出的结果靠拢。

马尔可夫逻辑网的定义：马尔可夫逻辑网 L 是一组二元项 $\{(F_i,w_i)\}_{i=1}^{n}$。

其中，F_i 表示一阶逻辑规则，w_i 是一个实数。$\{(F_i,w_i)\}_{i=1}^{n}$ 与有限常量集 $C=\{C_1,C_2,\cdots,C_m\}$ 一起定义了一个以基准谓词（Ground Predicate）为节点，基准谓词关系为边的马尔可夫网络 $M_{L,C}$。其中：

- L 中任意基准谓词都对应 $M_{L,C}$ 中的一个二元节点。若此基准谓词为真，则对应的二元节点取值为 1，否则为 0。
- L 中任意基准公式（Ground Formula）都对应 $M_{L,C}$ 中的一个特征值，若基准公式为真，则对应的特征值为 1，否则为 0。特征值权重为二元项中该规则 F_i 对应的权重 w_i。这里及后文中的"基准"表示组成的项皆为原子项，即基准公式中的每一项皆为原子项。

由定义可知，马尔可夫逻辑网 $M_{L,C}$ 可以看作一个构建马尔可夫网络的模板，给定相同的马尔可夫逻辑网 $M_{L,C}$ 和不同的有限量集合 C，可以产生不同的马尔可夫网络。这些马尔可夫网络有一些相似点，比如有相同的团的数目，同一规则所有可能常量取值具有相同权重。根据这种方式产生的马尔可夫网络称为基准马尔可夫网（Ground Markov Network），一个基准马尔可夫网所蕴含的可能世界 x 的概率分布如下：

$$P(X=x)=\frac{1}{Z}\exp\left(\sum_i w_i n_i(x)\right)=\frac{1}{Z}\prod_i \phi_i(x_{\{i\}})^{n_i(x)}$$

在上述公式中，Z 为归一化常数，$n_i(x)$ 为 F_i 在 x 中所有取值为真的基准规则数量，$x_{\{i\}}$ 是 F_i 中为真的原子，$\phi_i(x_{\{i\}})=e^{w_i}$（即 $\phi_i(x_{\{i\}})=\exp(w_i)$）为第 i 个公式 F_i 的权重。如果一个规则包含多个子规则，则这些子规则将平分该规则的权重。

一个简单的马尔可夫逻辑网络如表 7-2 所示。

表 7-2 简单的马尔可夫逻辑网络

马尔可夫逻辑命题	一阶谓词逻辑	权值
吸烟使人得癌症	$\forall x\ \text{Smokes}(x) \Rightarrow \text{Cancer}(x)$	1.5
若两人是朋友，则这两人同时吸烟或同时不吸烟	$\forall x,y\ \text{Friends}(x,y) \Rightarrow (\text{Smokes}(x) \Leftrightarrow \text{Smokes}(y))$	1.1

其中，x、y 为个体变量，Smokes(x)、Cancer(x)、Friends(x,y) 为谓词，分别表示 x 是否吸烟，x 是否患癌症以及 x、y 是否为朋友。

马尔可夫逻辑网的推理主要在生成的基准马尔可夫网上进行，可以进行边缘概率、条件概率和最大可能性推理。我们以推理吸烟会得癌症的概率为例，马尔可夫逻辑网推理实例如图 7-1 所示。

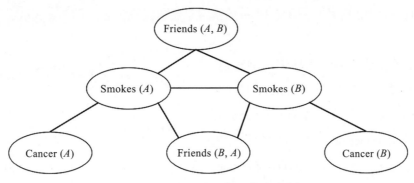

图 7-1 马尔可夫逻辑网推理实例

假设两个个体 A 和 B 是朋友（或 B 和 A 是朋友），如果 A 或 B 吸烟，根据朋友同时吸烟的概率推理得知 B 和 A 均可能吸烟，进一步根据概率推理得知 A 和 B 均可能得癌症。

具体推理演示如下。

假设两个个体 A、B，U 代表一个可能的真值集合。

$U = \{$ Friends $(A,B) = 1$, Smokes $(A) = 1$, Smokes $(B) = 1$, Cancer $(A) = 1$
Cancer$(B) = 1$, Friends $(B,A) = 1\}$

计算此 U 符合逻辑的程度需要观察 U 中满足以上一阶谓词逻辑的数目。我们发现在 U 中：

1）Smokes $(A) \Rightarrow$ Cancer (A)，对应权重为 1.5；

2）Smokes $(B) \Rightarrow$ Cancer (B)，对应权重为 1.5；

3）Friends $(A,B) \Rightarrow$ (Smokes$(A) \Leftrightarrow$ Smokes$(B))$，对应权重为 1.1；

4）Friends $(B,A) \Rightarrow$ (Smokes$(B) \Leftrightarrow$ Smokes$(A))$，对应权重为 1.1。

假设 B 没有得癌症，将 U 中的 Cancer$(B) = 1$ 改为 Cancer$(B) = 0$，则以上 Smokes $(B) \Rightarrow$ Cancer (B) 便不能满足。也就表明 Cancer$(B) = 0$ 的情况的发生在概率上要小于 Cancer$(B) = 1$，前者的 U 更符合逻辑。

4. 基于路径规则的推理

逻辑规则模型的代表性工作是由卡内基–梅隆大学的 N.Lao 等人提出的 PRA（Path Ranking Algorithm，路径排序算法）。PRA 将知识图谱视为一个复杂异质网络，采用抽象的关系路径替代逻辑规则，从而将关系推理问题转化为知识图谱上的有监督学习问题，并使用随机游走的方式对每个关系的路径特征进行采样，从而在一定程度上缓解了传统逻辑推理算法依赖专家制定逻辑规则以及模型计算复杂度过高的问题。PRA 就是以两实体间的联通路径作为特征，来学习目标关系的分类器，据此判断这两个实体是否属于目标关系。下面依照谓词逻辑所用的例子来介绍 PRA 的基本思想与实现流程。图 7-2 展示了一个简单的家庭知识图谱示例。

从图 7-2 所示的家庭知识图谱示例来说，James 和 Tom 之间存在关系 Father(James, Tom)。PRA 则是要计算 score(Father(James, Tom))，即计算 Father(James,Tom) 的得分（概率）是多少。当 score 值越大，则意味着 Father (James,Tom) 关系成立的可能性越大。因而 PRA 的基本思想是计算给定任意的两个节点具有某种关系的概率。在 PRA 中，将实体之间的关联路径作为特征来学习目标关系的分类器，对于上述例子就是判断 James 和 Tom 之间的路径关联是否足够支持表述 Father 这一关系。PRA 要优化的函数如下：

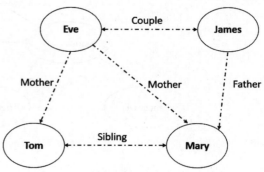

图 7-2　简单的家庭知识图谱示例

$$score(s,t) = \sum_{\pi_j \in p_l} \theta_j P(s \rightarrow t; \pi_j)$$

其中 s、t 是要学习的两个目标节点，p_l 是指关联 s、t 两个节点的所有路径，θ_j 是某一条路径 π_j 的权重，$P(s \rightarrow t; \pi_j)$ 是路径 π_j 的概率值大小。

PRA 具体流程如下。

- 特征抽取：生成并选择路径特征集合。生成路径的方式有随机游走、广度优先搜索、深度优先搜索等。
- 特征计算：计算每个训练样例的特征值 $P(s \rightarrow t; \pi_j)$。该特征值可以是从实体节点 s 出发，通过关系路径 π_j 到达实体节点 t 的概率；也可以是布尔值，表示实体 s 到实体 t 之间是否存在路径 π_j；还可以是实体 s 和实体 t 之间的路径出现的频次、频率等。
- 分类器训练：根据训练样例的特征值，为目标关系训练分类器。当训练好分类器后，即可将该分类器用于推理两个实体之间是否存在目标关系。

按照此流程，我们可以对以上的例子进行推理。

- 对于给定关系 Father(s,t)，首先生成四组训练样例，一个为正例、三个为负例：正例为 (James,Mary)；负例为 (James,Eve)、(Eve,Tom)、(Eve,Mary)。
- 从知识图谱采样得到路径，每一路径链接上述每个训练样例中的两个实体。
  (James,Mary) 对应路径：Couple → Mother

(James,Eve) 对应路径：Father $\rightarrow$ Mother $^{-1}$（Father $^{-1}$ 与 Mother 为反关系）

(Eve,Tom) 对应路径：Mother $\rightarrow$ Sibling

(Eve,Mary) 对应路径：Couple $\rightarrow$ Father

- 对于每一个正/负例，判断上述 4 条路径可否链接其包含的两个实体，将可链接（记为 1）和不可链接（记为 0）作为特征，于是每一个正/负例得到一个四维特征向量：
  (James, Mary): {[1, 0, 0, 0], 1}
  (James, Eve): {[0, 1, 0, 0], −1}
  (Eve, Tom): {[0, 0, 1, 0], −1}
  (Eve, Mary): {[0, 0, 1, 1], −1}

- 依据训练样本，训练分类器 M。M 是一个用来判断某两个节点是否具有 Father 关系的分类器。当 M 输出的 score 值较大时，那么可以认为 Father(s, t) 是成立的。

7.2.2 基于知识表示学习的推理

基于知识表示学习的推理首先通过表示模型来学习知识图谱中的事实元组，以得到知识图谱的低维向量表示；然后，将推理结果转化为基于表示模型的简单向量操作。

下面来介绍基于知识表示学习的推理方法。

1. 基于张量分解模型的表示推理

基于张量（矩阵）分解模型的表示推理将（头实体，关系，尾实体）三元组以张量（矩阵）的形式表现，通过张量（矩阵）分解方法进行表示学习。将分解得到的头实体、关系、尾实体的向量表示相乘即为三元组的张量（矩阵）表示。关系矩阵中对应的元素值即为对应三元组有效与否的得分，可以认为得分大于特定阈值的三元组有效，或将推理项的预测结果按照得分排序，选择得分高的候选作为推理结果。

该类方法的典型代表是 RESCAL 模型（参见 3.2.2 节）。在含有 n 个实体和 m 个关系的知识图谱 G 中可以使用一个三阶张量 $X_{n \times n \times m}$ 表示。如果实体与实体之间表示某种关系 k，则该三阶张量可以对每种关系进行切片分解，经过分解，关系 k 的张量 X_k 近似表示为：

$$X_k \approx A R_k A^T, k = 1, 2, \cdots, m$$

其中，A 为 $n \times d$ 的矩阵，矩阵中的每行表示一个实体，d 为每个实体设定的特征维数；R_k 为 $d \times d$ 的矩阵，表示实体与实体之间的第 k 种关系。

在知识图谱 G 中，实体 e_i 和 e_j 存在关系 k，张量元素 $X_{ijk}=1$，否则 $X_{ijk}=0$。具体分解原

理如图 7-3 所示。

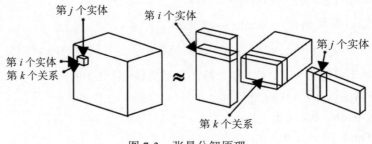

图 7-3 张量分解原理

因此，整个张量的分解问题可以转化为如下优化问题：

$$\min_{A,R_k}\sum_{k=1}^{m}\|X_k - AR_kA^\mathrm{T}\|^2$$

鉴于目前张量分解的知识图谱推理忽略了实体间的关系路径问题，而现有的路径推理主要结合向量嵌入转换进行推理，因此在张量分解过程中，吴运兵等人结合路径推理方法，提出了基于路径张量分解的推理算法 PRESCAL。该算法将知识图谱中的实体和关系通过 Embedding 的方式嵌入至低维向量空间，使其成为向量矩阵。在向量空间中，利用 PRA 查找每个实体对间的关系路径，并进行路径分解，计算模型的损失函数值。PRA 将知识图谱视为图形（以实体为节点，以关系或属性为边），从源节点（头实体）开始，在图上执行随机游走，如果能够通过一个路径到达目标节点（尾实体），则推测源节点和目标节点间可能存在关系。

在知识图谱 G 中，对于给定的三元组 (e_i, r_k, e_j)，用向量 x_{e_i} 和 x_{e_j} 分别表示实体 e_i 和 e_j，而关系矩阵 R_k 表示关系 r_k，即

$$x_{e_i} \in R^d, x_{e_j} \in R^d, R_k \in R^{d \times d}$$
$$i = 1, 2, \cdots, n; j = 1, 2, \cdots, n; k = 1, 2, \cdots, m$$

其中，R 表示将实体和关系嵌入到低维向量空间中，d 表示向量空间的维数，利用三阶张量分解原理，计算其分解函数值：

$$f(e_i, r_k, e_j) = x_{e_i}^\mathrm{T} R_k x_{e_j}$$

上式只考虑 e_i 和 e_j 直接关联的关系 r_k，即实体 e_i 和 e_j 间的关系路径长度为 1，却未充分利用知识图谱图形结构的特点，考虑实体间的路径关系及关系的传递性。

为了能有效挖掘知识图谱中实体间的新关系，PRESCAL 采用基于路径张量分解的推理

算法。假设在知识图谱中，存在两个三元组 (e_h, r_1, e_1) 和 (e_1, r_2, e_t)，即第一个三元组的尾实体和第 2 个三元组的头实体一致，而 e_h 和 e_t 之间的关系路径为 r_1 与 r_2，即路径长度为 2，则路径张量分解函数值如下：

$$f(e_h, r, e_t) = \boldsymbol{x}_{e_h}^{\mathrm{T}} \boldsymbol{R}_1 \boldsymbol{R}_2 \boldsymbol{x}_{e_t} \quad (7\text{-}1)$$

其中，$\boldsymbol{x}_{e_h}$ 和 $\boldsymbol{x}_{e_t}$ 表示实体 h 与 t 的向量矩阵，$\boldsymbol{R}_1$ 和 $\boldsymbol{R}_2$ 表示关系 r_1 与 r_2 的关系矩阵。

为了使路径张量分解更具有一般性和广泛性，在实践中一般会选用上述得到的实体间的关系路径扩展模型。如果实体 e_i 和实体 e_j 之间存在路径 $P=(r_1 r_2 \cdots r_t)$，即 $e_i r_1 e_{i+1} r_2 \cdots e_{i+t-1} r_t e_j$，则 PRESCAL 的函数值计算可以变为

$$f(e_i, r_k, e_j) = \boldsymbol{x}_{e_i}^{\mathrm{T}} \boldsymbol{R}_k^{(P)} \boldsymbol{x}_{e_j} = \boldsymbol{x}_{e_i}^{\mathrm{T}} \boldsymbol{R}_k^{(r_1)} \boldsymbol{R}_k^{(r_2)} \cdots \boldsymbol{R}_k^{(r_t)} \boldsymbol{x}_{e_j} \quad (7\text{-}2)$$

其中，$\boldsymbol{x}_{e_i}$ 和 $\boldsymbol{x}_{e_j}$ 表示在这个路径中的起始实体 e_i 与终点实体 e_j 在低维向量空间的向量，而 $\boldsymbol{R}_k^{(r_i)}$，$(i=1, 2, \cdots, t)$ 表示关系 r_i 的关系矩阵。

PRESCAL 通过计算实体向量 $\boldsymbol{x}_{e_i}^{\mathrm{T}}$ 和关系矩阵 $\boldsymbol{R}_k^{(r_i)}$ 的乘积，获得一个新的矩阵，表示实体 e_i 通过关系 r_1 到达另一个实体，整个路径推理过程重复上述操作，直至到达实体 e_j 为止。因此，式（7-2）可用于关系路径的张量分解推理。

针对式（7-1）和式（7-2），如果两个实体间的关系路径为 1 时，则该模型就退化为一般的三阶张量分解表示。

因此，基于路径张量分解推理是对 RESCAL 的扩充。

为了避免 PRESCAL 在训练过程中出现因模型过拟合而失去鲁棒性，需要修正与优化 PRESCAL。

具体修正优化如下：

$$\min_{e, R_k} \sum_k \sum_i \sum_j \| X_{ijk} - \boldsymbol{x}_{e_i}^{\mathrm{T}} \boldsymbol{R}_k^{(P)} \boldsymbol{x}_{e_j} \|^2 + \lambda (\sum_i \| \boldsymbol{x}_{e_i} \|^2 + \sum_k \| \boldsymbol{R}_k^{(P)} \|^2)$$

其中，$\| X_{ijk} - \boldsymbol{x}_{e_i}^{\mathrm{T}} \boldsymbol{R}_k^{(P)} \boldsymbol{x}_{e_j} \|^2$ 表示整个张量在路径分解过程中的损失函数模型。如果在知识图谱中存在三元组 (e_i, r_k, e_j)，则 $X_{ijk}=1$，否则 $X_{ijk}=0$。$\boldsymbol{x}_{e_i}^{\mathrm{T}} \boldsymbol{R}_k^{(P)} \boldsymbol{x}_{e_j}$ 表示在路径 P 上矩阵张量分解的函数值，$\lambda(\sum_i \| \boldsymbol{x}_{e_i} \|^2 + \sum_k \| \boldsymbol{R}_k^{(P)} \|^2)$ 表示为了避免模型过拟合而引入的修正量，λ 为修正参数 ($\lambda \geqslant 0$)，括号后面是对实体和关系进行规范化的过程。

最后在更新迭代过程中，为了使优化模型尽快收敛，采用交替最小二乘法（Alternating Least Squares, ALS）分别更新实体矩阵和关系矩阵，直到更新收敛于某个值或达到最大迭代次数。

2. 基于转移的表示推理

基于转移的表示推理根据转移假设来设计得分函数，衡量多元组有效的可能性，得分越高，多元组越可能有效，即正例元组的得分高，负例元组的得分低。由于关系数量相对较少，因此负例元组常常通过替换头实体、尾实体或关系得到。

基于上述原则建模知识图谱中的事实元组及其对应的负例元组，最小化基于得分函数的损失，得到实体和关系的向量表示。在推理预测时，选取与给定元素形成的多元组得分高的实体/关系作为预测结果。基本的转移假设将关系看成实体间的转移，而复杂的转移假设将关系看成经过某种映射后的实体间的转移。

我们以基于转移的表示模型 TransE（参见 3.2.2 节）为例，在进行关系推理时，对于每一对实体，遍历所有的关系指示词语组成（头实体，关系，尾实体）三元组集合，对集合中每个三元组，计算头实体 h 与关系指示词语 r 相加得到的向量，在向量空间中比较该向量到尾实体 t 的距离，距离越小，得分函数取值越大，说明该三元组候选关系成立的可能性越大。同样，在进行实体推理时，得分函数取值越大的候选实体成立的可能性越大。

7.2.3 基于神经网络的推理

基于神经网络的推理利用神经网络直接建模知识图谱事实元组，并得到事实元组元素的向量表示，用于进一步的推理。该方法的核心是一种基于得分函数的方法，整个网络构成一个得分函数，神经网络输出得分值。

基于神经网络的推理方法包括 NTN（Neural Tensor Network，神经张量网络）模型⊖、IRN（Implicit Reaso Nets，隐性推理网）模型等。下面逐一为读者介绍。

（1）NTN 模型

NTN（神经张量网络）模型提出了神经张量网络的概念，并设计了一种长尾实体的新表示方法。该模型使用双线性张量层代替传统的神经网络层，对神经层进行扩展，增加了张量变量。在不同的维度下，将头实体和尾实体联系起来，以刻画实体间复杂的语义联系。

该模型通过将知识库中每个实体表示为一个向量，发现实体对 <e_1, e_2> 之间的关系，预测增加的关系 R 在三元组 (e_1, R, e_2) 中是否真实且具有确定性。我们以实体对 <tiger, tail> 为例，如果增加关系 R，则该实体对可以表示为三元组 <tiger, R, tail>，那么该三元组

⊖ 参见 "Reasoning With Neural Tensor Networks for Knowledge Base Completion" 一文中的 NTN 模型。

<tiger, *R*, tail> 的关系 *R* 可以归结为"拥有",该实体对可以重新定义为三元组 <tiger, has, tail>。

具体而言,该模型使用关系特定的神经网络学习三元组,并将头/尾实体作为输入,与关系张量构成双线性张量积,直接关联多个维度上的两个实体向量。使用张量变量 $W_R^{[1:k]}$ 对两个实体之间的关系进行乘法建模,其中 k 表示实体关系之间的关系系数。最后,返回三元组的置信度。

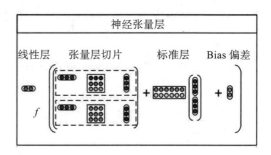

图 7-4 神经张量层

神经张量层如图 7-4 所示。该模型通过基于 NTN 的函数计算两个实体处于特定关系的可能得分值。

该模型通过 NTN 函数计算两个实体(处于特定关系)的可能得分值:

$$g(e_1, R, e_2) = U_R^T f\left(e_1^T W_R^{[1:k]} e_2 + V_R \begin{bmatrix} e_1 \\ e_2 \end{bmatrix} + b_R\right)$$

其中,$f = \tanh$ 是标准非线性的单元应用,$W_R^{[1:k]} \in R^{d \times d \times k}$ 是内层双线性权重张量。双线性张量积 $e_1^T W_R^{[1:k]} e_2$ 产生向量 $h \in R^k$,其中每个张量的一个切片 $h_i = e_1^T W_R^{[i]} e_2, i = 1, 2, \ldots, k$。其他参数中的关系 *R* 是神经网络的标准形式:$U_R \in R^k$ 是外层线性权重张量,$V_R \in R^{k \times 2d}$ 是内层线性权重张量,$b_R \in R^k$ 是内层偏差张量。如果两个实体之间存在特定关系,得分函数返回的分值高;否则,返回的分值低。

(2)IRN 模型

IRN 模型模仿人脑对知识的存储能力,设计了一个共享记忆组件来隐式地存储知识库信息,以此模仿人脑对知识的存储。区别于常用推理方法中通过人工设计推理过程来显式地操纵观察到的三元组,IRN 模型在没有人为干预的情况下,能够通过对共享记忆组件的读取来隐式地学习多步推理过程,模拟了人脑在进行推理判断时读取记忆的过程。

该模型在预测过程中需要先后形成多个中间表示,针对每次生成的中间表示,使用一个 RNN 控制器来判断该中间表示是否已经编码了足够多的信息用于产生输出预测。如果控制器允许,则输出当前预测作为最终结果。否则,控制器获取当前的中间表示并读取共享记忆组件,将两者的信息合并为一组上下文向量以产生新的中间表示,然后重复执行上述判断过程,直到控制器允许停止该过程,此时即可输出预测结果。

总体来说,目前基于神经网络的推理研究工作还比较少,但神经网络的良好表达能力已经广泛应用于其他相似领域，如和知识图谱结构十分类似的社交网络的图结构数据领域中，神经网络表现除了应用方面的高性能之外，使得其在知识图谱领域的研究前景广阔。

7.2.4 混合推理

上述知识推理方法有其自身的优势和固有的缺陷。为了弥补单一推理方法的不足，人们逐渐提出了一种多方法的混合建模，即混合推理方法。

基于知识表示的学习方法需要大量数据来获得特征。随着知识图谱规模的不断扩大，基于逻辑规则的推理方法复杂且计算困难，但仍具有良好的可解释性；基于知识表示学习、神经网络的推理方法虽具有良好的计算性能，但可解释性不足。因此，大多数混合推理方法逐渐将两者结合起来，形成了多种知识推理的研究思路。

有学者借鉴 PRA 方法，首先获取特征路径，然后使用 RNN 模型对其进行矢量化，最后完成关系推理任务。还有学者将逻辑推理与神经网络相结合，使用注意力机制来推断多条关系路径，以获得所有路径的加权信息。经验证，该方法可以有效地减小 PRA 的参数规模，并允许对共享参数进行推理。为了解决传统的基于路径的推理问题，一些学者提出了一种基于路径的深度学习模型，该模型利用 LSTM 网络的记忆功能和注意力机制来实现对过去路径的记忆，同时使用了强化学习机制，提高了模型的可解释性和推理效果。

还有一些学者提出了一种语义路径组合推理算法，该算法首先将知识图谱嵌入低维空间以提高计算效率，然后使用基于强化学习的路径发现模型来获得实体之间的有效连接，分组后通过 RNN 得到组合路径向量，从而利用这些路径向量来确定隐式关系。另有一些学者提出了一种基于嵌入和路径组合的 PSTransE 模型，该模型使用路径和关系之间的向量相似性来确定各种关系的发生概率。另外，还有学者提出将统计规则与神经网络/表示学习相结合的知识推理方法，这也可以解决神经网络解释性差的问题。

其他值得关注的思路有：①将规则添加到表示学习模型中，并将推理问题转化为整数线性规划问题，以生成一系列事实；②在表示学习中添加了一种基于规则的一阶约束方法，这样可以有效地挖掘偏序关系；③利用端到端可微模型将一阶逻辑规则的学习过程和神经逻辑规划过程结合起来，将推理过程转化为一系列可微操作。

混合推理结合了不同类型的推理方法，有效地弥补了单一推理方法的不足，但建模过程往往很复杂。随着科学技术的发展，计算能力的瓶颈逐渐被打破，混合推理方法逐渐成为当前主流方法之一，是众多学者的研究方向。

在知识推理模型的实际落地过程中，前期通常采用基于逻辑规则的推理方法，可以在缺乏特征数据的场景下快速冷启动，且兼具较好的可解释性。待知识模型上线后，系统再回收用户行为日志，将这些日志用于神经网络/表示学习的模型训练，以增强推理系统的某些关键步骤。

而由于 BERT 的存在，在实际落地场景中，我们一般会将知识图谱中的知识重构为自然语言形式，从而转化为基于 BERT 的推理任务，这样可以充分利用语言模型的优势。而上述基于知识图谱的推理模型则需要从 0 到 1 训练知识图谱的知识表示，这是很难的事情，需要业务方提供大量的数据，往往效果也不可控。

7.3 知识推理实例

本节介绍如何基于 Jena 的规则推理机引擎，实现一个电影知识图谱推理实例。

Jena 包含了一个通用的规则推理机，既可以用于 RDFS 和 OWL 推理机的实现，也可以单独作为一个推理机使用。本案例中的推理机将通过 GenericRuleReasoner 类来配置参数，以使用各种推理引擎。关于 GenericRuleReasoner 里各个部分的讲解与配置可参考 https://jena.apache.org/documentation/inference/。

GenericRuleReasoner 类可使用的一个完整的规则文件如下所示：

```
# Example rule file
@prefix pre: <http://jena.hpl.hp.com/prefix#>.
@include <RDFS>.
[rule1: (?f pre:father ?a) (?u pre:brother ?f) -> (?u pre:uncle ?a)]
```

在一个电影知识图谱里，如果一个演员参演的电影类型是喜剧片，我们可以认为这个演员是喜剧电影演员。

推理规则文件的内容如下：

```
@prefix : <http://www.test.com/kg/#> .
@prefix rdf: <http://www.w3.org/1999/02/22-rdf-syntax-ns#> .
[ruleComedian: (?p :hasActedIn ?m), (?m :hasGenre ?g), (?g :genreName '喜剧') -> (?p
    rdf:type :Comedian)]
```

下面基于上述推理规则文件，使用 Java 代码实现基于 Jena 的推理机：

```
String prefix = "http://www.test.com/kg/#";
Graph data = Factory.createGraphMem();
```

```
//  定义节点
Node movie = NodeFactory.createURI(prefix + "movie");
Node hasActedIn = NodeFactory.createURI(prefix + "hasActedIn");
Node hasGenre = NodeFactory.createURI(prefix + "hasGenre");
Node genreName = NodeFactory.createURI(prefix + "genreName");
Node genre = NodeFactory.createURI(prefix + "genre");
Node person = NodeFactory.createURI(prefix + "person");
Node Comedian = NodeFactory.createURI(prefix + "Comedian");
// 添加三元组
data.add(new Triple(genre, genreName, NodeFactory.createLiteral(" 喜剧 ")));
data.add(new Triple(movie, hasGenre, genre));
data.add(new Triple(person, hasActedIn, movie));
// 创建推理机
GenericRuleReasoner reasoner = (GenericRuleReasoner) GenericRuleReasonerFactory.
    theInstance().create(null);
PrintUtil.registerPrefix("", prefix);
// 设置规则
reasoner.setRules(Rule.parseRules( "[ruleComedian: (?p :hasActedIn ?m) (?m :
    hasGenre ?g) (?g :genreName ' 喜剧 ') -> (?p rdf:type :Comedian)] \n" + "->
    tableAll()."));
reasoner.setMode(GenericRuleReasoner.HYBRID); // 采用 HYBRID 模式，即混合推理
InfGraph infgraph = reasoner.bind(data);
infgraph.setDerivationLogging(true);
// 执行推理
Iterator<Triple> tripleIterator = infgraph.find(person, null, null);
    while (tripleIterator.hasNext()) {
        System.out.println(PrintUtil.print(tripleIterator.next()));
    }
```

输出推理结果：

```
(:person rdf:type :Comedian)
(:person :hasActedIn :movie)
```

从推理结果可以看到，person 已加上了类别 Comedian。除了自己编写代码外，还可以使用 Jena Fuseki 客户端来完成推理任务。开启 Jena Fuseki 客户端的步骤如下。

首先进入 Fuseki 的文件夹，运行 fuseki-server 程序，得到 run 文件夹。然后，在 run 文件夹下的 configuration 文件夹内创建名为 fuseki_conf.ttl 的文本文件，写入如下内容：

```
@prefix :        <http://base/#> .
@prefix tdb:     <http://jena.hpl.hp.com/2008/tdb#> .
@prefix rdf:     <http://www.w3.org/1999/02/22-rdf-syntax-ns#> .
@prefix ja:      <http://jena.hpl.hp.com/2005/11/Assembler#> .
@prefix rdfs:    <http://www.w3.org/2000/01/rdf-schema#> .
@prefix fuseki:  <http://jena.apache.org/fuseki#> .

:service1         a                fuseki:Service ;
fuseki:dataset                     <#dataset> ;
fuseki:name                        "kg_demo_hudong" ;
```

```
fuseki:serviceQuery                   "query" , "sparql" ;
fuseki:serviceReadGraphStore          "get" ;
fuseki:serviceReadWriteGraphStore     "data" ;
fuseki:serviceUpdate                  "update" ;
fuseki:serviceUpload                  "upload" .
<#dataset> rdf:type ja:RDFDataset ;
ja:defaultGraph <#model_inf> ;
.
<#model_inf> a ja:InfModel ;
ja:baseModel <#tdbGraph> ;
.
#    # 本体文件的路径
#    #ja:content [ja:externalContent </home/nlp/project/thirdpart/apache-jena-
 fuseki-3.7.0 /run /databases/kg_movie_tultle.ttl> ] ;
#    # 启用 OWL 推理机
#    #ja:reasoner [ja:reasonerURL <http://jena.hpl.hp.com/2003/ OWLFBRuleReasoner>]
#    .
<#tdbGraph> rdf:type tdb:GraphTDB ;
tdb:dataset <#tdbDataset> ;
.
# 指定 TDB 文件的位置
<#tdbDataset> rdf:type tdb:DatasetTDB ;
tdb:location "../apache-jena-3.7.0/tdb" ;
```

最后，重启 fuseki-server 开启服务，出现如图 7-5 所示界面则表示成功开启了 Jena Fuseki 客户端。

图 7-5　运行 fuseki-server 开启服务

7.4　本章小结

本章对知识推理的定义及任务进行了详细的论述，方便读者深度理解知识推理。同时，本章介绍了如何从现有的三元组中推理出新知识，着重分析了基于逻辑规则的推理、基于知识表示学习的推理、基于神经网络的推理和混合推理方法。

第 8 章

知识评估与运维

> 千里之堤,溃于蚁穴。
>
> ——《韩非子·喻老》

一个小小的蚂蚁洞,可以使千里长堤溃决。

在知识图谱构建过程中,受限于知识抽取技术及数据源信息缺失,知识图谱的质量较差且其影响会在后续步骤中逐步放大,因此每一步都需要进行质量评估。同时,还需要及时在概念层对知识图谱与实际需求脱节的地方进行修正,在数据层对知识图谱中的数据按需求进行增减等知识运维操作。正如一个小小的蚂蚁洞可以使千里长堤崩溃一样,我们在知识图谱评估与运维过程中需保持足够的耐心,这样才能避免细微的疏忽造成严重的事故。

本章以知识评估与知识运维的定义为基础,主要讲解知识评估、知识运维的相关概念以及知识评估、知识运维的任务;接着,对知识评估、知识运维的流程进行讲解。

8.1 知识评估与运维概述

想要构建并应用知识图谱,除了完成知识建模、知识推理的任务之外,还需要对知识图谱的质量进行评估,在应用使用过程中对知识图谱的概念层和数据层进行维护。本节介绍知识评估与运维的相关概念。

8.1.1 知识评估概述

随着新一代人工智能的发展，知识图谱被广泛应用于众多人工智能相关行业之中。

针对不同行业，我们会因知识图谱的规模、异构性采取不同的构建方式，但通常会采用自动信息提取工具来参与构建知识图谱。不过受技术水平的限制，采用开放域信息抽取技术得到的知识元素有可能存在实体识别、关系抽取、属性抽取等错误。这些错误主要集中在三元组的上下位问题（知识图谱中出现环状结构，而不是树状结构）、属性问题（实体属性出现偏差）、逻辑问题（指关系间的逻辑不符合客观事实）。

在第 7 章中，我们通过知识推理能够在一定程度上减少异构数据源形成的知识库的部分逻辑错误，但仅仅依靠推理技术解决错误是不够的，经过知识推理得到的知识同样有存在错误的可能，推理的知识质量同样没有保障。同时，由于知识来源的多样性，自动信息提取通常是有噪声的，并且包含许多语义上的不准确性。因此，在将知识添加到知识库之前，有一个质量评估的过程显得非常重要。高质量的知识图谱对预测分析和决策非常重要。

在知识图谱构建过程中，每一步都是在前一步的基础上按顺序完成的。在这个过程中，低质量的步骤造成的影响会在后续步骤中被放大，因此，为了最好地保障知识图谱的质量，每一步都需要进行质量评估，知识图谱的质量评估应该覆盖知识图谱构建的全过程，包括知识抽取、知识表示、知识融合、知识建模、知识推理等各个环节。

从知识图谱各个环节中的具体评估手段来说，知识评估的内容与手段显然是烦琐的，不易归纳。我们一般把知识图谱的质量评估分为**概念层质量评估**与**数据层质量评估**。

概念层质量评估主要是评估各个步骤中涉及本体的部分，包括本体的结构评估、语义评估、重用评估、应用评估等。其中，结构评估是对本体结构的衡量，通过内聚度和层次深度来量化本体结构得分。内聚度是指本体内部概念之间联系的紧密程度，本体内聚度越高，反映概念之间的联系越紧密，反之联系越松散。层次深度是本体中概念层次结构的深度，反映了概念的丰富程度以及刻画的精细程度，概念层次深度越深，本体描述的概念越丰富，对现实世界刻画得越细、越具体，越有利于本体使用者获取全面的领域知识。语义评估通过语法（本体知识描述语言符合通用规范程度）、关联、冗余进行评价；重用评估通过本体重用、知识重用进行评价，应用评估通过搜索、推荐、问答支撑的上层应用性能进行评价。概念层质量评估方法示意图如图 8-1 所示。

数据层质量评估则是评估数据本身的质量，包括数据源的质量、知识抽取结果的质量等。

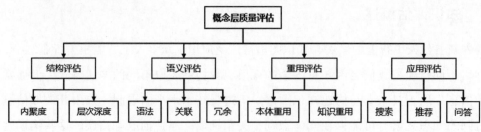

图 8-1 概念层质量评估方法示意图

在实践中,我们要重点关注知识抽取与知识融合环节的知识库评估。知识抽取环节中的质量评估主要是对获取的数据质量与可信度进行筛选,知识融合环节中的质量评估与实体对齐任务一起进行,主要是对知识的可信度进行量化,通过舍弃置信度较低的,保留置信度较高的,有效保障知识库的质量。

8.1.2 知识运维概述

知识图谱的构建不是一蹴而就的。由于构建全量的行业知识图谱成本很高,在知识图谱落地场景中,主要遵循小步快走、快速迭代的原则进行知识图谱的构建和逐步演化。一般选择先构建一部分,然后逐步进行增量更新,最终达到构建全量的行业知识图谱的目标。

从知识运维覆盖的步骤来说,知识运维覆盖了知识图谱从数据获取到知识推理等知识图谱的整个生命周期。所有知识构建及使用人员都是参与者,不同参与者的技能存在一定的差异,运维工作难度大。我们一般认为,知识运维是指在应用知识图谱过程中对其概念层和数据层进行维护的过程。

概念层知识运维是对实际需求与知识图谱脱节的地方进行修正,而数据层的运维则是对知识图谱中的数据按需求进行增减。知识运维一方面基于数据源的增量数据进行知识图谱构建过程监控;另一方面通过知识图谱应用来发现知识错误,例如未识别的实体、重复实体、缺失的实体间关系、错误的实体属性值等问题。

从第三方数据源向知识图谱中添加数据的知识更新过程也属于知识运维的一个重要部分。从逻辑上看,知识库的更新包括概念层的更新和数据层的更新。

概念层的知识更新是指新增数据后获得了新的概念,需要自动将新的概念添加到知识库的概念层中。而数据层的知识更新主要是新增或更新实体、关系、属性值,对数据层进行更新需要考虑数据源的可靠性、数据的一致性(如是否存在矛盾或冗余)等,并选择在各数据源中出现频率高的事实和属性加入知识库。

知识图谱的知识更新有全面更新和增量更新两种方式。全面更新是指以更新后的全部数据为输入，从零开始构建知识图谱。这种方法比较简单，但资源消耗大，而且需要耗费大量人力资源进行系统维护。增量更新是指以当前新增数据为输入，向现有知识图谱中添加新增知识。这种方式资源消耗小，但目前仍需要大量人工干预（定义规则等），因此实施起来十分困难。

在实践中，知识运维开始于知识图谱初次构建完成之后，根据用户的使用反馈、不断出现的同类型知识以及新增知识来源进行全量行业知识图谱的演化和完善，并将知识运维纳入整个知识图谱的构建体系中来审视。

8.2 知识评估与运维的任务

接下来，我们讲解知识图谱的知识评估与知识运维的相关任务。

8.2.1 知识评估任务

从知识评估的对象来说，知识图谱的质量评估任务可以分成两类：一是概念层的质量评估，二是数据层的质量评估。

1. 概念层的质量评估

本体是概念化知识的基本数据结构。我们通常建立许多不同的本体来概念化相同的知识，并且判断大量本体中哪一个最适合预先定义的标准。因此，概念层的本体评估任务要求构建本体的人员用一种方法来评估生成的本体，通过这种方法指导构建过程和任何提炼步骤。另外，使用自动化或半自动化本体学习技术从候选本体中选择"最佳本体"也需要有效的评估措施。

概念层本体评估包括本体评估方法、本体评估层级、本体评估工具等。

（1）本体评估方法

总的来说，本体评估方法可以分为以下几类。

1）基于用户的本体评估方法：该方法通过用户的投票来决定本体系统的优劣。不足之处在于忽略了判断的准则，且适合评估的用户很难界定。

2）基于任务的本体评估方法：该方法结合某一特定的任务测试本体任务完成的情况。

基本思想是好的本体可以帮助应用程序在任务中获得好的结果。但在实际实施中这种方法很难执行。

3）基于应用的本体评估方法：该方法在一个特定应用场景中，如信息抽取、信息检索等应用场景，测试一组本体，看哪个本体最合适该应用。

4）基于原则的本体评估方法：该方法从构建本体的原则来评估本体。但评估比较主观，很难与自动化测试进行接轨。

5）基于黄金标准的本体评估方法：该方法事先假设存在一个领域的黄金本体标准，将所构建的本体与一个比较成熟的"黄金标准"（本体）比较，罗列出其不足并进行改进。常用于计算本体覆盖度，以及应用于本体学习算法以调节算法参数，从而提升本体学习效果。

6）基于语料库的本体评估方法：该方法将本体与一个语料库比较。使用术语抽取算法从语料库中抽出术语，计算被本体覆盖的术语数量，那些不交叉的术语可以用来减少该本体的得分，或者用向量来表示本体和语料库，然后计算本体向量与语料向量之间的差距。

7）基于数据驱动的本体评估方法：该方法通过衡量本体与领域语料的匹配度或本体的领域覆盖度来评估本体，或使用其他参考数据来辅助本体的评估过程，这种方法常常和文本分析、机器学习技术相结合。评估内容包括本体概念体系的覆盖度、精确度与准确性等。

8）基于多指标的本体评估方法：该方法基于一套预先定义好的原则、准则、标准等进行本体评估，多是从构建本体的原则来评估本体。评估对象包括本体概念体系结构、词汇、语法、语义、语用等多个方面。

除了上述本体评估方法之外，我们还可以通过不同层次的自动化学习技术，针对不同评估层级的本体进行分组评估，而不是试图将本体作为一个整体直接评估。

（2）本体评估层级

本体评估涉及的层级包括词汇数据层、层级分类层、应用层、语义层、系统架构设计层等。

1）词汇数据层是指本体中包括哪些概念实例、事实等，以及用来表示或识别这些概念的词汇表。在此级别上的评估往往涉及与问题相关领域的各种数据源（例如领域特定的文本语料库），以及诸如字符串相似性度量之类的技术（例如编辑距离）。

2）层级分类层是指概念之间的层次关系，评估工作的重点是 IsA 关系，评估时通常使用精度和召回率等进行度量。

3）应用层是指在评估本体时充分考虑某个本体的上下文。本体与其应用也可以看成是上下文的一种关系。

4）语义层是指本体通常用特定形式的语言来描述，并且必须符合该语言的语义要求。

5）系统架构设计层是指人工构建的本体需要满足某些预定义的设计原则或标准；系统架构问题涉及本体的组织及其对进一步开发的适用性。这种评估通常完全手动进行。

在数据质量评价标准化的发展过程中，很多质量评价方法被提出的同时，研究者也设计了不同的质量评价工具。大多数的评估工具都是以实现评估的任务为目的，基于某一种特定的评估方法来开发的，而不同工具的评估内容的侧重点有所不同，因此一般选择的评估方法也各不相同。

（3）本体评估工具

基于以上本体评估方法及层级，常用的本体评估工具包括 OntoManage、ODEVal、OntoQA、CORE、OOPS！等。

1）OntoManage 是一个根据用户需要找出满足用户需求的本体工具，将概念体系结构划分为监控功能、分析功能、计划功能和执行功能。通过上述这些功能整合用户应用本体的行为信息、对采集到的数据进行分析并通过可视化界面反映出改进意见，完成对本体的评估。该工具适用于本体工程师、领域专家及行业分析家使用的本体管理系统。

2）ODEVal 是一个从知识表示的角度来对本体进行评估的工具。该工具能够支持 RDF(S)、DAML+OIL 和 OWL 描述的本体。使用基于图论的运算法则来检测本体概念分类存在的问题。该运算法则把本体的概念类看作一个定向的曲线图 $G(V, A)$，其中 V 是一组节点，A 是一组定向的弧线。节点集 V 和弧线集 A 所表示的具体元素因表示本体语言和问题类型的不同而有所差异。

3）OntoQA 是一个结合了用户需求的本体评估工具。该工具提供具体的指标来定量评估本体的质量。评估指标分为模式（Schema）指标组和实例（Instance）指标组两类。模式指标组是指用来评估本体结构设计的指标。实例指标组是指评估本体内实例分布的指标，包括知识库指标和类指标。知识库指标将知识库作为一个整体来评估，类指标评估本体结构中定义的类在知识库中的运用方式。

4）CORE 是一个基于本体排序的本体重用及本体评估工具。通过黄金标准准则（词汇评估和分类评估）和用户需求来评估本体。其中，词汇评估使用一套词汇评估方法来评估黄金标准与已选本体的相似性，通过比较表示它们所描述领域的词汇条目来实现；分类评估已选本体的 IsA 层级结构与黄金标准结构的重叠程度。

5）OOPS！是一个检测本体异常的基于 Web 的开源工具。该工具的运行独立于本体的开发环境。当本体检测出异常时，支持用户在评估界面输入被测本体的 URI 或者被测本体的源代码即可进行本体评估。该工具使用起来方便，可操作性强，且支持用户反馈使用过程中的问题、改进意见等。OOPS！支持自动检测本体中潜在的错误，该功能将帮助开发人员提高本体构建的质量。

2. 数据层的质量评估

在知识图谱构建过程中，存在数据质量相对较差、实体关系及实体属性描述不规范等问题，使得链接数据的语义信息不合理。因此，数据层的实体评估显得非常重要。

通常，我们把数据层的实体评估问题转化为知识图谱精炼（Refinement）问题。知识图谱精炼问题包括知识图谱补全和知识图谱错误检测，例如实体、关系、属性的填充率、准确率。下面以影视歌曲为例，填充率表示多少影视链接了主题曲，准确率表示链接了正确的主题曲。

数据层的实体评估工具包括 Flemming 和 Sieve。

（1）Flemming 质量评估工具

Flemming 质量评估工具有一个简单的用户界面。

首先，用户需要在该界面输入数据集的详细信息（例如名称、URI 和对应某个资源的实体），并且给每个预先设定的质量维度分配一个权重。分配权重时可以给每个指标都分配同样的权重（平均分配），或者根据数据资源对该维度设定的示范值来分配。

其次，用户需要回答与数据集相关的问题，这些问题不能被量化计算，但对数据质量非常重要。接着，该工具会向用户展示一个质量维度的列表，并且每个质量维度的指标都会有对应的权重和计算值。

最后，用户可以得到该数据集的得分，得分是在 0 ~ 100 之间的数，分数越高，说明数据质量越好。

Flemming 质量评估工具的每一个步骤都非常清晰，并且问题也是列表的格式，用户使用的时候非常简单、便捷。每个质量维度的权重分配和计算都非常直接而且容易调整。但是，为了对每个质量维度的指标都正确地分配权重，使用者必须对数据集有一定的了解。需要注意的是，该工具不能全面考虑和计算那些非常重要但又不能被量化的质量维度，如准确性、一致性、简洁性等，由此导致由该工具评估得到的质量分数的真实性不高。

（2）Sieve 质量评估工具

Sieve 质量评估工具主要用于整合资源而不是评估数据质量，数据质量评估部分只是整合数据过程的一个附加处理步骤。该工具包括一个质量评估模块和一个数据整合模块。其中，质量评估模块可以根据用户配置的评分函数来获取质量评估分数，数据整合模块根据质量评估分数解决冲突任务。

Sieve 质量评估工具可以对用户选择的元数据指标进行评价，数据质量产生的过程依赖于用户选择的衡量指标，每个指标对应一个评分函数，评分函数的值为 0～1 之间的数。该工具提供了 Timecloseness、Preference 等评分函数，根据用户输入的数据信息来计算函数值。工具中的整合函数使用评分函数输出的分数来整合资源，整合函数包括 Filter、Average、Max、Min、First、Last、Random 等。

该工具没有提供用户界面，用户可以通过开源的 Scala API 在应用程序中进行定制开发，还可以通过配置参数来描述用户的具体任务需求。

8.2.2 知识运维任务

从知识运维的工作来说，知识运维任务包括基于增量数据的知识图谱构建过程监控、基于知识应用的运维过程管理等。

1. 增量更新过程监控

我们构建行业知识图谱，一般选择先构建一部分，然后逐步进行增量数据更新，最终实现构建全量的行业知识图谱的目标。因此，构建知识图谱是一个持续和增量的过程。

随着数据的不断更新（爬虫数据不断积累、业务数据持续更新等），如何持续地对知识图谱进行更新成为一个重要的问题。普通知识图谱的增量更新包括新元素的加入（实体、关系或对应的属性）、旧元素属性的更改。在更复杂的场景下可能会涉及已有元素的删除操作。

工程上高效、自动的增量更新策略对维护一个动态更新、准确性高的知识图谱意义重大。根据不同的使用场景和不同的数据来源，增量更新主要有从消息队列导入、利用工作流引擎定时更新两种方式。

2. 知识运维过程管理

知识运维过程管理包括知识图谱内容统计监控、知识审核与修正、知识版本管理、知识安全管理、知识容灾备份等。

（1）知识图谱内容统计监控

在知识图谱的运维中，需要对知识图谱中的本体、实体、关系、属性进行统计，及时掌握已有知识图谱的规模和状况，方便进行知识图谱内知识的管理。同时，需要对知识图谱运行中产生的各种异常情况进行集中展示与提醒等，以及报告知识图谱中出现的问题，方便运维人员及时进行修正。

（2）知识审核与修正

在知识图谱的运维中，需要综合考虑业务的正确率要求、数据的量级等，并对知识图谱有明确的新增知识入库标准和流程。在准确率要求高的知识图谱支撑的应用中，当识别出新的实体、变更实体属性、实体或关系存在冲突等的时候，需要通过明确的列表的方式呈现，并由有相关知识背景的专家来进行审核、确认后方能入库，并且审核入库过程要有记录。对已经构建好的知识图谱需要有可以直接增、删、改的途径。此外，由于知识图谱中非事实型的行业知识往往具有模糊性，在构建和运维知识图谱的时候需要有一套冲突检测以及多人协同编辑的功能，如果系统自动检测到冲突点或者不同的知识运维人员在维护同一知识点时产生认知上的不一致，那么需要系统提供多人协同讨论的功能，从而统一对知识的认知，并将编辑后的知识加入知识图谱中。

（3）知识版本管理

在知识图谱的运维中，可以引入版本概念，按照知识的更迭进行管理，比如可以设置当前对外服务的知识版本，可以对历史的知识版本进行作废或者回滚处理。基于版本的知识图谱运维可以实现知识图谱的升级切换，方便线上应用业务的平滑升级，也可以在新版本知识图谱上线出现问题的情况下快速切换回原有版本，降低对业务的冲击，同时避免误操作后的知识丢失。

（4）知识安全管理

在知识图谱的构建过程中，往往倾向于将各种不同来源的数据进行融合构建成一个完整的知识体系，这样的好处是打破数据壁垒造成的知识缺失。融合的知识对决策与分析价值更大，但是也降低了对原始数据源数据访问权限的控制，带来了数据的安全风险。因此对不同部门或者层级的人员的可见或者使用的知识范围要有明确的限定，对知识的上层应用要控制开放的知识范围，降低因为知识融合产生的知识泄密风险。针对此挑战，需要引入权限管理，对维护、使用知识的人员、系统进行账号分配、权限分配。人员的权限管控功能可能需要对接组织已经建设的统一登录和单点登录系统，并将知识图谱管理与使用的权限和人员在组织内的角色有机结合，降低人员变动后的数据安全风险。在整个知识图谱的运行过程中，要有日志监控、操作记录、变更内容的记录等，便于追踪异常，堵住漏洞。

（5）知识容灾备份

一个知识图谱可能含有上亿个节点以及上百亿的边，单台机器很明显无法存储和处理如此海量的数据，知识图谱高可用性要求保证分布式图谱服务在某个或者某些节点失效时还能稳定可用。一个完善的知识图谱通常拥有重大的价值，高可用性保证了服务阶段的可用性，保证在意外发生时，知识图谱数据不至于完全丢失，这是知识图谱容灾备份需要解决的重要问题。

8.3 知识评估与运维流程

本节介绍知识评估与运维的流程。

8.3.1 知识评估流程

在知识评估过程中，数据层的评估主要评估数据本身的质量，例如数据源的质量、知识抽取结果的质量等。我们以知识抽取环节的知识评估为例，其评估流程如图 8-2 所示。

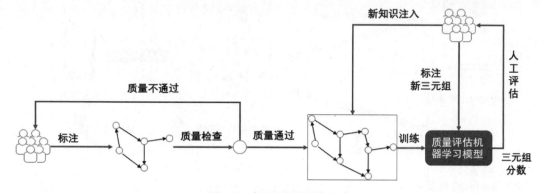

图 8-2　知识质量评估流程

质量评估流程的关键步骤如下。

步骤1：利用众包进行知识标注。首先人工标注实体关系三元组，并达到一定规模（比如 1000 个句子）。

步骤2：对标注的实体关系三元组进行质量检查。通过质量检查的三元组可放入训练集,质量检查不通过的三元组返回进行重新标注,直至通过质量检查。

步骤3:质量评估模型的训练及评估。将标注的实体关系三元组作为训练集,进行模型训练以得到质量评估机器学习模型,通过机器学习模型对人工标注的实体关系三元组进行质量检查,计算三元组的质量评估分数,设置标注结果的置信度,确认是否通过质量评估。对没有通过质量评估的,重新进行人工评估,并作为新三元组注入训练集迭代,以进行机器学习模型训练,提高机器学习模型评估性能,逐步减少在知识抽取过程中三元组质量评估的资源投入。其中,质量评估机器学习模型包括逻辑回归模型、基于表示学习的三元组评分模型、资源等级关系强度模型等。

在质量评估过程中,采用人工和机器学习模型相结合的方式,实现数据的正向抽取,从而形成知识闭环,实现知识评估。

8.3.2 知识运维流程

知识运维覆盖知识图谱从数据获取到知识推理等整个生命周期。我们以知识图谱构建及知识更新过程为例讲解知识图谱的运维过程,如图8-3所示。

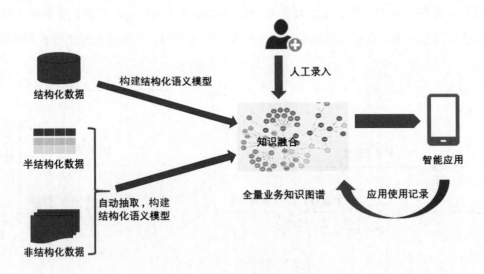

图8-3 知识图谱的运维过程

在知识图谱构建的过程中,我们通过一系列自动化或半自动化的技术手段抽取半结构化数据、非结构化数据的实体、关系及属性等知识要素,并对结构化数据进行映射转化。同时,按照数据建模设计的数据模式构建统一知识表示的结构化语义模型,在概念层进行本体对齐，在数据层进行实体对齐，进而形成统一的知识图谱。

在知识图谱更新的过程中，我们基于已构建的知识图谱，通过人工方式进行增量数据的录入；通过智能应用使用记录，补充、优化知识图谱的数据，最终形成全量业务知识图谱。

在知识图谱运维过程中，需要自动化地进行知识抽取、问题发现及修正、图谱数据优化。及时解决知识运维过程中暴露的问题，进一步提升知识图谱质量并丰富知识的内容。

8.4 本章小结

本章对知识评估与知识运维的定义及任务进行了详细的论述，方便读者从源头开始理解知识评估与知识运维的内容。同时，本章介绍了知识评估与运维的方法及工具，以及基于增量数据的运维等内容。

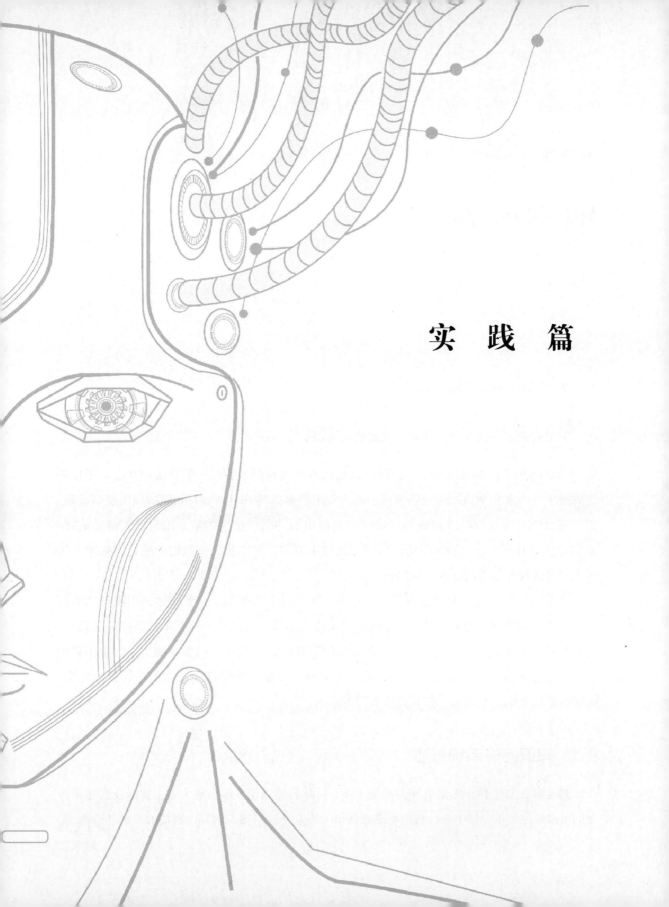

实 践 篇

第 9 章

知识问答评测

失之毫厘，谬以千里。

——《礼记·经解》

开始稍微有一点差错，结果会造成很大的错误。

知识问答让计算机以准确、简洁的自然语言形式自动回答用户所提出的问题。相比传统的基于"检索+抽取"的问答模式，基于知识图谱的问答可以实现知识的深层逻辑推理。正如毫厘的差错可以造成知识问答过程中实体识别、路径排序的结果出现较大偏差一样，如果我们不能深入了解知识图谱问答评测的技术方案，努力找出细微的差别，在效果上下工夫，那么我们可能面临问答评测任务的失败。

本章以知识抽取、知识融合、知识建模、知识推理为基础，主要讲述知识图谱问答评测任务的技术方案，分析 CCKS（全国知识图谱与语义计算大会）近三年的问答评测任务，包括自然语言知识问答评测、生活服务知识问答评测、开放知识问答评测，并对中国科学技术大学、科大讯飞、百分点的相关技术方案进行总结。希望这些梳理出来的技术方案，能够给读者带来一些启发，起到抛砖引玉的作用。

9.1 知识问答系统概述

近年来，基于知识图谱的问答系统（以下简称问答系统）逐渐成为人工智能及其相关产业的重点关注领域。接下来，我们将结合知识问答系统，对知识问答评测技术方案进行总结。

9.1.1 知识问答系统定义

知识问答系统给定一个自然语言问句,让计算机基于已构建的知识库进行问句的语义理解、知识的自动检索,并返回问句的答案。基于知识图谱的知识问答系统首先通过对问句进行实体识别,然后对知识图谱进行路径推理,找出问题的候选答案,最后对候选结果进行排序,给出最终的答案。

基于知识图谱的知识问答系统如图 9-1 所示。在问句中,计算机需要像人脑一样理解"世界最高峰是什么峰?"。在这句话中,需要先找出"世界""高峰"等关键信息,并理解这些关键信息之间的逻辑关系。之后在知识图谱中找出"世界"范围内"高峰"的相似概念"高山""山峰"等,并通过相似概念找到"珠穆朗玛峰""喜马拉雅山脉"等多个实体,以及这些实体的属性"海拔"等信息,并对"海拔"高度进行比较,最终确定答案为"海拔 8848 米"的"珠穆朗玛峰"。

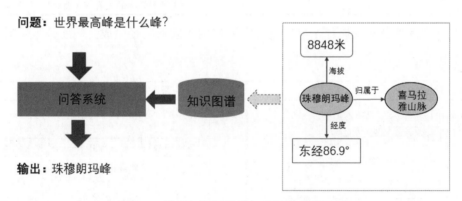

图 9-1 基于知识图谱的知识问答系统示例

9.1.2 知识问答问题分类

在知识问答评测过程中,我们需要对问句进行识别,对给定问题进行分类。

问题的分类需要明确如下标准。

1)问句生成的查询语句有几次查询,即为几跳问题。

2)每一跳的查询是在问实体还是在问关系。

3)查询过程是夹式(多个实体查询不同的关系之后求交集)还是链式(多个实体依次求关系,再通过关系求实体)。夹式问题与链式问题示例如图 9-2 所示。

根据问题的分类标准,我们将问题具体划分为 6 类,如表 9-1 所示。

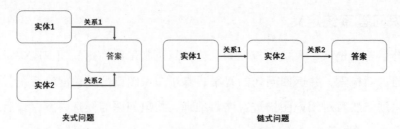

图 9-2 夹式问题与链式问题示例

表 9-1 问题分类及示例

标签	类别	举例
label-1	一跳	肯德基的创始人是谁？
label-2	夹式	非洲同时以英语和法语为官方语言的国家有哪些？
label-3	多跳	贝多芬所在国家的首都是哪里？
label-4	双地址	凤凰中心距离神玉艺术馆有多远？
label-5	附近	天津海河附近5公里的景点包括哪些？
label-6	夹式后一跳	《海贼王》里发明了天候棒的人有多少赏金？

结合分类问题及对应路径，可以进行实体识别和候选路径生成。问题分类及对应路径如图9-3所示。

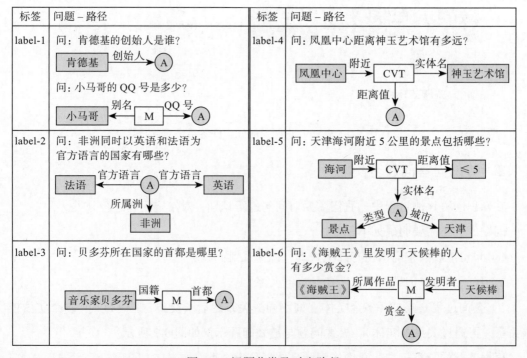

图 9-3 问题分类及对应路径

其中，A（Answer Node）表示知识问答的最终答案节点；M（Middle Node）表示多跳知识路径中的中间节点（相较于起点和终点而言）；CVT（Compound Value Type）表示复合值节点，说明该关系包含了多种子二元关系。

9.1.3 知识问答评测技术方案

知识问答评测常用技术方案主要有基于端到端（End-To-End）的方法、基于语义解析（Semantic Parser）的方法和基于信息检索（Information Retrieval）的方法。

1. 基于端到端的方法

基于端到端的方法从问题和答案入手，常用于解决简单的**一跳问题**。该方法直接从知识图谱中预测最相关的三元组信息，并从此三元组信息中得到答案。问答示例如图 9-4 所示。使用常用模型针对问句"唐朝的代表诗人有哪些？"及候选答案进行建模，获得问题及答案的三元组表征，计算问句中的"唐朝""代表诗人"与候选答案"李白""杜甫""孟浩然"等三元组表征之间的相似度，根据设定的阈值得到最终答案。

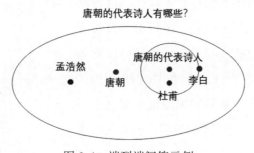

图 9-4 端到端问答示例

该方法的具体步骤如下。

1）找到问题的中心实体，用自然语言模型得到问题的向量表征。

2）搜索所有 N 跳（常设置为 3 跳）内的候选答案，用模型得到候选答案的上下文向量，也可以使用预训练模型或知识图谱补全模型等常用模型对三元组进行建模。

3）计算问句与候选答案或知识图谱内的三元组向量的表征关联度。

4）取排序第一、按设置的阈值或分类得到的最优解（答案）。

2. 基于语义解析的方法

基于语义解析的方法从给出的问题入手，常用于**一跳问题**、**多跳问题**等链式问题。该方法直接解析问题，找到答案在知识图谱中的路径，通过图谱路径得到答案。问答示例如图 9-5 所示。解析问句"《静夜思》作者的朝代是什么？"的结构，得出"静夜思"的朝代 A(最终答案节点)，推理出"静夜思作者"的朝代 A 这样的层次结构，从而形成逻辑图并将其映射到知识图谱路径上，通过知识图谱路径进行查询得到答案。

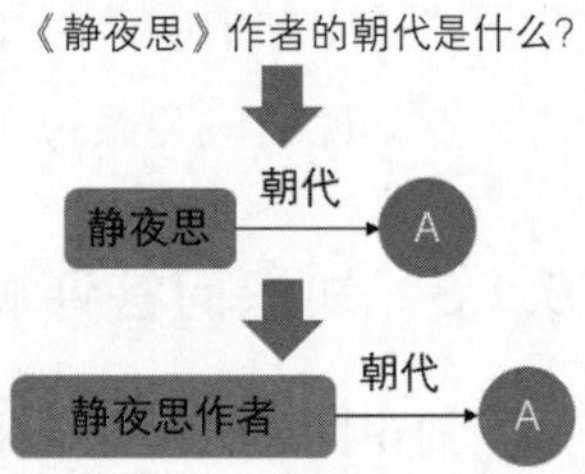

该方法的具体步骤如下。

1）对问句进行基于自然语言处理的语义解析，得到问题的结构。

图 9-5　语义解析问答示例

2）基于解析的问题结构形成逻辑图。

3）映射逻辑图到知识图谱路径上，并将知识图谱路径转成 SQL 语句。

4）执行知识图谱路径相关的 SQL 语句得到最优解（答案）。

3. 基于信息检索的方法

基于信息检索的方法会从问题出发，在知识图谱中找到中心实体，并根据中心实体扩展实体，进行路径推理，获取问题的所有候选路径，最后对路径排序获取最优解。问答示例如图 9-6 所示。我们仍以问句"《静夜思》的作者是谁？"为例，通过问句识别明确问题分类为**一跳问题**，在已构建的知识图谱中找到中心实体"静夜思"，根据中心实体通过子图扩展到关联实体"李白""唐朝""五言绝句"等候选答案，确定候选

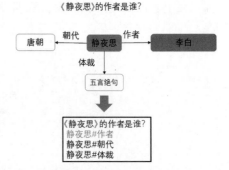

图 9-6　信息检索问答示例

队列的候选路径"静夜思 # 作者"，并进行语义匹配，最后通过排序获得最优解"李白"。

该方法的具体步骤如下。

1）对问句进行识别，确定给定问题的具体类别标签。

2）通过命名实体识别技术，抽取实体指称，并找出中心实体。

3）将实体识别得到的实体指称链接到知识库中对应的正确实体对象上。

4）根据问题分类及对应路径生成方法（或根据中心实体扩展子图），获取所有的候选路径信息（答案）。

5）根据语义相似度进行路径排序，以获得最优解（答案）。

9.2 自然语言知识问答评测

本节参考了百分点认知实验室在 CCKS 2020 评测任务"知识图谱的自然语言问答"中的技术方案。该方案通过对行业知识数据集及开放领域知识库实现知识的深层次逻辑推理，准确简洁地回答用户所提出的问题，从而让读者理解如何使用问答技术构建知识问答系统。

9.2.1 任务背景

随着知识图谱技术的进一步发展，问题理解和问题到知识图谱的语义关联都得到了较好的解决，这使得基于知识图谱的知识问答工程应用成为现实。为了进一步推动知识图谱技术的发展以及知识问答在具体行业的应用落地，CCKS 2020 以行业知识为核心构建了多个高质量的数据集（http://openkg.cn/group/coronavirus），并将这些数据集整合到一起，同开放领域知识库 PKUBAS 一起作为问答任务的依据，开展本次评测任务。

9.2.2 数据分析

此次知识问答评测需要使用 NLP 技术理解问句并进行查询构造，数据集由自然语言问句和对应的 SPARQL 查询语句标记组成。

下面以数据集中的典型问题（一跳、夹式、夹式 + 多跳）为例进行介绍。

问题 1：凯文·杜兰特得过哪些奖？

查询语句：select ?x where {<凯文·杜兰特><主要奖项> ?x.}

答案："7 次全明星（2010-2016）""5 次 NBA 最佳阵容一阵（2010-2014）""NBA 得分王（2010-2012；2014）""NBA 全明星赛 MVP（2012）""NBA 常规赛 MVP（2014）"

以上就是一跳问题"凯文·杜兰特得过哪些奖？"的具体示例。该问题的查询路径如图 9-7 所示。

图 9-7　一跳问题的查询路径

问题 2：武汉大学出了哪些科学家？

查询语句：select ?x where {?x< 职业 >< 科学家 _（从事科学研究的人群）>.?x< 毕业院

校 >< 武汉大学 >.}

答案："< 郭传杰 >< 张贻明 >< 刘西尧 >< 石正丽 >< 王小村 >"

以上就是夹式问题"武汉大学出了哪些科学家？"的具体示例。该问题的查询路径如图 9-8 所示。

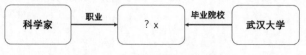

图 9-8　夹式问题的查询路径

问题 3：詹妮弗·安妮斯顿出演了一部 1994 年上映的美国情景剧，这部美剧共有多少集？

查询语句：select ?y where {?x< 主演 >< 詹妮弗·安妮斯顿 >.?x < 上映时间 >""1994"".?x < 集数 >?y.}

答案："236"

以上就是夹式 + 多跳问题"詹妮弗·安妮斯顿出演了一部 1994 年上映的美国情景剧，这部美剧共有多少集？"的具体示例。该问题的查询路径如图 9-9 所示。

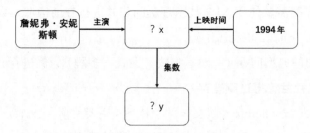

图 9-9　夹式 + 多跳问题的查询路径

9.2.3　技术方案

自然语言知识问答评测的技术方案如图 9-10 所示，从用户输入问题到输出问题答案，中间需要经历问题解析、实体分析、查询构造、答案验证步骤。其中，问题解析包括预处理、实体识别、问句识别、槽位预测；实体分析包括实体检索、实体链接；查询构造包括槽位填充、路径排序；答案验证包括验证实体类型、验证关系类型。通过问句类型构造相应的实体槽位及关系槽位，并对构造的槽位进行填充，执行填充后的查询语句，获得问题的候选答案。

下面以问题"莫妮卡·贝鲁奇的代表作是什么？"为例，详细说明该技术方案中的步骤。

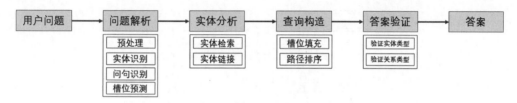

图 9-10　自然语言知识问答评测的技术方案

1. 问题解析

针对用户问题进行预处理，首先需要对问句进行分词。

在中文分词领域，国内科研机构推出多种分词工具（以基于规则和词典方法为主），例如，哈工大的 LTP、中科院计算所的 NLPIR、清华大学的 THULAC 和 Python 中文分词组件 Jieba 等。但在对自然语言知识问答评测问句进行分词的过程中，发现存在很多名称较长或组成字符较为生僻的问句，如对"哪种检查项目能检测出耳廓腹侧面局限性囊肿、耳硬化症和耳骨外翻的症状？"这类问句的识别效果不理想，会出现少字、识别结果序列中断等现象。为了提高召回率，并加速匹配实体名称的过程，使用 ELK 中文分词工具作为命名实体识别的辅助技术手段，最终取得了良好的效果。

在命名实体识别过程中，采用预训练模型＋长短期记忆网络＋条件随机场（BERT+LSTM+CRF）的方法对自然语言问句中的命名实体进行识别。首先通过 BERT 预训练模型对命名实体进行识别，再使用 Bi-LSTM 网络对句子中每个词语的实体类型进行预测（不包含实体、实体头、实体中、实体尾），最后利用 CRF 过滤不合理的预测结果，使得最终输出的结果更加"平顺"。

BERT+LSTM+CRF 方法的具体结构如图 9-11 所示。

通过**命名实体识别**得到名为"莫妮卡·贝鲁奇"的实体指称，将该实体指称输入别名词典和分布式搜索分析引擎 Elasticsearch 中，得到备选实体。接下来，将用户问题输入问句结构分类模型中，以进行**问句识别**，得到该问题属于**一跳问题**。

在槽位预测过程中，根据问题的分类，即可得知有哪几个语义槽需要填充。一跳问题"莫妮卡·贝鲁奇的代表作是什么？"对应的查询语句为" select ?x where {< 莫妮卡·贝鲁奇 >< 代表作品 >?x.} "，{} 括号内的结构 < 莫妮卡·贝鲁奇 >< 代表作品 ><?x.> 分别对应主语、谓语、宾语，还需要填充实体 < 莫妮卡·贝鲁奇 >、关系 < 代表作品 >、查询宾语 <?x >。因此，通过**槽位预测**进一步得知该问题有一个**实体槽位**和一个**关系槽位**需要填充。

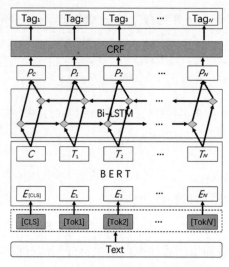

图 9-11　BERT+LSTM+CRF 结构图

2. 实体分析

对根据实体识别步骤得到的备选实体进行**实体检索**，并将检索的结果进行**实体链接**，通过语义特征和人工特征进行实体消歧，得到真正的实体为 <莫妮卡·贝鲁奇>。

3. 查询构造

在知识问答过程中，查询构造旨在根据问题的实体和关系槽位填充，构造出问题的候选查询路径，通过路径排序筛选出正确查询路径，根据此路径在知识图谱中查找相应的实体目标，以作为问题的最终答案。

先根据槽位预测步骤预测的槽位进行实体的**槽位填充**，将实体填充到该查询语句中，得到查询语句"select ?x where {<莫妮卡·贝鲁奇><>?x.}"。然后搜索<莫妮卡·贝鲁奇>的所有关系名称，和原文进行语义匹配并进行**路径排序**，得到关系<代表作品>。再将代表作品填入槽位预测所预测的关系槽位中，进行关系的**槽位填充**，得到查询语句"select ?x where {<莫妮卡·贝鲁奇><代表作品>?x.}"，并转化为知识库查询语言最后将得到的知识库查询语言在知识库中查询并得到答案：《西西里的美丽传说》《狼族盟约》《不可撤销》《重装上阵》等。

查询构造过程的根本目标是提高查询路径的召回率。这里涉及两种不同类型的问句。第一种类型，带约束的单关系问句。例如"谁是美国第一任总统？"，答案实体和实体"美国"之间只有一个"总统"的关系，但是也有"第一任"的约束需要被满足。针对这类复杂问题，提出了一种分阶段查询图生成方法，首先确定单跳关系路径，然后对其添加约束，形成查询图。第二种类型，有多个关系跳跃的问句。例如"谁是××公司创始人的妻子？"，答案与"××公司"有关，问句包含两种关系，即"创始人"和"妻子"。针对这类多跳问题，需要考虑更长的关系路径，以获取正确的答案。这里需要考虑限制搜索空间，即减少需要考虑的多跳关系路径的数量，因为搜索空间随着关系路径的长度呈指数级增长。因此，需要采取集束搜索（Beam Search）算法或根据数据构造特定的剪枝规则，减少产生的查询路径。待候选查询路径产生后，须在候选路径中使用排序模型（如深度模型 ESIM、BiMPM、Siamese LSTM 等）进行评分，选择排序第一的查询路径作为最终选择的路径。

接下来，讲解一下基于计算句子相似度的排序方法——孪生网络（Siamese LSTM）。孪生网络是指网络中包含两个或两个以上完全相同的子网络，多应用于语句相似度计算、人脸匹配、签名鉴别等任务上。孪生网络语义匹配方法的工作流程图如图 9-12 所示。

整个网络的大致计算过程如下。

左右两个句子输入后，句子中的每个词对应一个数字，并将两个句子分别映射成一个向量，在词嵌入（Embedding）和编码（LSTM）过

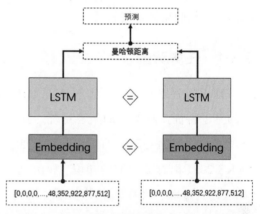

图 9-12 孪生网络语义匹配方法的工作流程图

程中使用的是相同的参数，然后使用曼哈顿距离计算两边向量的差距，最终得出预测结果。

通过孪生网络方法，可以计算候选查询路径和查询问题的匹配得分，选出得分第一的查询路径作为最终选择的路径。

4. 答案验证

答案验证模块的主要作用是验证答案的**实体类型**和**关系类型**，确定最终问题答案：莫妮卡·贝鲁奇的代表作有《西西里的美丽传说》《狼族盟约》《不可撤销》《重装上阵》等。

9.2.4 任务结果

本任务的评价指标包括准确率、召回率、F1 平均值，并以 F1 平均值作为评价标准，最终的实验效果指标如下。

1）识别效果：F1 平均值 =0.901。

2）识别性能：在 NVIDIA 2080Ti GPU 上，单次知识问答的平均响应时间约 200ms。

9.3 生活服务知识问答评测

本节参考了中国科学技术大学、科大讯飞在 CCKS 2021 评测任务"生活服务知识图谱问答评测"中的技术方案。通过对经典的知识问答系统进行改进，依据问句识别结果进行模板的选择，分批填充候选路径，并对所有候选路径进行排序，选出一个与原问句最相似的路径，从而得到最终答案。

9.3.1 任务背景

知识问答系统简化了人机交互烦琐的步骤，使得人们能更方便地获取信息。相比传统的基于特征工程实现的问答系统，基于知识图谱的知识问答系统提升了模型的泛化性与推理能力。但面对庞杂的知识图谱，如何高效地搜索到正确的答案成为一项艰巨的任务。CCKS 2021 以开放领域的知识（如历史、名著、名人等）为基础，兼具专业且深入的信息（如医疗、金融、旅游等），并新增"附近"问题分类，如"苏州香格里拉大酒店附近 5 公里的酒店推荐哪些？""北京故宫博物院附近 2 公里有哪些好玩的？"，和北京大学、美团共同开展了本次评测任务。

9.3.2 数据分析

此次知识问答评测混合开放领域的知识和垂直领域的知识，可对"广而浅"与"专而精"两种情况进行处理，强化了模型泛化性的要求，使得此次比赛更具有挑战性。

数据集由自然语言问句、对应的 SPARQL 查询语句以及答案实体组成。数据格式如下：

问题：莫妮卡·贝鲁奇的代表作有哪些？

select ?x where { <莫妮卡·贝鲁奇> <代表作品> ?x. }
<西西里的美丽传说>

其中，第一行是所问的问题，第二行为这个问题所对应的 SPARQL 语句，即知识图谱检索语句，第三行为答案实体。

据统计分析，训练集包含 6525 条数据，其中大约有 750 条为医学科普类数据、1000

条生活服务类数据。主办方仅提供验证集和测试集的问句,参与者需要根据问句给出答案实体,需要注意的是答案实体可能会有多个。

9.3.3 技术方案

生活服务知识问答评测的技术方案如图 9-13 所示,从输入用户问题到输出问题答案,需要经历问句识别、实体识别、实体链接、路径生成、路径排序等步骤。根据模型泛化要求,我们设计了一个管道的方法,首先进行问句识别确定问题分类,并从问句中抽取实体及关系信息,进行实体链接,然后根据实体链接结果,进一步生成路径,最后对生成的路径进行排序,并对排序策略进行优化,使用多种方法融合方案,获得问题的(候选)答案。

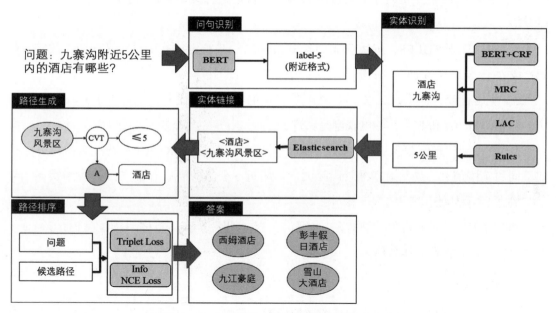

图 9-13 生活服务知识问答评测的技术方案

下面以问题"九寨沟附近 5 公里内的酒店有哪些?"为例,详细说明该技术方案。

1. 问句识别

在问句识别过程中,我们对给定问句的问题进行分类,此分类结果会对实体识别和路径生成中的方法和模板的选择产生影响。针对问题"九寨沟附近 5 公里内的酒店有哪些?",我们使用分类预训练模型 BERT 进行问题分类,得出该问题属于**"附近"问题**分类。在这一步中,问句的总体识别率大约为 94%,但是存在"夹式"问题实体指称数据识别过多的现象，尤其是"夹式后一跳"类别问题的识别率较低。

2. 实体识别

在实体识别任务中，我们需要从问句中提取关键信息，便于后续任务的处理。若在这一步找不到关键信息，即产生了误差传播效应，那么整个方案将会失败。因此实体识别在此次评测任务中尤为重要。

针对命名实体识别，一般结合词典、规则或深度迁移学习等多种方法，充分利用不同方法的优势抽取不同类型的实体，从而提高实体抽取的准确率和效率。

在此次评测任务中，为了保证实体识别的召回率，主要采用了 BERT+CRF 实体识别方法。针对一些如数字、日期等不太敏感的特殊字符或训练集中未出现过的实体，补充了其他方法。

1）添加规则 RULES，解决问句中经常出现的一些特定格式的词汇（日期、数字等），如：成立于 2004 年 6 月 1 日的流行病防护中心是什么？

2）使用百度分词系统 LAC，解决未曾出现的实体识别任务，主要用于夹式问题中的实体补充，如：A 和 B 合作的电视剧是哪部？

3）使用阅读理解模型 MRC 找出问题中的实体，配合 BERT+CRF 进行实体对齐，找到不同的实体信息，如"南京维景国际大酒店附近 5 公里的酒店有哪些？"，找到实体"南京""维景国际大酒店"。

通过命名实体识别得到"酒店""九寨沟""5 公里"等实体指称，并存入 Elasticsearch 搜索引擎，得到备选实体名称。

3. 实体链接

实体链接是连接自然语句与知识图谱的桥梁，它将实体识别中得到的结果"酒店""九寨沟""5 公里"等实体指称映射到知识图谱中的实体，比如知识图谱中含有"九寨沟""九寨沟县""九寨沟风景区"等多个相似实体，将"九寨沟"映射到"九寨沟风景区"，从而可以进行知识图谱的路径推理工作。同时，实体链接还承担消除歧义、解决实体名的歧义性和多样性问题的任务。

在此次评测任务中，使用 Elasticsearch 搜索引擎存储所有的实体，使用关键字对其进行检索（模糊匹配），然后取排序前 5 的实体作为候选实体参与后续流程的执行。实体识别＋实体链接的总体识别率大约为 92%。

4. 路径生成

路径生成主要是依据问句识别得到的结果（"附近"问题分类）进行模板选择，再将实体链接中得到的实体信息"酒店""九寨沟风景区""5 公里"分批填充到已经预设好的路径模板中，从而得到多条候选路径。若知识图谱中没有此路径，则该路径会被直接抛弃。召回正确候选路径的概率大约为96%。

5. 路径排序

路径排序主要是对所有候选路径进行排序，比如候选路径"九寨沟风景区5公里内的度假酒店有哪些？""九寨沟游玩建议时长是多久？""九寨沟什么时候对外开放？"等。使用BERT 预训练模型选出一个与原问句"九寨沟附近 5 公里内的酒店有哪些？"最相似的路径，从而根据此路径得到最终答案。

这个任务最大的问题在于如何比较自然语句与路径之间的相似度。我们通过问题分类及对应路径生成模板，之后为每一个路径模板设计了路径生成自然语句的规则，使得每一条路径都能依据其模板生成特定的自然语句，从而将路径排序问题转化为语句相似度比较的问题。

在此次评测任务中，首先采用数据增强方案对原数据进行增强，进一步通过三元损失函数 Triplet Loss 与对比学习损失函数 InfoNCE Loss 的融合方案对模型进行微调。最后执行与原问句最相似的候选路径"九寨沟风景区 5 公里内的度假酒店有哪些？"得到答案"西姆酒店""彭丰假日酒店""九江豪庭""雪山大酒店"。路径排序过程如图 9-14 所示。

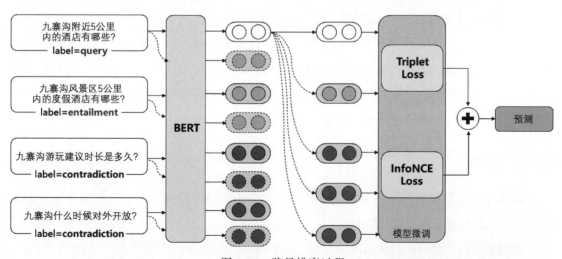

图 9-14　路径排序过程

9.3.4 任务结果

本任务使用管道的方式来处理问句，获得了符合预期的结果。从训练中随机选出 500 条数据进行实体识别和实体链接，采用不同模型的预测结果如表 9-2 所示。

表 9-2 实体采用不同模型的预测结果

采用模型	召回率
CRF	0.878
CRF+MRC	0.897
CRF+MRC+LAC	0.924

由于实体链接仅使用 Elasticsearch，无须检测，因此将实体识别和实体链接放在一起进行判别，并以召回率作为判别指标。可以看到，仅仅使用 BERT+CRF 便可以达到不错的效果，阅读理解模型 MRC 的加入带来了一定的提升效果，而百度分词系统 LAC 的引入更是锦上添花。通过样例比对，我们发现 LAC 找到了很多原本模型中找不到的关键字信息，因此增强了此模块的整体效果。

9.4 开放知识问答评测

本节参考了"认知智能全国重点实验室"的 CCKS 2022 评测任务"开放知识图谱问答"的技术方案。通过输出相似矩阵加速预测过程，在海量信息中快速找到答案，让读者理解如何优化知识图谱实现大规模检索。

9.4.1 任务背景

基于知识图谱的知识问答系统解决了开放领域和垂直领域知识的融合问题，为智能音箱、语音助手、智能问诊等诸多产品赋能，有力地支撑了业务的发展。但同时海量的复杂数据为知识问答系统带来了新的挑战。CCKS 2022 以开放领域的知识为基础，涵盖垂直领域的知识，要求问答评测系统不仅要理解用户多样的提问表达方式，还要能够在规模巨大的知识图谱中通过推理快速找到正确答案。

9.4.2 数据分析

此次知识问答评测任务涵盖了问题表达多样、知识图谱规模巨大、相似路径极多等情况，使得此次比赛更具有挑战性。

数据集由自然语言问句和对应的答案实体组成。问句类型的数据分布如图 9-15 所示。

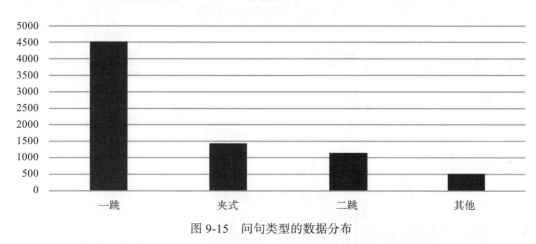

图 9-15　问句类型的数据分布

据统计分析，主办方提供了 7625 个训练数据集，问题不仅涵盖历史、政治、名人等通用型领域，还包括金融、旅游、医疗等专业型领域。数据集一共包括 6600 万个三元组、2559 万个实体、40 万种关系。

9.4.3　技术方案

开放知识问答评测技术方案如图 9-16 所示。从输入用户问题到输出问题答案，需要经过实体识别、实体链接、路径召回、路径排序等步骤。通过将问句识别和答案融合在一起直接进行检索，采用对比学习对有区分难度的样本进行重点关注，输出相似度矩阵并将其加入预测过程，以便在海量信息中快速得到需要的答案。

在 9.3 节问题例句"九寨沟附近 5 公里内的酒店有哪些？"的基础上，我们增加了问题的难度，以问题"九寨沟附近 5 公里内的哪个酒店能唱歌？"为例，详细说明该技术方案。

1. 实体识别

实体识别旨在从问句中提取关键信息，在此次评测任务中，我们沿用 BERT+CRF 实体识别方法，并用 LAC 进行夹式问题的实体补充。

针对问题"九寨沟附近 5 公里内的哪个酒店能唱歌？"，使用 BERT 进行问题分类，之后通过命名实体识别得到"九寨沟""唱歌""酒店""5 公里"等实体指称并存入 ES 中，得到备选实体名称。

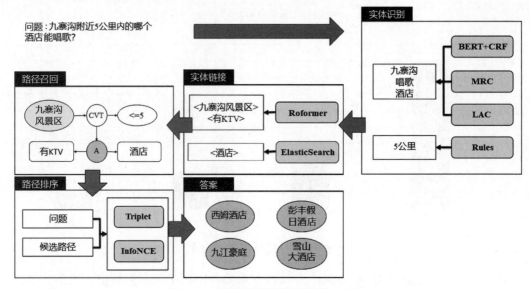

图 9-16　开放知识问答评测技术方案

2. 实体链接

在此次实体链接任务中，将实体识别中得到的结果"九寨沟""唱歌""酒店""5 公里"等实体映射到知识图谱中的实体，比如将"九寨沟"映射到"九寨沟风景区"，从而可以进行知识图谱的路径推理工作。针对实体链接的知识图谱规模过大的问题，采用 Roformer 作为训练模型，使用前缀树限制输出，并提出一种融合检索与生成的实体链接方案。使得模型能够"读懂"问题中的隐性语义，预测出知识图谱中的相关实体，与上述指标一起送入实体链接模块进行计算，解决大规模知识图谱的检索问题。

3. 路径召回

在此次路径召回任务中，针对问题表述多样、问句中的语义结构与真实路径结构不匹配、无法使用传统 NLP 方法确定路径结构等问题，可按以下思路解决。首先，忽略问句结构，依照人类思考的逻辑，模拟人脑在知识图谱中多跳推理的过程。其次，在筛选候选路径方面，在超大规模的知识图谱中进行检索，常用的知识图谱检索方法难以奏效，因此采用集束检索来确定路径结构，综合挑选出当前状态下最合理的 5 条路径进入下一轮推理。

以"九寨沟附近 5 公里内的哪个酒店能唱歌？"为例，路径召回示意图如图 9-17 所示。我们将候选实体"九寨沟风景区""有 KTV""酒店""5"公里填充到预设好的路径模板中，从而得到多条候选路径。若知识图谱中没有此路径，则该路径会被直接丢弃。

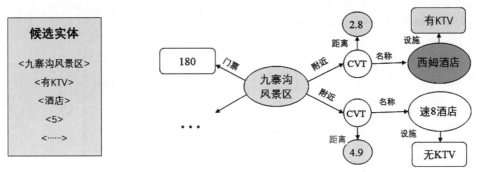

图 9-17 集束检索路径召回示意图

针对每一个候选知识库的实体：

1）将其周围的一跳关系加入候选路径中，并对其进行路径排序，从而得到一跳的路径排序结果。

2）继续搜寻一跳答案周围的关系，构建出二跳路径。由于二跳路径数量相比一跳数量呈指数倍增加，因此需要采用集束检索策略来限制二跳路径的数量，即只选择一跳路径中的前 5 条进行二跳的搜索。到此为止，可以很轻易地召回表 9-1 所示的 label-1（一跳）和 label-3（多跳）的路径。对于其他模板路径的召回问题，其实仍然能通过上述流程进行召回。下面以 label-2（夹式）为例，只需要增加一个步骤即可。

3）获得这些二跳路径所对应的二跳答案实体，判断这些答案实体是否在候选实体集中出现过，若出现过，则可根据当前路径的起点的知识库实体，与此二跳答案实体构建一个夹式路径。

4. 路径排序

路径排序主要是对所有候选路径进行排序，使用 BERT 预训练模型，选出一个与原问句"九寨沟附近 5 公里内的哪个酒店能唱歌？"最相似的路径，从而根据此路径得到最终答案。

在路径排序任务中，基于自监督对比学习架构，模型能够参考正确路径和错误路径同时进行学习，以此获得精准感知路径变化的能力。针对训练样本不足，且每个训练样本相似路径极多的问题，可进行以下处理。首先通过数据增强来扩展训练集，再采用对比学习中的 InfoNCE 损失函数对有区分难度的样本进行重点关注，微调参数学习数据集特有的性质。最后执行与原问句最相似的候选路径"九寨沟风景区 5 公里内的哪个酒店能唱歌？"，得到答案"西姆酒店""彭丰假日酒店""九江豪庭""雪山大酒店"。对比学习路径排序的过程如图 9-18 所示。

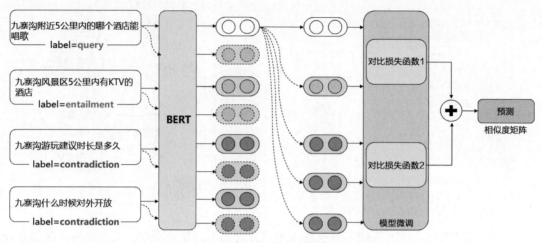

图 9-18 对比学习路径排序的过程

InfoNCE 损失函数可定义为：

$$\mathcal{L}(h_i, h_i^+, h_i^-) = -\log \frac{e^{sim(h_i, h_i^+)/\tau}}{\sum_{j=1}^{N}(e^{sim(h_i, h_i^+)/\tau} + e^{sim(h_i, h_i^-)/\tau})}$$

上式中 h 取句子的 [CLS] 向量，$sim(\cdot,\cdot)$ 为句子间的语义相似度，可由归一化句子向量的点积得到，τ 为温度系数，其通过同比例放大负样本的逻辑回归值来对句子间的语义相似度进行修正，使得模型更新的重点聚焦到有区分难度的负例上，即与 h 距离越近的负样本，其分配到的惩罚越大。

在预测阶段中，我们通过输出相似度矩阵加速预测过程，最终输出预测结果。

9.4.4　任务结果

2022 年 8 月 26 日，由科大讯飞和中国科学技术大学联合承建的认知智能国家重点实验室荣获开放知识图谱问答评测冠军，创新性地提出了知识图谱深度语义推理模型，并获得了 0.8413 的分数。

9.5　本章小结

本章基于 CCKS 近 3 年的知识问答评测任务，梳理出几种技术方案，希望读者能够了解并掌握知识问答评测任务的技术思路，并且随着知识图谱规模的增长、问题表述的多样化逐步演进相关技术方案，进一步了解知识问答评测任务的演进之路。

第 10 章

知识图谱平台

> 知彼知己，百战不殆。
>
> ——《孙子兵法·谋攻》
>
> 对敌人的情况和自己的情况都有透彻的了解，作战就不会失败。

知是战的前提和基础，只有了解影响战争的诸多要素，才能做出正确的决策，奠定胜利的基础。从狭义上说，"知彼知己"包括知敌军和我军。但从广义上去理解，它应当包括一切与战争有关的信息，除了敌军和我军之外，还包括天象气候、自然地理、诸侯盟友等。知识图谱平台提供一站式平台服务，覆盖图谱的全生命周期，并实现知识之间的关联分析，有助于我们掌握和管理更多的信息。

本章以知识图谱管理平台 AiMind 为基础，讲解为什么需要知识图谱管理平台，需要什么样的知识图谱管理平台，最后对 AiMind 平台进行了介绍，帮助读者理解知识图谱管理平台并引导读者对知识管理进行更深层次的思考。

10.1 知识图谱平台建设背景

在新基建背景下，人工智能的发展逐渐突破感知智能，走向认知智能。知识图谱作为认知智能的底层支撑和核心技术，它使得机器具备理解、分析和决策的能力成为可能。知识图谱已经成为人工智能领域又一热门产业，中国电子技术标准化研究院牵头于 2019 年发布的《知识图谱标准化白皮书》，提出了知识图谱标准体系结构，将知识图谱分为基础共性、数字基础设施、产品/服务、行业应用、关键技术、运维与安全等部分，如图10-1所示。

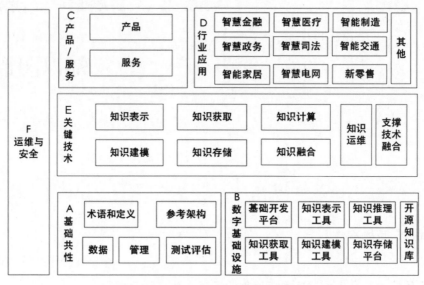

图10-1 知识图谱标准体系结构图

其中，数字基础设施标准部分提到了知识获取工具、知识建模工具、知识存储平台、基础开发平台、知识表示工具、知识推理工具等基础设施，这些都是工业界知识图谱应用的共性基础设施。

知识图谱产业链主要有三方参与：上游数据提供方负责提供数据；中游知识图谱平台负责进行信息的抽取与加工，并提供具体的场景服务；下游用户通过知识图谱满足特定业务。

知识图谱自概念提出以来，虽然有着广泛的应用前景，但是至今仍难以普及，原因之一就是知识图谱平台的缺失。近几年业界涌现出各类知识图谱管理平台，互联网公司如百度、华为、腾讯，软件服务商如东软、北大医信、鼎富科技，创新知识服务平台如明略数据、竹间智能、达观数据均推出了知识图谱平台的解决方案。但是，不同于深度学习平台能够让一些人工智能的应用相对简单地落地，知识图谱平台一方面存在研发周期过长且研发难度过高，导致行业中较少平台能够覆盖全面的应用场景；另一方面也存在大量的不实宣传，许多公司宣称具备知识图谱构建能力，实际上可能只有NLP构建能力或者图数据库能力，很难将知识图谱技术全面有效落地。

科大讯飞是国内较早构建和使用知识图谱的企业，公司投入了大量的资源用于知识图谱平台技术的研发，在教育、医疗、工业、城市等多个领域都积累了深厚的经验，并在此经验上深刻体会到基础设施平台的重要性。为解决构建生命周期长、研发难度较高、复用率低等知识图谱落地应用问题，该公司构建了通用的知识图谱平台来提升知识图谱构建能力，携手多家企业共同实现知识图谱能力快速落地，进而推动各行各业实现降本增效。

10.2　知识图谱平台基本功能

知识图谱平台建设是如此重要，那么一款工业界堪用的知识图谱平台需要具备什么样的基本功能呢？我们可从以下三个功能点来定义一款"好"的知识图谱平台。

首先是**提供一站式平台服务**，平台需要覆盖图谱的全生命周期，覆盖知识图谱从构建到应用的全流程，包含知识建模、知识获取、知识挖掘、知识融合、知识存储、知识应用等知识的全生命周期。知识图谱平台可以基于企业客户的数据训练知识图谱的知识抽取及构建图谱策略模型，然后导入全量数据，构建全量知识图谱，实现知识图谱应用。

其次是**提供集成的基础能力**，构建图谱不是目的，使用图谱解决问题才是根本。这也意味着知识图谱平台绝对不是一些技术的堆积，而是把各种技术有机地组合起来形成的一套具备人机交互和自学习机制的智能体。因此，知识图谱平台不仅仅是一个技术平台，而是汇集各种通用知识与行业知识，实现一定程度的人机交互功能，并最终能够用知识服务来解决行业问题，支撑行业应用。

最后是**提供行业场景解决方案**，针对医疗、公安、金融等领域，如知识问答的解决方案。具体场景的解决方案可以促进知识图谱的行业落地。图谱厂商已经为这个行业量身打造了适合行业应用需要的数据结构、应用场景，用户只需要将自己的数据通过工具导入，就可以低成本、高效率地构建知识图谱。另外，行业落地应用能够对知识图谱平台产生进一步反哺作用。知识图谱平台离开行业落地是不具备生命力的，只有在行业中不断实践，不断迭代出更加贴合行业的解决方案，才能实现更加完备全面的知识图谱平台体系。

10.3　AiMind 知识图谱平台

知识图谱平台应能够提供一站式平台服务、集成的基础能力、行业场景解决方案。以

AiMind 知识图谱平台为例，平台立足知识工程和认知智能领域，整合大规模离散业务数据、开放动态数据、专家经验数据等，通过可视化方式实现领域知识体系建模，利用 AI 工作流实现知识图谱快速构建，基于平台自身开放能力和计算推理引擎，以及图谱提供的基础应用能力，提供知识图谱的全生命周期管理方案。从功能模块上来说，AiMind 提供了构建图谱所需的数据管理、知识建模、知识抽取、知识融合、知识管理、知识修订、知识存储、知识应用等功能模块，覆盖了知识图谱的全生命周期。

10.3.1 数据管理

数据管理模块提供构建图谱所需的源数据管理功能，包括数据管理和文件管理两个子功能模块，分别对应结构化数据、非结构化数据和半结构化数据。

结构化数据的数据管理可以通过自建数据、爬虫数据及用户数据的新建数据方式添加数据集，也可以通过数据库批量导入。

（1）自建数据

我们可以选择通过手动、自动添加数据集的方式新建数据集，如图 10-2 所示。这样就可以通过创建数据集 Schema 的方式自建数据。

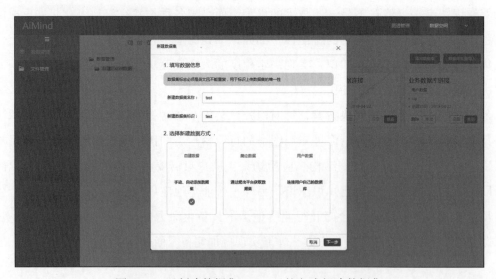

图 10-2　以创建数据集 Schema 的方式新建数据集

我们可以通过手动创建数据集的 Schema，并设置数据模式的方式创建自建数据，如图 10-3 所示，或者通过对上传 Excel 文件进行 Schema 自动识别的方式创建自建数据。

图 10-3 以设置数据模式的方式创建自建数据

（2）爬虫数据

图 10-4 所示为选择通过爬虫平台获取数据集的方式新建数据集。

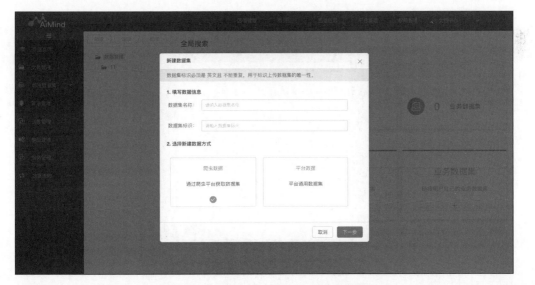

图 10-4 以爬虫平台的方式新建数据集

我们可以通过输入集成的爬虫平台的任务 token 来获取爬虫任务，并选择任务中需要进行同步的信息表，如图 10-5 所示。

图 10-5　以输入爬虫任务的方式创建爬虫数据

（3）用户数据

通过连接用户自己的数据库的方式新建数据集，如图 10-6 所示。

图 10-6　以连接用户数据库的方式新建数据集

我们可以选择 MongoDB 或 MySQL 数据库，并配置数据库连接字符串、数据表、用户名及密码等相关信息，以自动读取和同步数据内容，如图 10-7 所示。

图 10-7　以连接数据库的方式创建用户数据

我们选择数据库批量导入来进行数据管理，并依次填写数据库类型、IP、端口号、用户名、密码、服务名信息后，在服务连接正常后即可获得数据库批量导入能力，如图 10-8 所示。

图 10-8　数据库批量导入

针对非结构化数据和半结构化数据，我们可以通过文件管理页面对构建知识图谱所需的非结构化文件、算法或数据处理脚本进行统一的管理和维护，如图 10-9 所示。

我们可以通过在线编辑功能对脚本文件进行编辑，单击"编辑"按钮即可进入"编辑文件"界面，如图 10-10 所示。

图 10-9 文件管理页面

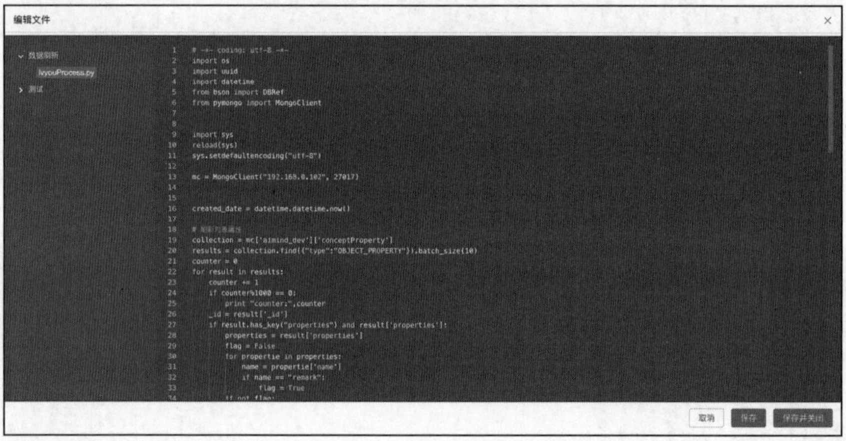

图 10-10 "编辑文件"界面

10.3.2 知识建模

知识建模模块提供知识图谱概念层的本体建模和数据层的知识表示建模功能。概念树是对领域知识概念层的抽象归类,用于组织知识图谱的信息结构。

知识建模模块以表单和可视化两种方式进行知识图谱概念树的管理。其中,以表单方式进行知识建模涉及概念树信息展示、编辑、导入 / 导出等。

1. 以表单方式进行知识建模

(1)概念树信息展示

以汽车保养知识图谱建模为例,我们需要对汽车品牌、车型、车款、厂商、零部件、功能、故障、保养等概念进行归类，概念管理如图10-11所示。

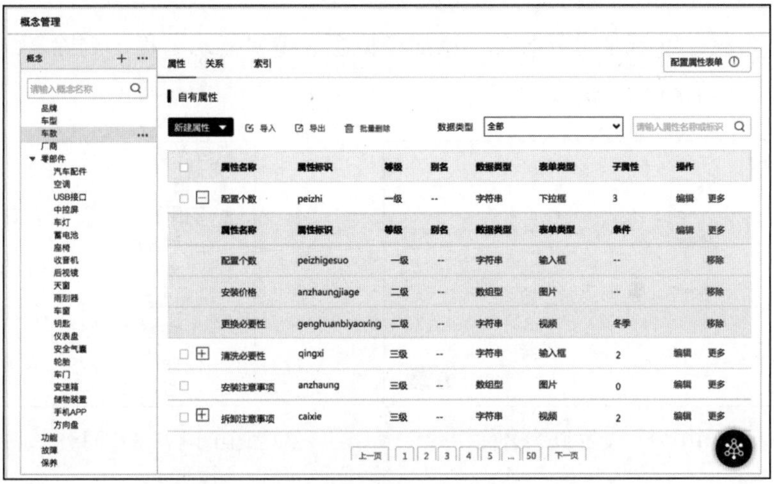

图 10-11　汽车保养知识图谱的概念管理

（2）概念的新增、编辑及删除

通过新增、编辑及删除功能，我们可以新增并修改概念分类，支持新建概念同级类和子类，概念树如图10-12所示。

图 10-12　汽车保养概念树

单击 概念 ⊕ ··· 图标中的"+"项新建一级概念,然后设置概念名称,概念名称最大字符为 20 个字符,无特殊限制,如图 10-13 所示。

单击概念名称,可新建同级概念、添加子概念、编辑概念名称、删除概念。新建同级、子级概念操作如图 10-14 所示。

图 10-13 设置概念名称

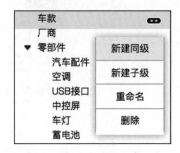

图 10-14 新建同级、子级概念

新建同级概念将在概念下方显示同级概念,新建子级概念将为选择的概念新建子级概念,重命名可以修改已选择的概念名称,删除已选择的概念名称,并将概念下的属性及实体数据一同删除。

至此,完成了概念树的概念知识结构梳理。要获得完整的知识,我们需要为概念配置属性、关系及索引,下面就来了解一下吧。

(3)概念属性配置

选择概念树下的某一概念,可添加该概念的属性信息,如图 10-15 所示。

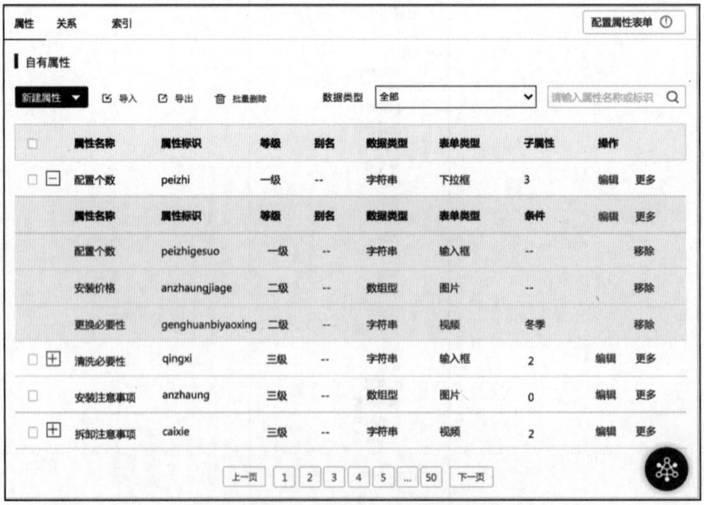

图 10-15 概念属性信息

选择新建属性，可以完善属性基本信息，包括属性名称、属性标识、属性等级、属性别名、属性值类型、表单类型等，如图10-16所示。

（4）概念关系

概念关系为该概念与其他概念的关系。选择概念树下某一概念，可添加该概念的关系信息，包括关系名称、关系标识、关系样式、起点概念、终点概念、允许多次连接（开或关）、关联属性信息。其中，起点概念默认为当前概念，不支持选择；终点概念支持选择，允许多次连接，如图10-17所示。

图10-16　新建概念属性值

图10-17　新建概念关系

在关系库中构建的关系，如果起点、终点有选择的目标概念，则目标概念关系也会同步至概念下。

（5）概念索引

概念索引是为概念属性和对应关系属性设置索引值，方便用户快速检索。我们可以添加、查看、删除概念和关系索引，具体操作说明可参考索引库。

2. 以可视化方式进行知识建模

可视化的知识建模方式可以以图形管理概念和关系，更加直观形象，支持用户编辑概念、属性、关系等信息。例如，起点概念（车款）到终点概念（品牌）关系，起点概念（品牌）到终点概念（车型）关系的可视化知识建模如图10-18所示。

我们以某车型为例，知识建模模块提供的概念树结构模式及概念结构组织关系，如图10-19所示。

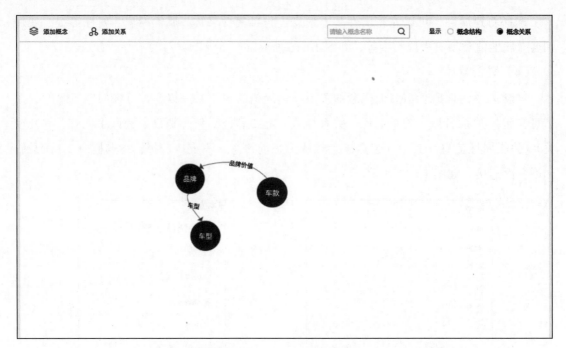

图 10-18　可视化知识建模

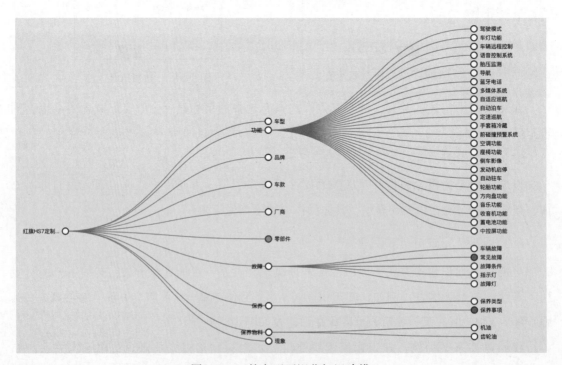

图 10-19　某车型可视化知识建模

10.3.3 知识抽取

如第 2 章所述，知识抽取的数据源包含结构化数据、半结构化数据、非结构化数据，知识图谱管理平台针对这 3 种数据源提供了知识抽取的整体解决方案，提高了知识抽取的便捷性，提升了知识抽取的效率。

下面分别针对这 3 种数据源进行说明。

1. 结构化数据

结构化数据的知识映射可通过从基础数据抽取出结构化信息与知识图谱概念实现。知识映射包括新建知识抽取任务、关联映射图谱、设置表数据与概念结构映射关系、定义映射规则等步骤，如图 10-20 所示。

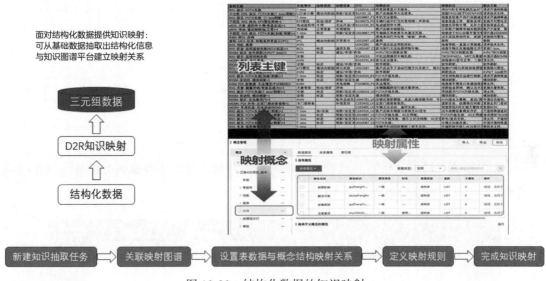

图 10-20　结构化数据的知识映射

知识图谱管理平台提供了 D2R、工作流等构建方式，其中工作流模块为业务开发人员提供了开发执行环境，支持开发人员编写各种业务逻辑代码，然后在平台上传脚本或 Jar 包进行执行。

（1）以 D2R 方式构建

D2R 支持将数据库、Excel 等结构化数据，通过映射直接导入到知识图谱中。我们可以根据实际业务数据灵活选择数据源。以 D2R 方式进行知识抽取如图 10-21 所示。

图 10-21　以 D2R 方式进行知识抽取

上传数据或者选择表格后,可以通过系统配置映射规则,将数据映射到具体概念的属性或者关系上。配置映射规则如图 10-22 所示。

图 10-22　配置映射规则

（2）以工作流方式构建

系统为一些需要预先通过代码进行处理的数据提供了工作流功能。工作流节点工具包括数据输入、知识抽取、非结构化数据工具、结构化数据工具、知识融合、模型训练、数据输出、数据流组件等公共工作流节点，以及自定义节点。开发人员可以自定义代码预处理数据，将数据处理为符合平台导入规范的 JSON 格式，然后导入到知识图谱中。基于工作流方式实现结构化数据录入如图 10-23 所示。

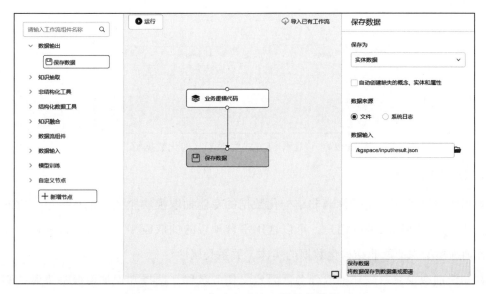

图 10-23　以工作流方式实现结构化数据录入

其中"业务逻辑代码"工作流节点是自定义节点，主要基于业务需求实现业务代码，并将结果保存为 JSON 格式文件，该文件可以包含若干行 JSON 数据，每行 JSON 数据含有实体的概念、属性值以及关系信息等。"保存数据"作为公共工作流节点，将"业务逻辑代码"生成的结果 JSON 文件作为输入，按照"实体数据"导入到平台中，进而构建为知识图谱实体。

2. 半结构化数据

除了结构化数据，知识图谱管理平台也支持半结构化数据的解析与处理，且以公共工作流节点的方式提供给业务开发人员，支持的半结构化数据主要有 Excel、Word、HTML 等形式，解析后生成的文件为 JSON 格式，开发人员可以基于解析后的文件进行处理，最终通过"保存数据"工作流节点导入数据，构建图谱实体。以工作流方式实现半结构化数据解析如图 10-24 所示。

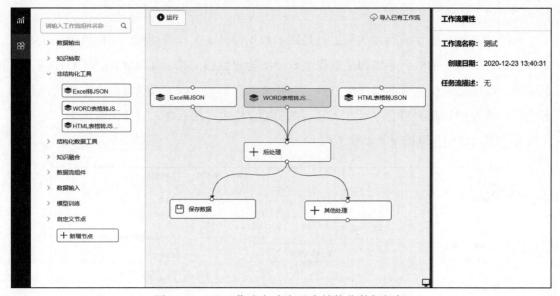

图 10-24　以工作流方式实现半结构化数据解析

3. 非结构化数据

知识图谱管理平台支持针对非结构化数据的专业抽取模块服务，也支持第三方的相应服务。选择平台抽取服务的用户，可以选用平台预置的抽取模型，或者通过平台的模型训练服务训练模型来抽取非结构化数据的实体、关系及属性。

在知识抽取模块，新建抽取任务需要定义任务名称，选择知识抽取服务来源、实体抽取或属性值抽取等抽取服务类型。新建非结构化数据抽取任务如图 10-25 所示。

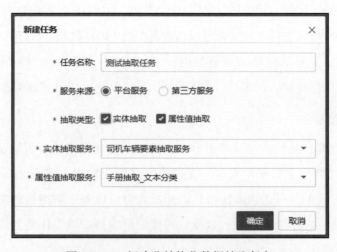

图 10-25　新建非结构化数据抽取任务

新建抽取任务后，可以上传相关非结构化数据，执行抽取任务。抽取任务完成后，可以查看和修订抽取的实体、属性值，人工确认后导入知识图谱。非结构化数据抽取如图 10-26 所示。

图 10-26　非结构化数据抽取

10.3.4　知识融合

如第 4 章所述，知识融合旨在将指代相同的多个实体进行融合。知识图谱管理平台支持手动合并和融合计算两种模式，融合计算又分为规则融合模块和智能融合模块。

下面分别针对这两种知识融合模式进行说明。

1. 手动合并

手动合并是在平台中选择需要合并的实体，然后在界面右侧添加待合并的一个或多个实体，单击"执行融合"按钮，就会将多个实体进行合并，且合并的属性值以选择的实体为准，即选择实体的值若存在则保留，否则当待合并的实体属性有值时，将会以该属性值填充所选择的实体对应的属性。手动合并界面如图 10-27 所示。

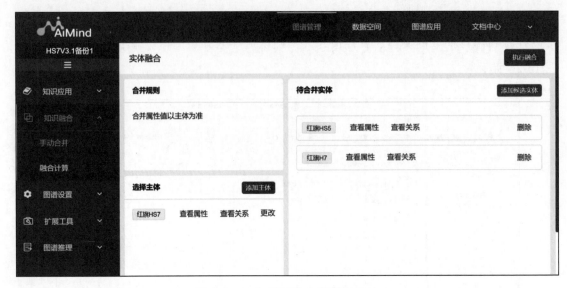

图 10-27　知识融合中的手动合并

2. 融合计算

相比手动合并每次处理小批次的实体融合外，知识图谱管理平台也支持实体的多批次融合。针对实体的融合类型，可以分为基于规则配置的规则融合和基于模型算法的智能融合。

（1）规则融合

创建规则融合后，选定指定概念下的实体进行融合，可以按照对应属性制定"等于"或"相似"的召回规则，进而从该概念下召回待合并的候选实体，更进一步，针对召回的候选实体，也可以通过指定相应属性及相似度算法确定融合计算规则，当满足一定的相似度阈值时，判定各实体是否可以合并。规则融合如图 10-28 所示。

（2）智能融合

智能融合模块包含标注数据集、算法管理、训练管理、模型管理等模块，如图 10-29 所示。

知识图谱管理平台支持基于较小批量的融合标注数据，抽取多维度特征，并提供模型训练算法及环境，以进行训练与效果预测，然后基于训练好的模型对批量数据进行合并预测，在满足一定的阈值条件时，以达到实体融合目的。智能融合支持的模型算法包括逻辑回归、GBDT、XGBoost、随机森林等。

图 10-28　知识融合中的规则融合

图 10-29　知识融合中的智能融合

10.3.5　知识管理

知识管理模块支持以表单和可视化两种方式对知识图谱实体进行管理。表单操作作为最基本和常用的实体管理方式,包括实体列表显示、新增实体、编辑实体、实体关系编辑、导入/导出、删除实体等功能。可视化方式支持对实体及其关联信息进行增、删、改、查操作。

（1）实体列表显示

在实体管理左侧的概念树选择概念,在右侧显示该概念下的实体列表,支持根据实体名称或标识进行知识搜索，如图10-30所示。

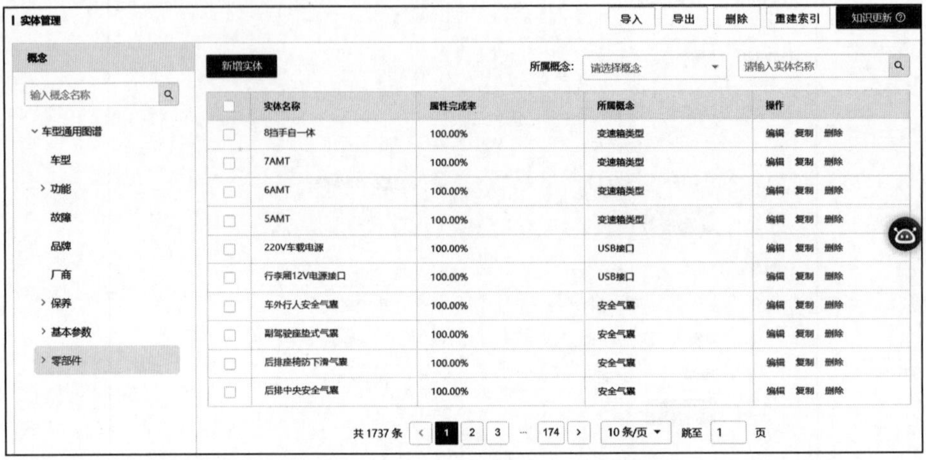

图10-30 实体管理的实体列表显示

（2）新增实体、属性及关系

通过实体管理可以"新增实体"，定义实体名称、实体标识、所属概念等基本信息，完善实体属性，如图10-31所示。

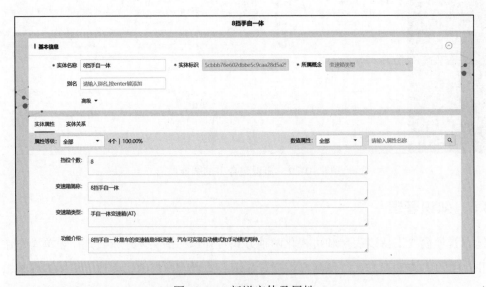

图10-31 新增实体及属性

完成实体构建之后，需进一步完善实体关系信息，指定实体与实体之间的关系，如图10-32所示。

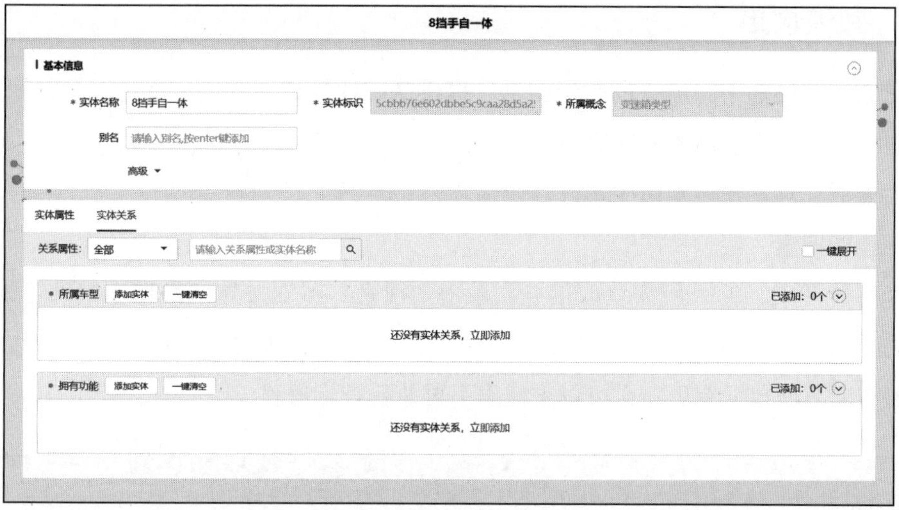

图 10-32　完善实体及关系

（3）实体导入/导出及删除

通过实体管理可以编辑并上传实体模板，并根据实体模板编辑实体及属性，实现实体本地导入/导出，批量删除已创建好的实体。

（4）实体可视化管理

通过知识图谱可视化管理模块可以进行已有知识图谱实例及其关系数据可视化展现，该模块同时支持用户在可视化页面中进行实例及其关联信息的增、删、改、查操作。如图 10-33 所示，单击右上角的"单向""双向""反向"按钮可以对可视化的显示方式进行设置，也可以通过"显示模式"选择完成率等级，输入关键词对实体的所属概念进行筛选、过滤。

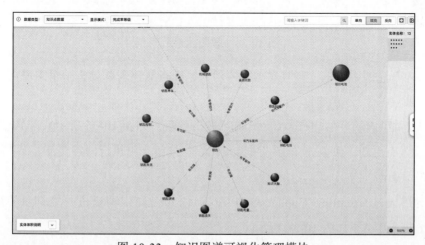

图 10-33　知识图谱可视化管理模块

10.3.6 知识应用

知识应用模块基于构建好的知识图谱，提供基础的知识图谱应用能力，包括智能搜索、智能问答、知识查询、路径发现等。

下面分别针对这几种知识应用进行说明。

（1）智能搜索

选择智能搜索，输入所需获取信息，单击"搜索一下"按钮或按回车键即可触发智能搜索能力，系统将捕捉当前用户的高频操作，显示有关实体的智能搜索结果，如图10-34所示。若知识图谱数据有更新，可以重建索引再执行查询操作。

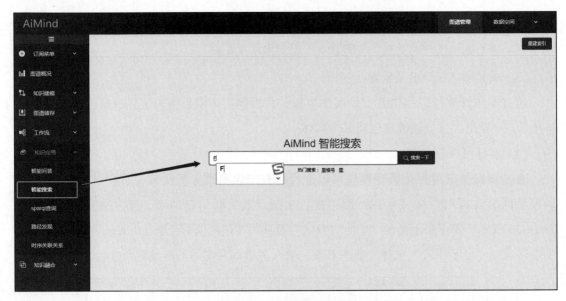

图 10-34　智能搜索示例

根据实体智能搜索结果，实时显示实体列表，并将实体关联分析结果图谱化显示。

（2）智能问答

选择"智能问答"项，并进入"智能问答"页面，如图10-35所示。若知识图谱数据和KBQA设置有更新，可以先单击"同步知识库"按钮，再执行问答交互。

（3）知识查询

系统支持通过Gremlin、Cypher和SPARQL语句对知识图谱进行查询。使用Gremlin执行知识查询，其结果如图10-36所示。

图 10-35　智能问答可视化结果

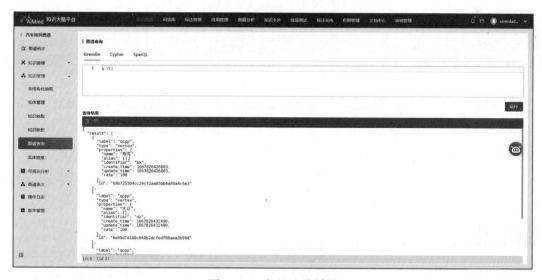

图 10-36　知识查询结果

（4）路径发现

选择"路径发现"项，在右侧输入两个实体，即可查询在该知识图谱中这两个实体之间的最短关系路径。如查询"发动机"到"机油"之间的关系,可以得出如图 10-37 所示的结果。

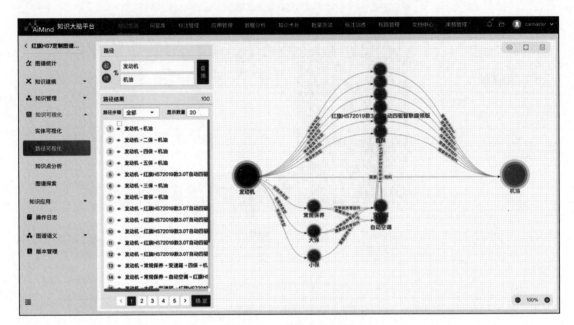

图 10-37　路径发现示例

10.4　本章小结

本章从知识图谱的管理讲起,主要介绍知识图谱平台的建设背景、基本功能,以及知识图谱管理平台 AiMind 的功能模块。本章旨在通过知识图谱抽取、融合、建模、管理等功能的平台操作介绍,开启知识图谱在搜索、推荐、问答、决策等领域的具体实践应用。

通过知识图谱管理平台,我们能够进行知识抽取、融合、建模、管理,在深刻了解知识本质的同时,能够更好地推进知识图谱应用。接下来将开始基于知识图谱框架进行智能搜索的实践。

第 11 章

智能搜索实践

褚小者不可以怀大，绠短者不可以汲深。

——《庄子·至乐》

小的袋子不能拿来装大东西，短的绳子不能用来打深井的水。

知识图谱通过对实体、关系和用户的理解，能够分析实体之间的交互行为，帮助用户获取准确的答案，而不是一条条链接。在检索过程中进行推理，就像帮助大东西寻找大袋子，帮助深井匹配长井绳，可以极大地提升效果，帮助用户更高效地解决问题。

本章从基于知识图谱的垂直领域搜索引擎业务出发，通过对搜索引擎背景知识、搜索技术发展等内容的介绍，引入基于知识图谱的电影业务设计。同时，我们基于电影业务设计具体的实践环节，获取数据并进行预处理，借助电影知识图谱实现垂直搜索引擎，并对知识推理结果进行呈现。

11.1 智能搜索背景

当前常见的垂直领域包括电商购物、汽车知识、法律信息、医疗信息、学术文献、求职招聘和外出旅游等。

随着知识抽取、融合等技术的不断成熟，知识图谱凭借着在处理语义关系等方面的优势，开始在垂直搜索引擎领域发挥巨大的作用。图 11-1 所示为分析得出"1965 年的人多大"的推理结果。知识图谱赋能的搜索开始真正拥有"智能"的味道。

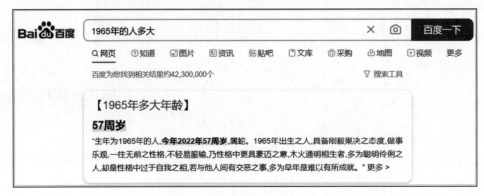

图 11-1　知识图谱赋能的搜索

除了一些搜索引擎巨头之外，很多其他领域或者企业开始应用知识图谱的形式组织各自的信息资源，积极打造自身领域的聚合搜索引擎，提高检索和查询功能的效率。

11.2　智能搜索业务设计

本案例着眼于电影智能搜索，重点实现基于知识图谱的电影搜索业务，业务设计包括场景设计、知识图谱设计、模块设计。

11.2.1　场景设计

搜索引擎有 3 个主要功能。

1）爬虫：在互联网上搜索内容，查看找到的每个网址的内容。

2）索引：存储和组织在爬取过程中找到的内容。一旦一个页面被搜索引擎索引中，它就能作为相关查询的结果显示出来。

3）排名：提供最能回答搜索者查询的内容，即结果通常是按照最相关到最不相关的顺序排列的。

这些功能也是搜索引擎的核心。

在电影搜索场景中，用户使用搜索通常有以下目的。

1）查询某部电影的介绍、评分及评论。

2）查询某个演职人员相关的信息。

3）搜索某个类型的影视信息。

针对这些用户需求，本章将具体基于电影知识图谱打造一个电影类的垂直搜索引擎实例，来展示知识图谱在搜索中的应用技术。该搜索引擎将实现用户输入查询字句，得到相关资源页面以及结构化的电影信息等功能。

整体技术架构如图 11-2 所示。

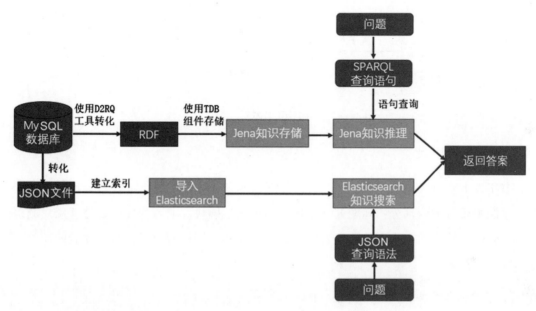

图 11-2　技术架构

11.2.2　知识图谱设计

知识图谱的设计必须面向需求，了解用户的需求，才能对知识图谱的结构进行更加有效的组织。针对场景设计中的用户需求，知识图谱的设计内容至少应包括：演员、电影名称、电影简介、评分、电影发行日期、电影类型等。

电影搜索引擎设计的知识图谱的实体分为三类：电影、演员、类型；关系分为两类：主演、演员；属性设置上，电影本身包含电影名称、电影简介、评分、电影发行日期，而演员的属性则有演员中英文名（如有）、出生日期、死亡日期（如有）、演员简介、演员出生地。例如，"A→主演→喜剧之王"、"喜剧之王→属于→剧情"是典型的三元组信息。在本体设计时定义了电影与演员的相互关系，这种相互关系有助于后续的知识推理。

知识图谱本体层与数据层之间的架构设计如图 11-3 所示。

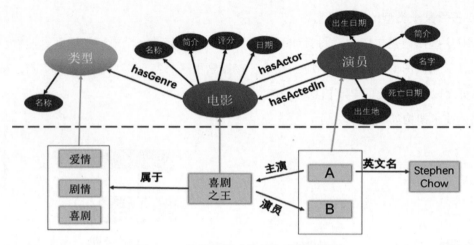

图 11-3　知识图谱本体层与数据层设计

11.2.3　模块设计

基于以上对电影搜索引擎使用需求的分析，本案例的模块设计如图 11-4 所示。整个实例的系统主要分为两部分：问题处理模块、知识图谱模块。前者的任务是处理用户的提问并将其转化为特定的查询语句，后者的任务是建立知识图谱并赋予推理、搜索的功能，以返回问题的答案。

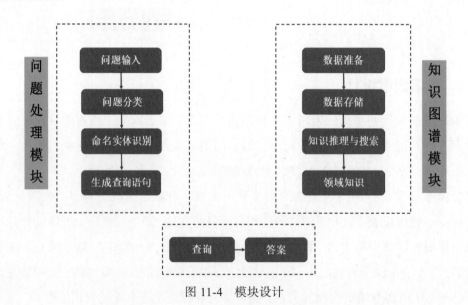

图 11-4　模块设计

表 11-1 为各模块具体 Python 代码对应的功能说明。

表 11-1 代码模块

模块	文件	说明	类名
问题处理模块	word_tagging.py	定义 Word 类的结构与 Tagger 类,以辅助分词功能的实现	Tagger
	question_temp.py	设置问题模板,为每个模板设置对应的 SPARQL 查询语句	rules
	question2sparql.py	将自然语言转换为 SPARQL 查询语句	Question2Sparql
知识图谱模块	get_json_from_sql.py	从 SQL 数据库中转换出算法所需的 JSON 文件	connec_mysql
	test_json2es.py	建立 Elasticsearch 索引,并将 JSON 数据导入 Elasticsearch	ElasticObj
	jena_sparql_endpoint.py	利用 SPARQLWrapper 向 Jena Fuseki 发送 SPARQL 查询语句,并解析返回的结果	JenaFuseki
接口模块	query_main.py	主函数,连接 Fuseki 进行知识推理,以及启动 Elasticsearch 进行知识查询	

代码之间的包图如图 11-5 所示,接口模块 query_main.py 文件包括两部分工作:第一部分是基于 Jena 进行知识推理;第二部分是基于 Elasticsearch 进行知识搜索。在进行知识搜索过程中,首先使用 question2sparql.py 文件将自然语言形式的问句转为 SPARQL 查询语句,然后连接 Fuseki,启动 Elasticsearch,并利用 jena_sparql_endpoint.py 文件中的 SPARQLWrapper 向 Jena Fuseki 发送 SPARQL 语句进行查询。

需要注意的是,本案例注重知识图谱方面的实践,因此对问题处理模块的代码不展开讲解,读者可参考源码自行了解(命名实体识别部分的工作可参考其他案例)。

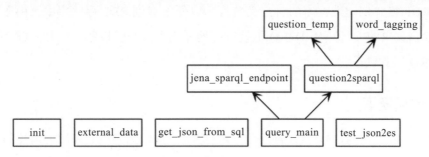

图 11-5 代码之间的包图

本章后续几节将对这些软件以及模块进行详细阐述。

11.3 数据获取与预处理

数据获取与预处理的步骤包括:① Elasticsearch、Jena 和 D2RQ 环境的搭建;② 获取电影公开数据集 MySQL 数据库;③ MySQL 数据抽取转化为 RDF 三元组数据和 JSON 数据；④使用 TDB（Triplet Database，三元组数据库）存储 RDF 数据。

11.3.1 环境搭建

为了支撑本章的实践内容，需要安装的软件如下。

1）Elasticsearch：一个基于 Lucene 的搜索服务器，是支持分布式、多用户能力的全文搜索引擎。用户可在 Elasticsearch 的官方主页[一]中查找适合自己平台的版本以及安装参考文档。

2）Jena：一个 Java 的 API，用来支持语义网的有关应用。

在使用 Jena 前，先从 Apache Jena 官网下载最新版本或者旧版本皆可。但要注意的是，随着版本的更迭，各个功能以及部分语法可能会更改，需要仔细查找官方文档及时更改。官方提供了 Windows 以及 UNIX 平台下的部署包[二]，本案例所有的操作都将在 Windows 平台下完成，使用的版本是 apache-jena-3.13.1。

本案例借助 Jena Fuseki 客户端来进行。Fuseki 是 Jena 提供的 SPARQL 服务器，也就是 SPARQL 端点。Fuseki 提供了 4 种运行模式：单机运行、作为系统的一个服务运行、作为 Web 应用运行或者作为一个嵌入式服务器运行。其下载页面与 Jena 相同，本案例中下载使用的版本是 apache-jena-fuseki-3.13.1。

3）D2RQ[三]：D2RQ 平台是一个以虚拟只读 RDF 图的形式访问关系型数据库的系统。它可以基于 RDF 访问关系型数据库内容，而不必将其复制到 RDF 存储库中。使用 D2RQ，用户可以以 RDF 格式创建数据库的自定义转换，以便加载到 RDF 存储库中。由于 Jena API 支持对转换后的 RDF 的访问，D2RQ 也就很好地充当了一个转换器。在 D2RQ 官网的首页可下载 D2RQ 工具包。

11.3.2 数据获取

本章所使用的电影数据来源于网络公开数据集[四]，该数据集原始来源为国外的 IBDM 网站。IBDM 官方为注册用户提供 API key，以让用户查询和下载数据。

获取演员 ×× 出演的所有电影数据；继而获取这些电影的所有参演演员数据；最后获取所有参演演员所出演的全部电影数据。经过去重处理，将数据保存在 MySQL 中。

[一] 参见 https://www.elastic.co/cn/downloads/elasticsearch。
[二] 参见 http://jena.apache.org/download/。
[三] 参见 http://d2rq.org/。
[四] 参见 https://github.com/SimmerChan/KG-demo-for-movie/blob/master/data/kg_demo_movie.sql。

11.3.3 知识抽取

将数据处理成哪种格式取决于数据的存储工具及其使用方式。在本案例中，数据将被用于推理和搜索。推理在 Jena 中实现，因而其数据格式需要被处理为 RDF 形式，而在搜索中则需要转换为 JSON 文档进行处理。所以，我们需要先将以上获取到的 MySQL 数据库文件进行预处理，以转化为以上两种格式供后续使用。

（1）从 MySQL 数据库中转化出算法所需的 JSON 数据

```python
#!/usr/bin/env python
# coding=utf-8
try:
    import simplejson as json
except:
    import json
import pymysql
# 连接MySQL
class connec_mysql(object):
    def __init__(self):
        self.conn = pymysql.connect(
            host='localhost',
            user='root',
            passwd='IlDM900900',  #用户密码
            db='kg_demo_movie',   # 数据库名
            charset='utf8mb4',
            use_unicode=True
            )
        self.cursor = self.conn.cursor()

    def get_json(self):
        # 读取电影演员的信息
        sql = "select * from person "
        self.cursor.execute(sql)    # 执行SQL语句
        person_results = self.cursor.fetchall()   # 获取查询的所有记录

        # 对person_to_movie进行查询
        sql = "select * from person_to_movie"
        self.cursor.execute(sql)
        person_to_movie_result = self.cursor.fetchall()

        # 构成movie-to-person字典
        person_to_movie_dict = {}
        for v_index in person_to_movie_result:
            a_key = v_index[1]
            b_value = v_index[0]
            count=0
```

```python
        for persons in person_results:
            if (b_value==persons[0]):
                person_to_movie_dict.setdefault(a_key, []).append(count)
                break
            count+=1

# 对 movie_to_genre 进行查询
sql = "select * from movie_to_genre"
self.cursor.execute(sql)
movie_to_genre_result = self.cursor.fetchall()

# 构成 movie_to_genre 字典
movie_to_genre_dict = {}
for v_index in movie_to_genre_result:
    a_key = v_index[0]
    b_value = v_index[1]
    movie_to_genre_dict.setdefault(a_key, []).append(b_value)

# 对 genre 进行查询
sql = "select * from genre"
self.cursor.execute(sql)
genre_result = self.cursor.fetchall()

# 构成 genre 字典
genre_dict = {}
for v_index in genre_result:
    a_key = v_index[0]
    b_value = v_index[1]
    genre_dict.setdefault(a_key, []).append(b_value)

# 以电影信息为主，输出为 JSON 文件
#01- 以电影为主，把电影类型以及参演演员信息补充完整
movie_info_list=[]
sql = "select * from movie"
self.cursor.execute(sql)
movie_result= self.cursor.fetchall()
for row in movie_result:
    movie_genre = []
    movie_actor = []
    # 添加电影类型
    if row[0] in movie_to_genre_dict:
        genre_id = movie_to_genre_dict.get(row[0])
        for genre in genre_id:
            movie_genre.append(genre_dict.get(genre))
    else:
        movie_genre.append('')
    row = row + (movie_genre, )

    # 添加电影主演信息
    if row[0] in person_to_movie_dict:
        actor_id = person_to_movie_dict.get(row[0])
        for actor in actor_id:
            # 构造演员的 dict 信息
```

```
                person_info={}
                person_info['person_id']=person_results[actor][0]
                person_info['person_birth_day'] = person_results[actor][1]
                person_info['person_death_day'] = person_results[actor][2]
                person_info['person_name'] = person_results[actor][3]
                person_info['person_english_name'] = person_results[actor]
                    [4]
                person_info['person_biography'] = person_results[actor][5]
                person_info['person_birth_place'] = person_results[actor][6]
                movie_actor.append(person_info)
            else:
                movie_actor.append('')
            row = row +(movie_actor,)
            #02- 构造 dict
            movie_info={}
            movie_info["movie_id"]=row[0]
            movie_info["movie_title"]=row[1]
            movie_info['movie_introduction']=row[2]
            movie_info['movie_rating']=row[3]
            movie_info['movie_release_date']=row[4]
            movie_info['movie_genre']=row[5]
            movie_info['movie_actor']=row[6]
            #03- 转换出 JSON 数据
            movie_info_list.append(movie_info)
            with open("./external_data/record1.json", "a",encoding='utf-8') as f:
                f.write(json.dumps(movie_info,ensure_ascii=False))
                f.write("\n")
        f.close()
        print(" 加载文件完成 ...")
if __name__ == "__main__":
    connect_sql = connec_mysql()
    connect_sql.get_json()
```

（2）将 MySQL 中的数据转化为 RDF

将结构化数据转化为 RDF 可以通过 D2RQ 工具来完成。

下载 D2RQ，进入其目录，运行下面的命令生成默认的 mapping 文件（用于关系型数据库到 RDF 的映射）：

```
generate-mapping -u root -o kg_demo_movie_mapping.ttl jdbc:mysql:///kg_demo_movie  # 如果数据库有密码，则需要在 root 后加入 -p pwd( 密码 )
```

运行命令后，D2RQ 目录下将会生成 kg_demo_movie_mapping.ttl 的 mapping 文件。接下来，对此 ttl 文件进行修改以匹配 11.2.2 节设计的本体结构，具体内容可见案例文件中的 ttl 文件，这里不具体展示。

接下来，继续使用下面的命令将数据最终转换为 RDF：

```
.\dump-rdf.bat -o kg_demo_movie.nt .\kg_demo_movie_mapping.ttl
```

在本实例中，RDF 格式数据如图 11-6 所示。

```
<file:///C:/Users/Hugh/Documents/D2RQ/kg_demo_movie.nt#movie/82> <http://www.kgdemo.com#hasGenre> <file:/
//C:/Users/Hugh/Documents/D2RQ/kg_demo_movie.nt#genre/12> .
<file:///C:/Users/Hugh/Documents/D2RQ/kg_demo_movie.nt#movie/87> <http://www.kgdemo.com#hasGenre> <file:/
//C:/Users/Hugh/Documents/D2RQ/kg_demo_movie.nt#genre/12> .
<file:///C:/Users/Hugh/Documents/D2RQ/kg_demo_movie.nt#movie/146> <http://www.kgdemo.com#hasGenre> <file:
///C:/Users/Hugh/Documents/D2RQ/kg_demo_movie.nt#genre/12> .
<file:///C:/Users/Hugh/Documents/D2RQ/kg_demo_movie.nt#movie/285> <http://www.kgdemo.com#hasGenre> <file:
///C:/Users/Hugh/Documents/D2RQ/kg_demo_movie.nt#genre/12> .
<file:///C:/Users/Hugh/Documents/D2RQ/kg_demo_movie.nt#movie/604> <http://www.kgdemo.com#hasGenre> <file:
///C:/Users/Hugh/Documents/D2RQ/kg_demo_movie.nt#genre/12> .
<file:///C:/Users/Hugh/Documents/D2RQ/kg_demo_movie.nt#movie/605> <http://www.kgdemo.com#hasGenre> <file:
///C:/Users/Hugh/Documents/D2RQ/kg_demo_movie.nt#genre/12> .
<file:///C:/Users/Hugh/Documents/D2RQ/kg_demo_movie.nt#movie/672> <http://www.kgdemo.com#hasGenre> <file:
///C:/Users/Hugh/Documents/D2RQ/kg_demo_movie.nt#genre/12> .
<file:///C:/Users/Hugh/Documents/D2RQ/kg_demo_movie.nt#movie/673> <http://www.kgdemo.com#hasGenre> <file:
///C:/Users/Hugh/Documents/D2RQ/kg_demo_movie.nt#genre/12> .
<file:///C:/Users/Hugh/Documents/D2RQ/kg_demo_movie.nt#movie/674> <http://www.kgdemo.com#hasGenre> <file:
///C:/Users/Hugh/Documents/D2RQ/kg_demo_movie.nt#genre/12> .
<file:///C:/Users/Hugh/Documents/D2RQ/kg_demo_movie.nt#movie/675> <http://www.kgdemo.com#hasGenre> <file:
///C:/Users/Hugh/Documents/D2RQ/kg_demo_movie.nt#genre/12> .
<file:///C:/Users/Hugh/Documents/D2RQ/kg_demo_movie.nt#movie/767> <http://www.kgdemo.com#hasGenre> <file:
///C:/Users/Hugh/Documents/D2RQ/kg_demo_movie.nt#genre/12> .
```

图 11-6　RDF 格式数据

11.3.4　知识存储

RDF 的存储是利用 Jena TDB 组件实现的。在单机情况下，该组件能够提供非常高的 RDF 存储性能。当前 TDB 的最新版本是 TDB2，且与 TDB1 不兼容。具体操作如下。

创建一个目录用于存放 TDB 数据。下载 Apache Jena 后，解压至指定目录下，进入 apache-jena-3.13.1 文件夹的 bat 目录，使用 tdbloader.bat 将已经准备好的 RDF 数据以 TDB 的方式存储。命令如下：

```
.\tdbloader.bat --loc="C:\apache jena\tdb" "C:\d2rq\kg_demo_movie.nt"
```

以上 --loc 指定 TDB 数据存储的位置，即刚才所创建的文件夹；第二个参数是由 MySQL 数据转换得到的 RDF 数据。成功后在 TDB 数据目录下将会产生一些文件，如图 11-7 所示。此时 RDF 就存储到 Jena 中了。

名称	修改日期	类型	大小
GOSP.dat	2019/12/17 星期二 1...	DAT 文件	8,192 KB
GOSP.idn	2019/12/17 星期二 1...	IDN 文件	8,192 KB
GPOS.dat	2019/12/17 星期二 1...	DAT 文件	8,192 KB
GPOS.idn	2019/12/17 星期二 1...	IDN 文件	8,192 KB
GSPO.dat	2019/12/17 星期二 1...	DAT 文件	8,192 KB
GSPO.idn	2019/12/17 星期二 1...	IDN 文件	8,192 KB
journal.jrnl	2019/12/17 星期二 1...	JRNL 文件	0 KB
node2id.dat	2019/12/17 星期二 1...	DAT 文件	8,192 KB
node2id.idn	2019/12/17 星期二 1...	IDN 文件	8,192 KB
OSP.idn	2019/12/17 星期二 1...	IDN 文件	8,192 KB
OSPG.dat	2019/12/17 星期二 1...	DAT 文件	8,192 KB
OSPG.idn	2019/12/17 星期二 1...	IDN 文件	8,192 KB
POS.idn	2019/12/17 星期二 1...	IDN 文件	8,192 KB
POSG.dat	2019/12/17 星期二 1...	DAT 文件	8,192 KB
POSG.idn	2019/12/17 星期二 1...	IDN 文件	8,192 KB
SPO.idn	2019/12/17 星期二 1...	IDN 文件	8,192 KB
SPOG.dat	2019/12/17 星期二 1...	DAT 文件	8,192 KB
SPOG.idn	2019/12/17 星期二 1...	IDN 文件	8,192 KB
nodes.dat	2019/12/17 星期二 1...	DAT 文件	1,670 KB
stats.opt	2019/12/17 星期二 1...	OPT 文件	2 KB
OSP.dat	2019/12/17 星期二 1...	DAT 文件	16,384 KB
POS.dat	2019/12/17 星期二 1...	DAT 文件	16,384 KB
SPO.dat	2019/12/17 星期二 1...	DAT 文件	16,384 KB

图 11-7　TDB 数据目录下产生的文件

11.4　基于 Jena 的知识推理

Jena 推理常用的方式有两种：一种是 OWL 推理，另一种是规则推理。

本节将介绍这两种方式的具体实现。下载 Jena Fuseki 客户端后，解压至指定目录下，进入 apache-jena-fuseki-3.13.1 文件夹，运行 fuseki-server.bat，然后退出。Fuseki 程序会在当前目录自动创建 run 文件夹。此时将本体文件 ontology.owl 移动到 run 文件夹下的 databases 文件夹中，并将 owl 后缀名改为 ttl。同时，在 run 文件夹下的 configuration 中，我们创建名为 fuseki_conf.ttl 的文本文件（取名没有要求），加入如下内容：

```
@prefix fuseki:  <http://jena.apache.org/fuseki#> .
@prefix rdf:     <http://www.w3.org/1999/02/22-rdf-syntax-ns#> .
@prefix rdfs:    <http://www.w3.org/2000/01/rdf-schema#> .
@prefix tdb:     <http://jena.hpl.hp.com/2008/tdb#> .
@prefix ja:      <http://jena.hpl.hp.com/2005/11/Assembler#> .
@prefix :        <#> .

<#service3>  rdf:type fuseki:Service ;
    fuseki:name              "kg_demo_movie" ;       # http://host:port/tdb
    fuseki:serviceQuery      "sparql" ;              # SPARQL query service
    fuseki:dataset           <#dataset> ;
    .
<#dataset> rdf:type tdb:DatasetTDB ;
    tdb:location "C:/data/tdb" ; #TDB 数据存放目录，按需更改
    # Query timeout on this dataset (1s, 1000 milliseconds)
    ja:context [ ja:cxtName "arq:queryTimeout" ;  ja:cxtValue "1000" ] ;
    # Make the default graph be the union of all named graphs.
    ## tdb:unionDefaultGraph true ;
     .
```

再次运行 fuseki-server.bat，如果出现 INFO Started 字样，则表示运行成功，如图 11-8 所示。

```
PS C:\Users\Hugh\Documents\apache-jena-fuseki-3.13.1\apache-jena-fuseki-3.13.1> .\fuseki-server.bat
[2019-12-23 14:25:02] Server     INFO  Apache Jena Fuseki 3.13.1
[2019-12-23 14:25:03] Config     INFO  FUSEKI_HOME=C:\Users\Hugh\Documents\apache-jena-fuseki-3.13.1\apache-jena-fuseki-
3.13.1\.
[2019-12-23 14:25:03] Config     INFO  FUSEKI_BASE=C:\Users\Hugh\Documents\apache-jena-fuseki-3.13.1\apache-jena-fuseki-
3.13.1\run
[2019-12-23 14:25:03] Config     INFO  Shiro file: file://C:\Users\Hugh\Documents\apache-jena-fuseki-3.13.1\apache-jena-
fuseki-3.13.1\run\shiro.ini
[2019-12-23 14:25:03] Config     INFO  Configuration file: C:\Users\Hugh\Documents\apache-jena-fuseki-3.13.1\apache-jena
-fuseki-3.13.1\run\config.ttl
[2019-12-23 14:25:03] riot       WARN  [line: 5, col: 9 ] Bad IRI: <C:\Users\Hugh\Documents\apache-jena-fuseki-3.13.1\ap
ache-jena-fuseki-3.13.1\run\config.ttl#> Code: 4/UNWISE_CHARACTER in PATH: The character matches no grammar rules of URI
s/IRIs. These characters are permitted in RDF URI References, XML system identifiers, and XML Schema anyURIs.
[2019-12-23 14:25:04] Config     INFO  Load configuration: file:///C:/Users/Hugh/Documents/apache-jena-fuseki-3.13.1/apa
che-jena-fuseki-3.13.1/run/configuration/fuseki_conf.ttl
[2019-12-23 14:25:04] Config     INFO  Register: /kg_demo_movie
[2019-12-23 14:25:04] Server     INFO  Started 2019/12/23 14:25:04 CST on port 3030
```

图 11-8　运行成功状态

11.4.1 OWL 推理

Jena 提供了 RDFS、OWL 和通用规则推理机。其实 Jena 的 RDFS 和 OWL 推理机也是通过 Jena 自身的通用规则推理机实现的。当启动 Fuseki 后，界面如图 11-9 所示。

图 11-9　启动 Fuseki 后的界面

Jena 自身推理机便可以提供推理功能了。Fuseki 默认端口是 3030，我们通过浏览器地址 http://localhost:3030/ 访问 Fuseki 网页端，以通过网页端进行操作。

用户可以借助 Fuseki 网页端进行 SPARQL 查询等操作，如图 11-10 所示。

图 11-10　SPARQL 查询状态

或者在 Python 中使用 SPARQLWrapper 向 Fuseki server 发送查询请求：

```
# -*- coding: utf-8 -*-
from SPARQLWrapper import SPARQLWrapper, JSON
sparql = SPARQLWrapper("http://localhost:3030/kg_demo_movie/sparql")
sparql.setQuery(r'''
    PREFIX : <http://www.kgdemo.com#>
    PREFIX rdf: <http://www.w3.org/1999/02/22-rdf-syntax-ns#>
    PREFIX rdfs: <http://www.w3.org/2000/01/rdf-schema#>
    SELECT * WHERE{
        ?x :movieTitle '功夫'.
            ?x ?p ?o.
    }
    ''')
sparql.setReturnFormat(JSON)
results = sparql.query().convert()
for result in results["results"]["bindings"]:
    print(result["x"]["value"])
    print(result["pv"]["value"])
    print(result["o"]["value"])
```

11.4.2　Jena 规则推理

Jena 支持自定义规则推理，用户需要将规则文件放至上述 database 文件夹内，并命名为 ttl。本实例在对应目录下创建了 rules.ttl 文件，并在该文件中写入了以下内容：

```
@prefix : <http://www.kgdemo.com#> .
@prefix rdf: <http://www.w3.org/1999/02/22-rdf-syntax-ns#> .
[ruleComedian: (?p :hasActedIn ?m), (?m :hasGenre ?g), (?g :genreName '喜剧')
-> (?p rdf:type :Comedian)] # 推导规则需要用逗号隔开
[ruleInverse: (?p :hasActedIn ?m) -> (?m :hasActor ?p)]
```

同时需要修改配置文件（fuseki_conf.ttl）。内容应为：

```
@prefix tdb:    <http://jena.hpl.hp.com/2008/tdb#> .
@prefix rdf:    <http://www.w3.org/1999/02/22-rdf-syntax-ns#> .
@prefix rdfs:   <http://www.w3.org/2000/01/rdf-schema#> .
@prefix ja:     <http://jena.hpl.hp.com/2005/11/Assembler#> .
@prefix fuseki: <http://jena.apache.org/fuseki#> .

<#service1> rdf:type fuseki:Service ;
    fuseki:name                     "kg_demo_movie" ;
    fuseki:serviceQuery             "sparql", "query" ;
    fuseki:serviceReadGraphStore    "get" ;
    fuseki:dataset                  <#dataset> ;
    .
<#dataset> rdf:type ja:RDFDataset ;
    ja:defaultGraph <#modelInf> ;
    .
```

```
<#modelInf> rdf:type ja:InfModel ;
    ja:reasoner [ ja:reasonerURL <http://jena.hpl.hp.com/2003/ GenericRuleReasoner>;
    ja:rulesFrom <file:///C: /apache-jena-fuseki-3.8.0/run/ databases/ rules.ttl> ];
    ja:baseModel <#g> ;
    .
<#g> rdf:type tdb:GraphTDB ;
    tdb:location "E:/data/tdb" ;
    tdb:unionDefaultGraph true ;
    .
```

若是进行简单推理，可以不用自定义推导规则，直接使用 OWLFBRuleReasoner 即可。

```
ja:reasoner [ja:reasonerURL <http://jena.hpl.hp.com/2003/ OWLFBRuleReasoner>] ;
```

配置好后，重启 fuseki-server。使用 SPARQLWrapper 向其发送查询请求如下，可查询演员"A"与演员"B"合作演出的电影有哪些。

```
# -*- coding: utf-8 -*-
from SPARQLWrapper import SPARQLWrapper, JSON
sparql = SPARQLWrapper("http://localhost:3030/kg_demo_movie/sparql")
sparql.setQuery(r'''
    PREFIX : <http://www.kgdemo.com#>
    PREFIX rdf: <http://www.w3.org/1999/02/22-rdf-syntax-ns#>
    PREFIX rdfs: <http://www.w3.org/2000/01/rdf-schema#>

    SELECT ?n WHERE {
    ?s rdf:type :Person.
    ?s :personName 'A'.
    ?t :personName 'B'.
    ?s :hasActedIn ?o.
    ?t :hasActedIn ?o.
    ?o :movieTitle ?n.
    ?o :movieRating ?r.
    FILTER (?r >= 7)
    }
    ''')
sparql.setReturnFormat(JSON)
results = sparql.query().convert()
for result in results["results"]["bindings"]:
    print(result["n"]["value"])
```

至此，本案例基本展现了基于电影知识库的推理工作流程。

11.5 基于 Elasticsearch 的知识搜索

基于 Elasticsearch 的知识搜索分为以下几步：建立 Elasticsearch 索引、导入电影知识库数据、通过 head 进行查询或通过外部 API 进行 Elasticsearch 检索。

1. 建立 Elasticsearch 索引

为了将本案例中的电影数据批量导入到 Elasticsearch 中，需要先为这些数据建立索引 index 和数据中的类型 type。index 可以类比为一个单独的数据库，其中存放的是结构相似的文档。type 是 index 的一个子结构，可以存放不同部分的数据。type 可以类比为一张表，而每一篇文档都存储在一个 type 中，类似于一条记录存储在一张表中。

Elasticsearch 使用方便交互的 RESTful API，通过 Elasticsearch 的 mapping 文件可以创建 index 和 type，并指定每个字段在 Elasticsearch 中存储的类型。但因为 mapping 语法常变，因此根据文件写出合适的 mapping 文件有时候是十分困难的。而 Elasticsearch 其实提供了一个十分简便、可行的方式来查看 index 格式，以此对照来写 mapping 文件既快又准。将 11.3 节中处理好的 JSON 数据取出一条并添加到新建的索引 demo 之中，然后访问 http://localhost:9200/demo 便可以查看 demo 的索引属性，结果如图 11-11 所示。

```
{"demo":{"aliases":{},"mappings":{"g":{"properties":{"movie_actor":{"properties":{"person_biography":
{"type":"text","fields":{"keyword":{"type":"keyword","ignore_above":256}}},"person_birth_day":
{"type":"date"},"person_birth_place":{"type":"text","fields":{"keyword":
{"type":"keyword","ignore_above":256}}},"person_english_name":{"type":"text","fields":{"keyword":
{"type":"keyword","ignore_above":256}}},"person_id":{"type":"long"},"person_name":{"type":"text","fields":
{"keyword":{"type":"keyword","ignore_above":256}}}}},"movie_genre":{"type":"text","fields":{"keyword":
{"type":"keyword","ignore_above":256}}},"movie_id":{"type":"long"},"movie_introduction":
{"type":"text","fields":{"keyword":{"type":"keyword","ignore_above":256}}},"movie_rating":
{"type":"float"},"movie_release_date":{"type":"date"},"movie_title":{"type":"text","fields":{"keyword":
{"type":"keyword","ignore_above":256}}}}}},"settings":{"index":
{"creation_date":"1577020616548","number_of_shards":"5","number_of_replicas":"1","uuid":"iERo45h2QsyJ3TW4D
9KF_Q","version":{"created":"6080099"},"provided_name":"demo"}}}}
```

图 11-11 demo 的索引属性

将 mappings 标签内的内容取出，即本案例为正确导入电影数据所需要定义的 mapping 文件格式。可以看到的是，mapping 中包含了所有字段（field）的信息，如 movie_genre、person_english_name 等。而为了进一步加强搜索能力，本节在 mapping 中将加入实现全字段搜索的属性。Elasticsearch 6.x 之前的版本可以通过设置关键字 _all 为 enable 实现全字段搜索，但 _all 属性在后续的版本中被废弃，需要使用 copy_to 关键字才能实现跨字段（cross-field）的搜索。例如：

```
{
    "mappings": {
        "person": {
            "properties": {
                "first_name": {
                    "type":      "string",
                    "copy_to":   "full_name"
```

```
            },
            "last_name": {
                "type" :        "string",
                "copy_to" :     "full_name"
            },
            "full_name": {
                "type" :        "string"
            }
        }
    }
}
```

此时 full_name 就可以看作是一个大的字段，融合了 first_name 与 last_name 的所有数据。

2. 导入电影知识库数据

在定义了电影数据 JSON 格式的 mapping 后，接下来就是导入数据，本实例使用了 Python 自带的 bulk API。它允许在单个步骤中进行多次 create、index、update 或 delete 操作。如果你需要索引一个数据流（比如日志事件），它可以排队和索引数百或数千个批次。一个完整的 bulk 操作请求有以下形式：

```
{ "delete": { "_index": "website", "_type": "blog", "_id": "123" }}
{ "create": { "_index": "website", "_type": "blog", "_id": "123" }}
{ "title":    "My first blog post" }
{ "index":   { "_index": "website", "_type": "blog" }}
{ "title":    "My second blog post" }
{ "update":  { "_index": "website", "_type": "blog", "_id": "123", "_retry_on_
    conflict" : 3} }
{ "doc" : {"title" : "My updated blog post"} }
```

需要注意的是，bulk 操作所处理的 JSON 格式有以下要求。

❑ 每行一定要以换行符（\n）结尾，包括最后一行。这些换行符作为一个标记，可以有效分隔行。

❑ 这些行不能包含未转义的换行符，因为它们将会对解析造成干扰。这意味着这个 JSON 格式数据不能使用 pretty 参数打印。

使用 Python bulk API 导入数据代码如下：

```
import json
from elasticsearch import Elasticsearch
from elasticsearch.helpers import bulk
def set_data(inptfile):
    f = open(inptfile, 'r', encoding='UTF-8')
    print(f.readlines())
class ElasticObj:
```

```python
    def __init__(self, index_name, index_type, ip):
        """
        :param index_name: 索引名称
        :param index_type: 索引类型
        """
        self.index_name = index_name
        self.index_type = index_type
        # 无用户名、密码状态
        self.es = Elasticsearch([ip])
        # 有用户名、密码状态
        # self.es = Elasticsearch([ip],http_auth=('elastic', 'password'),port=9200)
    def create_index(self):
        '''
        创建索引,索引名称为ott,类型为ott_type
        :param ex: Elasticsearch对象
        :return:
        '''
        # 创建映射
_index_mappings = {
    "mappings": {
        self.index_type: {
            "properties": {
                "movie_actor": {
                    "properties": {
                        "person_biography": {
                            "type": "text",
                            "copy_to": "full_info"
                        },
                        "person_birth_day": {
                            "type": "text",
                            "copy_to": "full_info"
                        },
                        "person_birth_place": {
                            "type": "text",
                            "copy_to": "full_info"
                        },
                        "person_death_day": {
                            "type": "text",
                            "copy_to": "full_info"
                        },
                        "person_english_name": {
                            "type": "text",
                            "copy_to": "full_info"
                        },
                        "person_id": {
                            "type": "text",
                            "copy_to": "full_info"
                        },
                        "person_name": {
                            "type": "text",
                            "copy_to": "full_info"
                        },
```

```
                    }
                },
                "movie_genre": {
                    "type": "text",
                    "copy_to": "full_info"
                },
                "movie_id": {
                    "type": "text",
                    "copy_to": "full_info"
                },
                "movie_introduction": {
                    "type": "text",
                    "copy_to": "full_info"
                },
                "movie_rating": {
                    "type": "text",
                    "copy_to": "full_info"
                },
                "movie_release_date": {
                    "type": "text",
                    "copy_to": "full_info"
                },
                "movie_title": {
                    "type": "text",
                    "copy_to": "full_info"
                },
                "full_info": {
                    "type": "text"
                }
            }
        }
    }
    if self.es.indices.exists(index=self.index_name) is not True:
        res = self.es.indices.create(index=self.index_name, body=_index_
            mappings, ignore=400)
        print(res)
# 插入数据
def insert_data(self, inputfile):
    f = open(inputfile, 'r', encoding='UTF-8')
    data = []
    for line in f.readlines():
        # 把末尾的 '\n' 删掉
        line = line.replace("null", '-1')
        # print(line.strip())
        # 存入 list
        data.append(line.strip())
    f.close()
    ACTIONS = []
    i = 1
    bulk_num = 2
    for list_line in data:
```

```python
            # 去掉引号
            print(list_line)
            list_line = eval(list_line)
            # print(list_line)
            action = {
                "_index": self.index_name,
                "_type": self.index_type,
                "_id": i,  # _id 也可以默认生成，无须赋值
                "_source": {
                    "movie_id": list_line["movie_id"],
                    "movie_title": list_line["movie_title"],
                    "movie_introduction": list_line["movie_introduction"],
                    "movie_rating": list_line["movie_rating"],
                    "movie_release_date": list_line["movie_release_date"],
                    "movie_genre": list_line["movie_genre"],
                    "movie_actor": list_line["movie_actor"]
                }
            }
            i += 1
            ACTIONS.append(action)
            # 批量处理
            if len(ACTIONS) == bulk_num:
                print('插入 ', i / bulk_num, ' 批数据 ')
                print(len(ACTIONS))
                success, _ = bulk(self.es, ACTIONS, index=self.index_name, raise_
                    on_error=True)
                del ACTIONS[0:len(ACTIONS)]
                print(success)
    if len(ACTIONS) > 0:
        success, _ = bulk(self.es, ACTIONS, index=self.index_name, raise_on_
            error=True)
        del ACTIONS[0:len(ACTIONS)]
        print('Performed %d actions' % success)
```

3. Elasticsearch 检索

Elasticsearch 检索可以通过 head 或外部 API 进行查询，查询语句可以使用 JSON 格式。具体代码如下所示：

```python
es = Elasticsearch('http://localhost:9200/')
doc = {
    "query": {
        "match": {
            "full_info": question
        }
    }
}
res = es.search(index="demo", body=doc)
```

以上实现了对本次电影数据所有信息的检索，最终将会按照 Elasticsearch 的排序算法

给出与 question 字符相关的若干条结果，如日常搜索引擎的效果。读者可自行测试搜索结果，如输入电影名或 A 演员和 B 演员共同出演的电影。

进一步的测试可下载本章随书代码进行。

11.6 本章小结

本章案例打造了一个基于知识图谱的搜索引擎实例，涉及知识图谱的设计、实例系统技术架构及模块的设计。为读者进一步展示了从数据处理开始的具体流程，并介绍了关键工具的使用方法。

从结果中可以预见，有知识图谱赋能的搜索引擎更加"贴心"，可以满足用户的搜索需求。

第 12 章将基于知识图谱框架进行推荐系统实践。

第 12 章

图书推荐系统实践

大知闲闲，小知间间；大言炎炎，小言詹詹。

——《庄子·齐物论》

最有智慧的人，总会表现出豁达大度之态；小有才气的人，总爱为微小的是非而斤斤计较。合乎大道的言论，其势如燎原烈火，既美好又盛大，让人听了心悦诚服；那些耍小聪明的言论，琐琐碎碎，废话连篇。

推荐系统是一种信息过滤系统，可以预测用户对物品的"评分"或"偏好"，代替用户对未接触过的事物进行评判。在推荐过程中引入知识图谱，可以精准定义智慧的人、小有才气的人，识别合乎大道的言论、耍小聪明的言论，使推荐结果更加智能。

本章从基于知识图谱的推荐系统业务出发，给出了推荐系统的业务设计内容，并基于预处理后的数据进行图书推荐系统实践，深入介绍算法模型与训练过程。最终通过构建图书知识图谱找出图书间的潜在特征，并借助该特征及历史读者评分数据集，实现了基于图书知识图谱的推荐系统，最后呈现相应的推荐应用结果。

12.1 推荐系统背景

信息爆炸使得信息的利用率不增反降，造成信息超载。要想真正找到所需的内容，使用搜索功能成为用户的首选。然而传统的搜索算法无法针对不同用户的兴趣爱好提供相应的服务。

为了解决上述问题，人们需要一种实际有效的信息过滤手段。使用推荐系统是当前解决信息超载问题的最有效方法之一。而在传统的推荐系统中，输入端一般只使用了用户和物品的历史交互信息，而这会带来过拟合和冷启动问题，这也是推荐系统中最为常见的问题。

1）过拟合问题：用户和物品的交互信息过于稀疏。例如，一个电影类 App 可能包含了上万部电影，然而一个用户打过分的电影可能平均只有几十部。使用如此少量的已观测数据来预测大量的未知信息，会极大地增加算法的过拟合风险。

2）冷启动问题：对于新加入的用户或者物品，由于系统没有其历史交互信息，因此无法进行准确的建模和推荐。

解决上述问题的一个通常方法是在推荐算法的输入数据中引入一些辅助信息。添加辅助信息可以丰富对用户和物品的描述，增强推荐算法的挖掘能力，一定程度上可以有效地弥补交互信息的稀疏或缺失。在这个方向上进一步研究，推荐系统研究领域就出现了两类问题。

1）如何根据具体推荐场景的特点，将各种辅助信息有效地融入推荐算法。

2）如何从各种辅助信息中提取有效的特征。

这些不仅是推荐系统研究领域的热点和难点，也是推荐系统工程领域的核心问题。而在各种辅助信息中，知识图谱作为一种新兴类型的辅助信息，近几年逐渐引起了诸多研究人员的关注。

我们知道知识图谱本身包含了实体之间丰富的语义关联，这为推荐系统提供了丰富的潜在辅助信息来源。另外，在许多推荐场景中，知识图谱都有着成功的应用实践，例如电影、新闻、景点、餐馆、购物等。和其他种类的辅助信息相比，知识图谱辅助信息的引入可以让推荐结果在以下方面得到优化。

- 精确性（Precision）。知识图谱中的物品拥有更多的语义关系，作为辅助信息可以帮助推荐系统深层次发现用户兴趣。
- 多样性（Diversity）。知识图谱提供了不同的关系连接属性和种类，有利于推荐结果的发散，避免推荐结果局限于单一类型。
- 可解释性（Interpretability）。知识图谱可以连接用户的历史记录和推荐结果，从而提高用户对推荐结果的满意度和接受度，增强用户对推荐系统的信任度。

接下来，我们将参考文章"Multi-Task Feature Learning for Knowledge Graph Enhanced Recommendation"公开的图书模拟数据以及基于Python3编写的代码，完成基于图书知识图谱的推荐系统实践。

12.2 图书推荐业务设计

本案例着眼于图书推荐系统设计，重点实现基于知识图谱的图书推荐业务设计，图书推荐业务设计包括场景设计、知识图谱设计、模块设计。

12.2.1 场景设计

图书推荐业务的场景主要是基于图书信息数据以及用户阅读历史评分数据预测用户对不同图书的喜爱程度，从而输出用户喜爱程度排名靠前又未曾阅读过的图书，完成图书推荐业务的实现。图书推荐业务技术架构如图12-1所示。

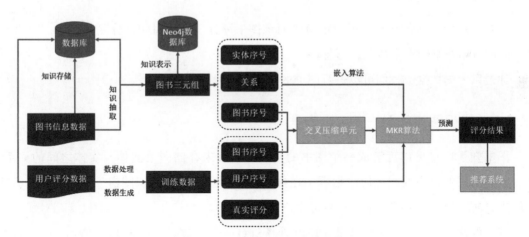

图 12-1　图书推荐业务技术架构

图书推荐系统所需的图书信息数据以及用户阅读历史评分数据是尤为重要的。我们使用已发表论文中公开的图书知识图谱数据以及用户阅读历史评分的模拟数据⊖进行实践，主要有图书信息数据（book_data.csv，含 2347 条图书信息），用户阅读历史评分数据（即 ratings.dat，来自 6040 个读者的 100 万条评分数据）。其中，book_data.csv 包含图书 id

---

⊖ 模拟数据来源：https://github.com/hwwang55/MKR。

（book_id）、图书对应的实体 ID（entity_id）以及众多关系属性等信息。

具体数据如下。

1）图书数据表 book_data.csv 数据表示例，如表 12-1 所示。

表 12-1　book_data.csv 数据表示例

entity_id	book_id	language	rating	author	country	publisher	style	genre
0	1	2348	2664	6285	2353	3128	3086	2350
1	2	2348	2423	4010	2353	5511	3138	2392
2	3	2348	2375	3967	2353	3131	2867	2350

其中，表的列名释义从左到右依次为实体 ID、图书 ID、图书语言、图书级别、作者、作者国籍、出版社、图书风格、图书体裁类型。为了方便进行模拟计算，将所有的具体信息由随机数字代替，模拟产生的数字重复度等基本符合现实规律。

2）用户阅读历史评分数据（即 ratings.dat）示例如下。

```
1::1193::5::978300760
1::661::3::978302109
1::914::3::978301968
```

按行分别为：读者 ID:: 图书 ID:: 读者对该图书评分 :: 评分时间，分隔符为"::"，其中评分时间数据在案例中未涉及，可忽略。

通过以上的数据，我们可以进行图书的知识图谱设计。

12.2.2　知识图谱设计

图书知识图谱可以理解成一个图书的知识库，用来存储图书实体与实体之间的关系。结合阅读图书的用户的相关历史数据，在推荐算法中融入图书知识图谱，就能够将没有任何历史数据的新图书精准地推荐给目标用户。

基于推荐系统所需，我们来设计知识图谱 SPO 三元组数据，如表 12-2 所示。

表 12-2　SPO 三元组设计表

ID	relation	entity
0	book.book.language	2348
0	book.book.author	6285
1	book.book.language	2348
1	book.book.author	4010

第 1 列是图书实体序号，第 2 列是关系，第 3 列是目标实体。这里可以将图书知识图

谱理解成一个知识库，用来存储图书与目标实体之间的关系。我们将所有的图书名以及实体名用 ID 来表征。这里的图书知识图谱并不是随机生成的，而是根据 12.2.1 节中的图书信息数据（book_data.csv）进行处理生成的。图书知识图谱的核心在于数据的关系，例如图书 ID 为 0 和 1 的图书，在 language 关系上，对应的实体 ID 相同，为 2348。这样我们可以知道图书 ID 为 0 和 1 的图书的语言是一样的，基于此我们能够利用这些图书知识图谱进行推荐应用实践。图 12-2 为本案例图书知识图谱的结构图。

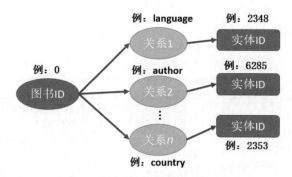

图 12-2　图书知识图谱的结构图

12.2.3　模块设计

模块设计共包括导入数据模块、导入图数据库模块、数据预处理与知识抽取模块、数据库模块、算法模块、推荐系统应用模块、工具模块。图 12-3 所示是图书推荐业务的代码结构 UML 图。

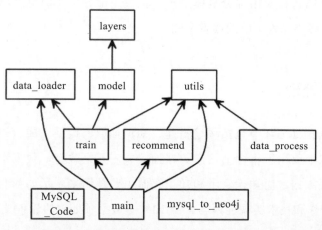

图 12-3　图书推荐业务的代码结构 UML 图

我们对模块的技术架构设计如下。

1）数据预处理与知识抽取：将源数据进行基本的数据处理后进行知识抽取，生成知识图谱所需的三元组数据，最后生成推荐算法所需的训练数据。

2）数据库操作：本案例分别利用 Python 中的 pymysql、py2neo 模块，在 MySQL 关系型数据库、Neo4j 图数据库中进行数据存取交互操作。

3）算法框架搭建、训练以及应用：载入算法所需的数据，基于 MKR 算法进行模型训练，并且实现基于图书知识图谱的图书推荐功能。

表 12-3 为具体的模块说明内容。

表 12-3　代码模块

模块	文件	说明
数据处理与知识抽取模块	data_process.py	按照推荐算法的需求对读取的数据进行数据预处理、生成算法所需的训练数据并进行知识抽取
数据库模块	MySQL_Code.sql	数据库存储模块，将源数据在数据库中进行存取操作，以便于数据的维护和再利用
	mysql_to_neo4j.py	图数据库交互模块，将数据库中的数据，按照知识图谱设计的数据模型存储到图数据库中
算法模块	model.py	模型架构模块，搭建模型框架
	layers.py	MKR 算法核心框架，搭建交叉压缩单元模型的连接层
	train.py	算法训练模块，训练推荐模型
推荐系统应用模块	recommend.py	推荐系统设计模块，实现推荐系统
	main.py	主函数，包括训练推荐模型、输出和保存结果以及开启推荐系统
工具模块	utils.py	包含项目必要的算法系数、路径等参数

关于算法的介绍将在应用部分具体给出。在应用部分，我们也给出了原文章以及原始代码的链接，以供想要深入了解的读者参阅。

12.3　数据预处理

本案例的数据预处理环节包括环境搭建、知识抽取、数据生成、知识表示以及知识存储。其中知识抽取主要用于将图书信息数据抽取成三元组数据，数据生成用于生成推荐系统算法所需的训练数据。而知识表示和知识存储主要是用来展示如何利用图书知识图谱数据进行相关软件操作和技术实现的内容。图 12-4 是数据预处理的流程架构图。

第12章 图书推荐系统实践 223

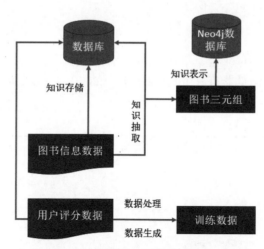

图 12-4 数据预处理的流程架构图

12.3.1 环境搭建

本实践需要安装 Python3 并配置好相应的环境，安装必要模块（具体模块参见随书代码文件）。本案例还给出了 MySQL 和 Neo4j 的相关操作，需要事先安装好 MySQL 以及 Neo4j，相应的软件安装以及环境配置这里不再赘述。我们使用了 D2RQ 工具进行图书知识图谱的知识表示操作，下面分步骤给出 D2RQ 软件及其配置环境所需的操作。

1）下载安装 D2RQ 和配置环境所需的 mysql-connector-java-5.1.47-bin 的 Jar 文件。

2）配置环境：案例项目需要将 D2RQ 与 Java、MySQL 进行联合应用，因此需要使用 JDBC 驱动程序，我们将 mysql-connector-java-5.1.47-bin 的 Jar 文件放入 D2RQ 的 /lib 文件夹中。

3）开启 MySQL 服务器。

4）用 generate-mapping 工具为数据库创建 mapping file（映射文件），在 D2RQ 安装目录中通过 cmd 方式运行如下命令：

```
generate-mapping -u user -p password o db_kg_data.ttl jdbc:mysql:/// db_kg_data
```

在命令中，我们需要将 user 替换为 MySQL 用户名；将 password 替换为 MySQL 密码；将 MySQL 数据库 db_kg_data 替换为存放待转化文件的数据库名。保证数据库的用户名、密码和数据库名输入正确，以及数据库中数据表的主键完整。

5）启动 D2R Server：

```
d2r-server db_kg_data.ttl
```

6）测试服务器：用浏览器打开 http://localhost:2020/ 会出现如图 12-5 所示界面。如果网页连接成功，则表示服务器开启成功，我们也可以在这里查看数据导入情况。

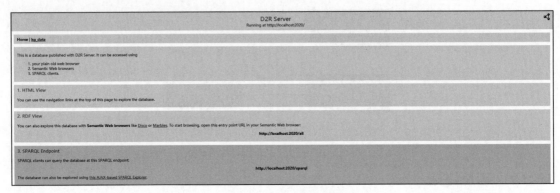

图 12-5　D2RQ 网页端

至此，D2RQ 软件就配置成功了，我们可以利用 D2RQ 进行相关知识表示的技术操作。

12.3.2　知识抽取

本案例采用的数据参考了论文的公开图书模拟数据，其中 book_data.csv 包含了图书的详细数据，在知识图谱设计部分有部分数据的展示。下一步就是利用图书信息数据抽取出案例所需的知识图谱三元组。这里利用 Python 来进行"图书序号 – 关系 – 实体"三元组的抽取。

```python
# 以下代码存放在 data_process.py 中
import numpy as np
import pandas as pd
from utils import Parameters

def extract_spo(book_data):
    '''
    从图书信息数据中提取出三元组数据
    :param book_data: 存储图书信息的数据框
    :return: DataFrame 格式文件，存储着图书三元组数据
    '''
    # 创建 id-relation-entity 的三元组数据结构
    kg = pd.DataFrame(columns={"id": "", "relation": "", "entity": ""})
    # 在图书信息的各类关系数据中，每个非空的值都对应着一行三元组，存储在 kg 中
    for ind in book_data.index:
```

```python
        for col in range(2, len(book_data.columns)): # 关系所在的列
            if not pd.isnull(book_data.iloc[ind, col]): # 保证非空
                colname = book_data.columns[col]    # 关系名
                kg = kg.append([{'id':int(book_data.loc[ind, 'entity_id']), 'relation':
                    colname, 'entity': int(book_data.loc[ind, colname])}]).reindex()
    kg = kg.dropna() # 去掉可能存在的空值
    return kg
# 存储到数据库指定的文件夹中
path = Parameters.args.dataset_path
# 读取存储图书信息数据的 CSV 文件
book_data = pd.read_csv(path+ '/book_data.csv', encoding='utf-8')
kg = extract_spo(book_data)
kg.to_csv(path + '/kg.csv', index=False, header=True)
```

查看案例的项目数据文件夹中的 kg.csv 文件，可以看到抽取出来的知识图谱三元组数据。

12.3.3 数据生成

抽取出知识图谱三元组数据 kg.csv 后，我们需要处理和分析用户历史阅读评分数据。该数据存放在 ratings.dat 文件中，需要先对 kg.csv、ratings.dat 数据进行预处理，再根据这些数据生成满足算法设计的图书图谱数据 kg_final.txt 以及 ratings_final.txt。下面利用 Python 处理数据，生成算法所需的数据文件。

```python
# 以下代码存放在 data_process.py 中
# 接知识抽取步骤
def book_entity_index(book_data):
    '''
    提取 id 对应的序号，并存储为字典
    :param book_data: 存储图书信息的数据框
    :return: 图书 ID 及对应序号的字典数据，知识图谱图书实体（ID）及对应序号的字典数据
    '''
    book_id_index = dict()   # 图书（ID）及对应序号
    entity_id_index = dict()   # 知识图谱图书实体（ID）及对应序号
    i = 0
    for ind in book_data.index:
        book_id = str(book_data.loc[ind, 'book_id'])
        entity_id = str(book_data.loc[ind, 'entity_id'])
        book_id_index[book_id] = i
        entity_id_index[entity_id] = i
        i += 1
    return book_id_index, entity_id_index

def ratings_process(book_id_index, path):
    '''
    处理用户阅读历史评分数据，剔除用户已经阅读过的图书 id
    将某用户喜欢阅读的 N 个图书的 ID（评分为 1）信息，与还未阅读的 N 个图书 ID 信息（评分为 0），一
        起保存为 ratings_final.txt
    :param book_id_index: 图书 ID 及对应序号的字典数据
```

```python
        :param path: 存放评分数据的文件夹路径
        '''
        # 处理读者的评分数据集 (ratings.dat)，评分 4 以上记为：1；生成 ratings_final.txt
        file = path + '/ratings.dat'
        book_index_set = set(book_id_index.values())   # 图书 ID 的序号
        reader_pos_ratings = dict()   # 读者评分高的图书
        reader_neg_ratings = dict()   # 读者评分低的图书
        for line in open(file, encoding='utf-8').readlines()[1:]:
            array = line.strip().split('::')
            book_id_from_ratings = array[1]
            if book_id_from_ratings not in book_id_index:   # 剔除不在图书数据内的图书 ID
                continue
            # item_index: 对应图书 ID 的序号
            book_index = book_id_index[book_id_from_ratings]
            reader_id = int(array[0])   # 读者 ID
            rating = float(array[2])   # 读者（ID）对图书（ID）的评分
            if rating >= 4:
                if reader_id not in reader_pos_ratings:
                    reader_pos_ratings[reader_id] = set()
                reader_pos_ratings[reader_id].add(book_index)
            else:
                if reader_id not in reader_neg_ratings:
                    reader_neg_ratings[reader_id] = set()
                reader_neg_ratings[reader_id].add(book_index)
        writer = open(path + '/ratings_final.txt', 'w', encoding='utf-8')
        reader_cnt = 0
        reader_id_index = dict()   # 读者 ID 及对应的序号
        for reader_id, pos_book_index_set in reader_pos_ratings.items():
            if reader_id not in reader_id_index:
                reader_id_index[reader_id] = reader_cnt
                reader_cnt += 1
            reader_index = reader_id_index[reader_id]
            for book_index in pos_book_index_set:
                writer.write('%d\t%d\t1\n' % (reader_index, book_index))
            unwatched_set = book_index_set - pos_book_index_set   # 从全部图书 ID 序号除
                去该读者评分高的图书 ID 序号
            if reader_id in reader_neg_ratings:
                unwatched_set -= reader_neg_ratings[reader_id]   # 再除去该读者评分低的图
                    书 ID 序号
            # 此时的 unwatched_set 是当前读者还未读过的图书集
            for item in np.random.choice(list(unwatched_set), size=len(pos_book_
                index_set), replace=False):
                # 随机抽取 size 个当前读者还未读过的图书 ID 序号，用作后面的模型检验评估
                writer.write('%d\t%d\t0\n' % (reader_index, item))
        writer.close()

def spo_process(entity_id_index, kg, path):
    '''
    处理知识图谱三元组数据，生成 kg_final.txt
    :param entity_id_index: 知识图谱图书实体 ID 及对应序号的字典数据
    :param kg: 图书三元组数据
    :param path: 项目数据文件夹路径
```

```python
'''
relation_id_index = dict()    # 定义关系编号字典
entity_cnt = len(entity_id_index)
relation_cnt = 0
writer = open(path + '/kg_final.txt', 'w', encoding='utf-8')
for ind in kg.index:
    head_index = str(kg.loc[ind, 'id'])    # 图书实体 ID 序号
    relation_str = kg.loc[ind, 'relation']    # 关系
    tail_id = kg.loc[ind, 'entity']    # 目标实体
    if head_index not in entity_id_index:    # 剔除不在图书数据内的图书实体 ID 序号
        continue
    head = entity_id_index[head_index]
    # 数据都是模拟产生的数字, 防止目标实体和图书 ID 序号数据重合
    if tail_id not in entity_id_index:
        entity_id_index[tail_id] = entity_cnt
        entity_cnt += 1
    tail = entity_id_index[tail_id]
    # 将关系编号写入字典
    if relation_str not in relation_id_index:
        relation_id_index[relation_str] = relation_cnt
        relation_cnt += 1
    relation = relation_id_index[relation_str]
    writer.write('%d\t%d\t%d\n' % (head, relation, tail))
writer.close()
print('number of entities (containing items): %d' % entity_cnt)
print('number of relations: %d' % relation_cnt)
```

预处理过程将生成 ratings_final.txt 和 kg_final.txt 两个文本文件，以作为推荐算法的输入数据源。到这一步结束，推荐系统所需的数据就已经准备完毕，可以进行算法模型训练了。为了案例的完备性，我们在下面给出了利用图书知识图谱数据进行知识表示与知识存储的实践内容。

12.3.4 知识表示

由于本案例使用的数据是模拟生成的，结构较为简单，因此不需要进行知识融合和知识推理。若想构建一个效率高和功能完整的知识图谱应用，知识融合和知识推理仍是必不可少的。一般来说，知识融合和知识推理需要依靠 RDF 类型文件来实现，下面介绍将图书信息三元组数据转化为 RDF 类型文件的方法。

我们利用 D2RQ 将 MySQL 中的结构化数据转为 RDF 格式文件。下面将详细介绍具体操作和可能出现的问题以及解决办法。

本案例中使用的 RDF 格式的数据库文件是由数据预处理后生成的 kg_data 三元组数据表转换的，当然也可以替换为其他数据表。为了方便数据库存取，我们设置了每行索引的列 ind，如图 12-6 中所示。

	ind	id	relation	entity
▶	0	0	book.book.language	2348
	1	0	book.book.rating	2664
	2	0	book.book.author	6285

图 12-6　MySQL 中准备转化为 RDF 格式的文件

在 D2RQ 安装目录中通过 cmd 方式运行如下命令：

```
d2r-query db_kg_data.ttl “SELECT * { ?s ?p ?o } LIMIT 10”
```

使用 d2r-query 进行 SPARQL 查询，结果如图 12-7 所示。

```
D:\D2RQ\d2rq-0.8.1>d2r-query db_kg_data.ttl "SELECT * { ?s ?p ?o } LIMIT 10"
Fri Dec 20 11:41:11 CST 2019 WARN: Establishing SSL connection without server's identity verification is not recommended
. According to MySQL 5.5.45+, 5.6.26+ and 5.7.6+ requirements SSL connection must be established by default if explicit
option isn't set. For compliance with existing applications not using SSL the verifyServerCertificate property is set to
 'false'. You need either to explicitly disable SSL by setting useSSL=false, or set useSSL=true and provide truststore f
or server certificate verification.
--------------------------------------------------------------------
| s            | p                        | o                      |
====================================================================
| <kg_data/0>  | vocab:kg_data_entity     | "2348"                 |
| <kg_data/0>  | vocab:kg_data_relation   | "book.book.language"   |
| <kg_data/0>  | vocab:kg_data_id         | 0                      |
| <kg_data/0>  | vocab:kg_data_ind        | 0                      |
| <kg_data/0>  | rdfs:label               | "kg_data #0"           |
| <kg_data/0>  | rdf:type                 | vocab:kg_data          |
| <kg_data/1>  | vocab:kg_data_entity     | "2664"                 |
| <kg_data/1>  | vocab:kg_data_relation   | "book.book.rating"     |
| <kg_data/1>  | vocab:kg_data_id         | 0                      |
| <kg_data/1>  | vocab:kg_data_ind        | 1                      |
--------------------------------------------------------------------
Fri Dec 20 11:41:12 CST 2019 WARN: Caught while disconnecting...

EXCEPTION STACK TRACE:


** BEGIN NESTED EXCEPTION **
```

图 12-7　查询结果图

运行以下命令生成 RDF，在 D2RQ 文件夹中查看生成的 nt 文件，可以看到 RDF 结构：

```
dump-rdf -o db_kg_data.nt db_kg_data.ttl
```

至此，我们得到了由数据库中结构化数据转换而来的 RDF 类型文件，RDF 类型文件结构如图 12-8 所示。生成的 RDF 类型文件适用于 Limes、Jena 等软件，方便我们进行知识融合、知识推理等工作，实现完整的知识图谱应用。

```
<file:///D:/D2RQ/d2rq-0.8.1/db_kg_data.nt#kg_data/0> <file:///D:/D2RQ/d2rq-0.8.1/vocab/kg_data_entity> "2348" .
<file:///D:/D2RQ/d2rq-0.8.1/db_kg_data.nt#kg_data/0> <file:///D:/D2RQ/d2rq-0.8.1/vocab/kg_data_relation> "book.book.language" .
<file:///D:/D2RQ/d2rq-0.8.1/db_kg_data.nt#kg_data/0> <file:///D:/D2RQ/d2rq-0.8.1/vocab/kg_data_id> "0"^^<http://www.w3.org/2001/XMLSchema#integer> .
<file:///D:/D2RQ/d2rq-0.8.1/db_kg_data.nt#kg_data/0> <file:///D:/D2RQ/d2rq-0.8.1/vocab/kg_data_ind> "0"^^<http://www.w3.org/2001/XMLSchema#integer> .
<file:///D:/D2RQ/d2rq-0.8.1/db_kg_data.nt#kg_data/0> <http://www.w3.org/2000/01/rdf-schema#label> "kg_data #0" .
<file:///D:/D2RQ/d2rq-0.8.1/db_kg_data.nt#kg_data/0> <http://www.w3.org/1999/02/22-rdf-syntax-ns#type> <file:///D:/D2RQ/d2rq-0.8.1/vocab/kg_data> .
<file:///D:/D2RQ/d2rq-0.8.1/db_kg_data.nt#kg_data/1> <file:///D:/D2RQ/d2rq-0.8.1/vocab/kg_data_entity> "2664" .
<file:///D:/D2RQ/d2rq-0.8.1/db_kg_data.nt#kg_data/1> <file:///D:/D2RQ/d2rq-0.8.1/vocab/kg_data_relation> "book.book.rating" .
<file:///D:/D2RQ/d2rq-0.8.1/db_kg_data.nt#kg_data/1> <file:///D:/D2RQ/d2rq-0.8.1/vocab/kg_data_id> "0"^^<http://www.w3.org/2001/XMLSchema#integer> .
<file:///D:/D2RQ/d2rq-0.8.1/db_kg_data.nt#kg_data/1> <file:///D:/D2RQ/d2rq-0.8.1/vocab/kg_data_ind> "1"^^<http://www.w3.org/2001/XMLSchema#integer> .
<file:///D:/D2RQ/d2rq-0.8.1/db_kg_data.nt#kg_data/1> <http://www.w3.org/2000/01/rdf-schema#label> "kg_data #1" .
```

图 12-8　RDF 类型文件结构示例

12.3.5　知识存储

为了知识图谱数据的可持续性，方便我们进行更多知识图谱的操作，我们需要进行知识存储，这里需要用到的软件为：Neo4j 和 Python。

1）将图书信息数据以及生成的图书知识图谱三元组存入 MySQL 数据库。

```sql
# 以下代码存放在 MySQL_code.sql 中
# 创建数据库 kg_recommed
create database kg_recommend;
show databases;
use kg_recommend;
# 创建 book_data
create table book_data(
    entity_id int not null,
    book_id int not null,
    language varchar(10) null,
    rating varchar(10) null,
    author varchar(10) null,
    country varchar(10) null,
    publisher varchar(10) null,
    style varchar(10) null,
    genre varchar(10) null,
    primary key ( entity_id )
    );
# 查看数据库导入数据路径，将需要导入的 CSV 文件放到指定文件夹中
show variables like '%secure%';
load data infile 'C:\\ProgramData\\MySQL\\MySQL Server 8.0\\Uploads\\book_data.
    csv' into table book_data fields terminated by ','  lines terminated by
    '\r\n';
# 在生成的图书知识图谱三元组存入 MySQL 数据库
create table kg_data(
    ind int not null,
    id int not null,
    relation varchar(20) not null,
    entity varchar(10) not null,
    primary key ( ind )
    );
load data infile 'C:\\ProgramData\\MySQL\\MySQL Server 8.0\\Uploads\\kg.csv'
    into table kg_data
fields terminated by ','  lines terminated by '\r\n';
```

2）将数据库与 Neo4j 连接并将数据导入 Neo4j 中。

```python
# 以下代码存放在 mysql_to_neo4j.py 中
from py2neo import Graph, Node, Relationship
import pymysql
graph = Graph("http://localhost:7474/", auth=("neo4j", "123456"))
dbconn = pymysql.connect(
    database="kg_recommend",
```

```python
        user="****",      # MySQL 数据库用户名
        password="******",  # 密码
        port=3306,
        charset='utf8')    # 建立数据库连接
cursor = dbconn.cursor()
# 得到存储在 MySQL 的关系表
cursor.execute('select id,relation,entity from kg_data')
rs = cursor.fetchall()
for r in rs:
    # 进行节点的匹配
    org1 = graph.nodes.match("book", name=r[0]).first()
    if org1 is None:
        # 新建节点
        a = Node('book', name=r[0])
        graph.create(a)
    org2 = graph.nodes.match("entity", name=r[2]).first()
    if org2 is not None:
        # 建立关系
        rship = Relationship(org2, r[1][10:], a)
        graph.create(rship)
    else:
        b = Node('entity', name=r[2])
        graph.create(b)
        rship = Relationship(a, r[1][10:], b)
        graph.create(rship)
cursor.close()
dbconn.close()
```

注意，利用 Python 的 py2neo 模块可将数据导入 Neo4j 图数据库中，但当数据量较大时，此过程较为缓慢。大批量数据也可以利用 CSV 文件导入，速度方面表现会更好。关于 Neo4j 的具体操作详见 5.3 节相关内容。图 12-9 展示了 Neo4j 知识图谱三元组部分节点的示例。

```
# 在 Neo4j 中执行，查看 75 个节点的情况
MATCH (n) RETURN n LIMIT 75
```

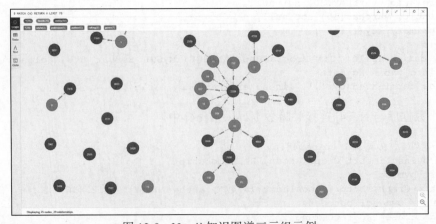

图 12-9　Neo4j 知识图谱三元组示例

12.4　模型训练与评估

基于图书知识图谱的个性化推荐系统主要包括模型训练、模型评估两个部分，接下来重点介绍具体流程。

12.4.1　模型训练

本案例中应用的推荐算法参考了 Hongwei Wang 发表的文章"Multi-Task Feature Learning for Knowledge Graph Enhanced Recommendation"[⊖]（简写为 MKR）。该算法能够将两个不同任务的低维特征抽取出来，并融合在一起实现联合训练，从而达到最优的结果。

算法的关键步骤简单介绍如下。

- 推荐算法模型：将读者 ID 和图书 ID 作为输入，模型的预测结果为用户对该电影的喜好分数，数值为 0~1。

- 知识图谱词嵌入（Knowledge Graph Embedding，KGE）模型：将知识图谱三元组中的图书 ID 序号和关系实体作为输入，预测出目标实体。

- 交叉压缩单元模型：在底层将两个模型桥接起来。将图书评分数据集中的图书向量与知识图谱中的图书向量特征融合起来，再分别放回各自的模型中，进行监督训练。其中 data_loader.py、layers.py、model.py 为算法框架的源码文件。在源码基础上，我们加入推荐算法训练文件（train.py）、系统设计文件（recommend.py）、执行主函数文件（main.py）等。下面重点讲解推荐算法训练、推荐系统和主函数文件。

1）推荐算法训练函数 recommend_train 位于 train.py 文件中，该函数的主要作用是训练推荐算法，生成用户对图书的预测评分集合，并按预测值大小排序生成大小可以设定的用户推荐图书 ID 序号集合。

```
# 以下代码存放在 train.py 中
def recommend_train(args, data, rating_np, show_loss):
    n_user, n_item, n_entity, n_relation = data[0], data[1], data[2], data[3]
    train_data, eval_data, test_data = data[4], data[5], data[6]
    kg = data[7]
    model = MKR(args, n_user, n_item, n_entity, n_relation)
    # 所有用户已经看过的图书
    all_user_record = get_user_record(rating_np, False)
```

⊖ 文章链接：https://arxiv.org/pdf/1901.08907.pdf。算法的源码及其介绍请参考：https://github.com/hwwang55/MKR。

```python
        # 所有图书序号
        item_set = set(list(range(n_item)))
        # 所有用户序号
        all_user_list = list(range(n_user))
        rec_map = {}
        with tf.Session() as sess:
            sess.run(tf.global_variables_initializer())
            for step in range(args.n_epochs):
                # 推荐系统训练
                np.random.shuffle(train_data)
                start = 0
                while start < train_data.shape[0]:
                    _, loss = model.train_rs(sess, get_feed_dict_for_rs(model,
                        train_data, start, start + args.batch_size))
                    start += args.batch_size
                    if show_loss:
                        print(loss)
                # 知识图谱嵌入训练
                if step % args.kge_interval == 0:
                    np.random.shuffle(kg)
                    start = 0
                    while start < kg.shape[0]:
                        _, rmse = model.train_kge(sess, get_feed_dict_for_kge(model,
                            kg, start, start + args.batch_size))
                        start += args.batch_size
                        if show_loss:
                            print(rmse)
        # 遍历所有用户，生成每个用户对每本图书的预测评分集合
            for user in all_user_list:
                test_item_list = list(item_set - all_user_record[user])
                item_score_map = dict()
                items, scores = model.get_scores(sess, {model.user_indices: [user] *
                    len(test_item_list), model.item_indices: test_item_list, model.
                    head_indices: test_item_list})
                for item, score in zip(items, scores):
                    item_score_map[item] = score
                # 用户对每本图书的预测评分按大小排序
                item_score_pair_sorted = sorted(item_score_map.items(), key=lambda x:
                    x[1], reverse=True)
                item_sorted = [i[0] for i in item_score_pair_sorted]
                # args.num_recommend: 给每个用户最大推荐个数
                for item in item_sorted[:args.num_recommend]:
                    if user not in rec_map:
                        rec_map[user] = set()
                    rec_map[user].add(item)
        for key in rec_map:
            rec_map[key] = list(rec_map[key])
        return rec_map


if __name__ == '__main__':
    from data_loader import load_data
    from utils import Parameters
```

```
args = Parameters.args
show_loss = False
show_topk = False
data = load_data(args)
train(args, data, show_loss, show_topk)
```

2）推荐系统文件 recommend.py，主要作用是对照图书 ID 序号和图书 ID，设计推荐系统应用交互程序。

```
# 以下代码存放在 recommend.py 中
import json
from utils import Parameters
import pandas as pd

# ID 对照
def entity_id_to_book_id(init_data):
    rec_ent_to_book = dict()
    for ind in init_data.index:
        book_id = init_data.loc[ind, 'book_id']
        entity_id = init_data.loc[ind, 'entity_id']
        rec_ent_to_book[entity_id] = book_id
    return rec_ent_to_book

# 推荐系统设计
def recommend_sys(path, num):
    f = open(path + '\\result.json', encoding='utf-8')
    setting = json.load(f)
    f.close()
    path = Parameters.args.dataset_path
    # 读取存储图书信息数据的 CSV 文件
    book_data = pd.read_csv(path + '/book_data.csv', encoding='utf-8')
    rec_ent_to_book = entity_id_to_book_id(book_data)
    print('*'*10 + ' 欢迎使用基于知识图谱的图书推荐系统 ' + '*'*10)
    print('-'*52)
    while True:
        flag = int(input('\n按数字键 1 开始，按数字键 0 退出： '))
        try:
            if flag == 1:
                reader_id = input('[ 读者 ID(0-6035)]:')
                rec_num = int(input('[ 推荐数量 (1-%d)]:' % num))
                print(' 推荐图书 ID 为： ')
                i = 1
                for satori_id in setting[reader_id]:
                    if i <= rec_num:
                        print(rec_ent_to_book[satori_id], end='    ')
                        i += 1
            elif flag == 0:
                break
            else:
                print(' 指令有误! ')
        except Exception as r:
```

```
                      print('%s，该读者ID不存在！' % r)
    print('-' * 52)
    print('*' * 19 + '谢谢使用，再见！' + '*' * 18)
```

3）执行主函数文件main.py可以训练图书推荐模型并输出模型训练评估结果，同时将每个用户的推荐图书预测结果保存到result.json文件并开启推荐系统应用。

```
# 以下代码存放在main.py中
import numpy as np
import json
from data_loader import load_data, rating_data
from train import recommend_train
from recommend import recommend_sys
from utils import Parameters
np.random.seed(555)
# 保存JSON文件并修正
class MyEncoder(json.JSONEncoder):
    def default(self, obj):
        if isinstance(obj, np.integer):
            return int(obj)
        elif isinstance(obj, np.floating):
            return float(obj)
        elif isinstance(obj, np.ndarray):
            return obj.tolist()
        else:
            return super(MyEncoder, self).default(obj)
# 参数设置
args = Parameters.args
data = load_data(args)
# 读取数据，执行推荐函数
show_loss = False
show_topk = False
flag = 1
rating_np = rating_data(args)
result = recommend_train(args, data, rating_np, show_loss)
print('result generated')
# 将result保存为JSON文件
jsObj = json.dumps(result, cls=MyEncoder)
fileObject = open(args.dataset_path + '/result.json', 'w')
fileObject.write(jsObj)
fileObject.close()
print('result saved')
# 推荐系统应用
recommend_sys(args.dataset_path, args.num_recommend)
```

12.4.2 模型评估

执行train.py，将开始训练MKR模型，部分结果如图12-10所示。

由train的auc值可以看出，MKR模型训练的结果很好，可以满足图书推荐业务的需要。该算法适合应用在本案例中。我们利用训练好的模型，对每个用户未阅读过的图书进行喜爱度的预测，选择前 10 个图书信息保存在 result.json 文件中，以供快速查询推荐结果。

```
epoch 12    train auc: 0.9499    acc: 0.8769    eval auc: 0.9095    acc: 0.8337    test auc: 0.9099    acc: 0.8347
epoch 13    train auc: 0.9507    acc: 0.8778    eval auc: 0.9106    acc: 0.8353    test auc: 0.9110    acc: 0.8355
epoch 14    train auc: 0.9512    acc: 0.8785    eval auc: 0.9114    acc: 0.8357    test auc: 0.9116    acc: 0.8360
epoch 15    train auc: 0.9521    acc: 0.8799    eval auc: 0.9102    acc: 0.8348    test auc: 0.9103    acc: 0.8358
epoch 16    train auc: 0.9527    acc: 0.8809    eval auc: 0.9118    acc: 0.8369    test auc: 0.9120    acc: 0.8376
epoch 17    train auc: 0.9528    acc: 0.8808    eval auc: 0.9115    acc: 0.8370    test auc: 0.9117    acc: 0.8375
epoch 18    train auc: 0.9535    acc: 0.8823    eval auc: 0.9109    acc: 0.8365    test auc: 0.9112    acc: 0.8369
epoch 19    train auc: 0.9543    acc: 0.8832    eval auc: 0.9123    acc: 0.8369    test auc: 0.9122    acc: 0.8371
```

图 12-10　模型评估部分结果展示

12.5　推荐结果呈现

在执行 main.py 之后，会有简单的推荐系统交互接口，在接口中我们可以选择读者 ID，利用图书推荐模型已经预测好的结果，应用上述的推荐功能。应用结果展示如图 12-11 所示。

```
**********欢迎使用基于知识图谱的图书推荐系统**********

按数字键1开始，按数字键0退出: 1
[读者ID(0-6035)]:1024
[推荐数量(1-10)]:3
推荐图书ID为:
1270    260    3793
按数字键1开始，按数字键0退出: 0

******************谢谢使用，再见！******************
```

图 12-11　推荐系统应用结果展示

12.6　本章小结

本章从知识图谱在推荐系统的实践讲起，详细介绍了推荐系统的发展，指出了知识图谱作为辅助信息，可以为推荐系统中的算法提供更多的信息，帮助推荐模型更好地完成任务。

我们通过构建图书知识图谱来找出图书间的潜在特征，并借助该特征及历史读者评分数据集，并在实现推荐系统的过程中验证了知识图谱的有效性。

第 13 章将基于知识图谱框架进行开放领域知识问答实践。

第 13 章

开放领域知识问答实践

大寒既至，霜雪既降，吾是以知松柏之茂也。

——《庄子·让王》

大寒季节到了，霜雪降临了，我这才真正看到了松树和柏树仍是那么郁郁葱葱。

知识问答系统是指让计算机自动回答用户所提出的问题，而基于知识图谱的问答系统可以从数据源头对信息进行深度的挖掘和理解，避免了跨领域问题查询偏差，更加准确和可靠地给出用户想要的信息，就像即使在霜雪降临的冬天，依然可以发现郁郁葱葱的松树和柏树一样。

本章从基于知识图谱的开放领域知识问答业务出发，通过知识问答的背景介绍，引入基于知识图谱的知识问答业务设计，并基于预处理后的数据进行开放领域知识问答实现应用，并对问答结果进行呈现。

13.1 知识问答背景

当前问答系统主要应用在一些开放领域以及特定领域，问答系统在开放领域可回答文学、历史、科研、新闻等多方面问题，在特殊领域能够回答制定好的相关问题。问答系统能够识别处理问句信息，并有针对性地反馈出若干准确答案。

问答的实现有多种方法，我们回顾一下问答系统历史。20 世纪 60 年代开发的一系列基于模板的专家系统对词汇和句法具有较好的可扩充性，而在数据规模比较大的时候，基于模板或人工规则的方法则不能覆盖很多领域和场景。进入 90 年代后，随着搜索技术的发展，演进到了基于信息检索的问答系统，这种方法可从海量信息中检索出与问题相关的信息子集，然后从子集中抽取准确的答案，但是这种方式只能回答事实性问题。而后发展出基于社区的问答方法，这种方法通过维护一个社区，答案由其他用户贡献。如果问题被回答过，就返回这个问题的历史答案或推荐一些其他相关问题的答案，比如百度知道、知乎就是这一类系统，但是这种方法主要还是基于浅层的关键词匹配技术。最后一类就是本章讲解的内容——基于知识图谱或者知识库的自动问答，其核心是理解用户问题的语义，使用预先给定的一个知识图谱，该知识图谱包含着大量的先验知识数据，可将用户的问题匹配到对应的知识资源上，然后利用这些知识资源自动回答自然语言形态的问题。

基于知识图谱的问答适用于以下几种情况：① 问题对应的答案涉及现实世界中的一个或多个实体；② 问题对应的答案为"是"或"否"；③ 问题是关于术语的；④ 答案是一个集合。

基于知识图谱的问答系统的实现可以归为以下两类。

第一种：直接把知识图谱中检索出的知识作为答案，常见的方法包括：将问题转化为机器可以理解的逻辑形式，通过知识图谱查询得出答案；通过分类找到对应的候选关系类型，进而得出答案；通过向量建模的方法将知识图谱中的实体和关系映射到同一个向量空间中，然后通过比较相似度找到答案；通过深度学习方法分别把卷积向量建模、记忆网络和注意力机制等技术应用到知识图谱问答方法中。

第二种：把知识图谱融入问题表示中，辅助实现更好的语义理解和回复。常见的方法包括：使用记忆网络存储知识图谱内容，然后利用指针网络（pointer network）从中选择生成词来优化网络效果；把知识用门机制引入 LSTM，用于补充额外的语义信息；从知识图谱中检索出相关的知识并作为先验知识，利用注意力机制融入问题表示中，以辅助问题理解等。

13.2 知识问答业务设计

本案例将设计一个知识问答系统，该系统可以基本回答开放领域的问题。开放领域知识是从百科类网站中抽取构建而成的，由 <实体，属性，属性值> 或者 <实体1，关系，实体2> 这样的数据构成知识图谱。

13.2.1 场景设计

用户输入的自然语言文本中的实体指称会有一些共指问题，也就是同名异实体或者同实体异名的情况，因此除了知识图谱以外，还需要一个包含实体指称与实体的对应情况的库，以描述歧义信息。

知识问答业务的整体技术架构如图13-1所示。

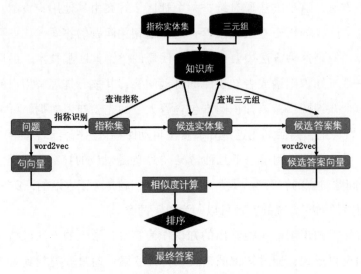

图 13-1　知识问答业务的技术架构

接下来分别介绍该技术架构涉及的主要环节。

（1）建立问题到知识库的映射

用户输入问题时，使用自然语言处理中的命名实体识别技术，获取问题中的所有指称，识别出来的通常是有歧义的，也就是说指称会指代知识图谱中的多个实体。比如问句当中如果提到一个人名"李娜"，该指称可以指向多个实体，即知识图谱中多个实体的人名都是李娜，但这些人属于完全不同的领域。

（2）确定候选实体集合

这一步将文本中的所有指称链接到知识图谱对应的实体，也就是进行实体链接。这里使用storeM2ID.py文件，输入指称，生成一个包含多个候选实体的列表。

（3）确定候选答案集合

当确定了问句中的实体范围，我们就可以去知识图谱中查询每个候选实体相应的三元组，生成候选答案列表。

（4）向量建模

向量建模方法的思想和信息抽取的思想比较接近。首先根据问题中的指称对应到实体集合后，在知识图谱中确定候选答案。然后把问题和候选答案都映射到一个低维空间，得到它们的分布式表达（Distributed Embedding），即问题的问句向量和候选答案的特征向量。

（5）语义匹配

根据向量建模得到的问句向量和候选答案的特征向量，采用余弦距离计算问句向量与候选答案向量的相似度，然后进行路径排序，获得最终答案。

13.2.2 知识图谱设计

开放领域的知识图谱面向通用领域，相比于垂直领域的知识图谱要更大，以常识性知识为主，通用知识图谱强调的是广度，形态通常为结构化的百科知识。

通常结构化的知识是以图形式进行表示，图的节点表示语义符号（实体、概念），图的边表示符号之间的语义关系（见图 13-2），此外每个实体还有一些非实体级别的边（通常称为属性），如人物的出生日期与主要成就、机构的创建时间等。

由于现实世界的知识丰富且复杂，很难生成完整的全局性本体层的统一管理。因此，下面只举例说明部分概念层和数据层之间的关系，如图 13-2 所示。概念包括个人、机构、作品。个人的子类包括商业人物、文学人物、体育人物；作品的子类包括音乐作品、影视作品、文学作品；机构的子类分为企业和学校。数据实例包括李娜（网球运动员）的丈夫是姜山，毕业于华中科技大学；《红楼梦》的作者是曹雪芹，《红豆曲》是电视剧《红楼梦》的插曲，是由曹雪芹作词；科大讯飞公司的法人代表是刘庆峰。

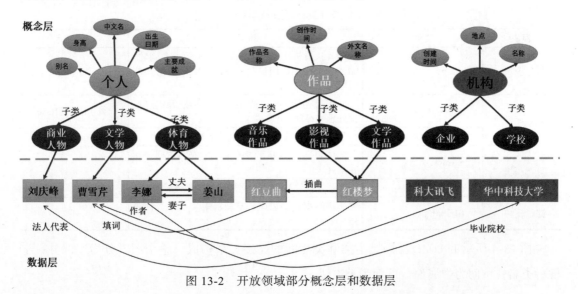

图 13-2 开放领域部分概念层和数据层

13.2.3 模块设计

模块设计包括知识库模块、算法模块、路径模块、接口模块。图 13-3 展现了各个包及包之间的关系，以及系统中模块与模块之间的依赖关系。首先在 filePath.py 文件设置数据读取路径。然后在 storeKB.py 文件编写存储知识库三元组代码和在 storeM2ID.py 文件编写存储指称集代码。接着在 extractQA.py 中编写生成候选实体列表和候选答案列表算法，在 computeSimilar.py 文件中编写词嵌入与相似度计算算法。最后整体代码接口为 run.py 文件，它会调用知识库、候选实体、答案列表和相似度计算算法，得出最终结果。

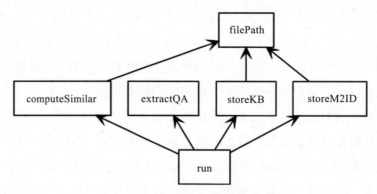

图 13-3　知识问答代码 UML 包图

表 13-1 总结了知识问答系统的各个代码模块。

表 13-1　代码模块

模块	文件	说明	类名
接口模块	run.py	问答接口模块，运行 run.py，提示输入问题，输入问题后，返回包含答案的三元组及答案与问题的相似度	—
知识库模块	storeKB.py	知识库存储模块，作用是将原始三元组进行预处理和存储	KnowledgeBase
	storeM2ID.py	指称表存储模块，有歧义的表达合集存储	Mention2ID
算法模块	extractQA.py	实体识别与链接算法模块，生成实体列表和答案列表	—
	computeSimilar.py	向量建模算法模块，词嵌入与相似度计算	Similar
路径模块	filePath.py	所需数据、知识库、模型、中文分词文件等路径	—

图 13-4 所示的 UML 类图是由类和类之间的连接关系构成，整个图形分为三部分：上面为类名，中间为类属性，下面为类方法。

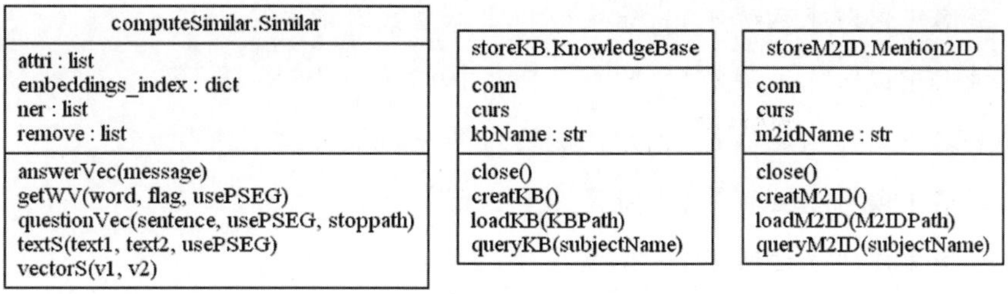

computeSimilar.Similar
attri : list embeddings_index : dict ner : list remove : list
answerVec(message) getWV(word, flag, usePSEG) questionVec(sentence, usePSEG, stoppath) textS(text1, text2, usePSEG) vectorS(v1, v2)

storeKB.KnowledgeBase
conn curs kbName : str
close() creatKB() loadKB(KBPath) queryKB(subjectName)

storeM2ID.Mention2ID
conn curs m2idName : str
close() creatM2ID() loadM2ID(M2IDPath) queryM2ID(subjectName)

图 13-4　知识问答系统的代码 UML 类图

13.3　数据预处理

开放领域数据主要来源于结构化的百科知识，数据预处理包括以下几个步骤：环境搭建、数据获取、知识表示与存储。

13.3.1　环境搭建

本案例需要安装 Python3，需要使用第三方库 Numpy 和 Jieba，安装命令如下：

```
pip install numpy
pip install jieba
```

SQLite 是一个轻型的、遵守 ACID 特性的关系型数据库管理系统，它嵌入在一个相对小的 C 库中，因此体积很小，经常被集成到各种应用程序中。本案例使用 SQLite 作为存储知识库，Python 就内置了 SQLite3，所以可以直接使用。

13.3.2　数据获取

本节使用的数据集来自 NLPCC ICCPOL 2016 年发布的数据集以及 KBQA 任务集中的一部分，包含 16808 个三元组、2228 条指称。

文件中每行存储一个事实（Fact），即三元组。

知识库示例如下：

李娜（著名中国网球运动员）||| 别名 ||| 李娜

李娜（著名中国网球运动员）||| 中文名 ||| 李娜

李娜（著名中国网球运动员）||| 国籍 ||| 中国

李娜（著名中国网球运动员）||| 民族 ||| 汉

李娜（著名中国网球运动员）||| 出生地 ||| 湖北省武汉市江岸区

李娜（著名中国网球运动员）||| 出生日期 ||| 1982 年 2 月 26 日

李娜（著名中国网球运动员）||| 毕业院校 ||| 华中科技大学

李娜（著名中国网球运动员）||| 身高 ||| 172cm

李娜（著名中国网球运动员）||| 体重 ||| 65kg

李娜（著名中国网球运动员）||| 运动项目 ||| 网球

李娜（著名中国网球运动员）||| 主要奖项 ||| 2011 法网女单冠军 2014 澳网女单冠军 WTA 单打冠军头衔：9

另外，需要将问题中表达实体的指称与知识图谱中的实体名对应，数据集中每一个指称对应一个或多个实体，比如问题和李娜相关，但是并不知道你需要找的是哪个李娜，因此需要将问句中的指称"李娜"和知识库中的部分实体对应，如下所示：

李娜 ||| 李娜（水木年华演唱的歌曲） 李娜（流行歌手） 李娜（大洼区第一人民医院副院长） 李娜（广西艺术学院教授） 娜离子 李娜（辽宁科技大学副教授） 李娜（潮州市政协副主席） 李娜（中国女子跳水运动员） 李娜（辽宁影视演员） 绿柳 李娜（北京大学化学学院副教授） 李娜（大连医科大学心理学系教师） 李娜（上海交通大学讲师） 李娜（中国女子击剑运动员） 李娜（癌症晚期女孩） 李娜（2005 年超级女声广州唱区季军） 李娜（南开大学哲学院教授） 李娜（中国舞台导演，舞蹈编导） 李娜（著名中国网球运动员） 李娜（口腔医生） 李娜（中国煤矿文工团青年歌唱家） 网球大满贯赛 李娜（青岛大学医学院附属医院教授） 李娜（河北医科大学第三医院教授） 李娜（北京科技大学数理学院讲师） 李娜（上海外滩踩踏事故遇难准新娘） 李娜（河北正定中学一级教师） 墨安堂 李娜（歌手） 李娜（跳水运动员） 李娜（《非诚勿扰》女嘉宾） 李娜（网球运动员） 国际娜 李娜（南开大学辅导员） 李娜（击剑运动员） 李娜（巨人教育集团教师） 李娜（北京大学教授） 李娜（2005 年超女） 李娜

13.3.3　知识表示与存储

知识表示与存储步骤包括原始三元组预处理和存储、有歧义的指称集合存储。具体介绍如下。

（1）原始三元组预处理和存储

kbqa.kb 的路径为 filePath.KNOWLEDGE_BASE_PATH，利用该路径读取 kbqa.kb 知识

库的数据，并对数据进行清洗。最后，将清洗好的数据存储到 SQLite，并创建名为 KB.db 的数据库及生成三元组的数据库表 kb1，如图 13-5 所示。

Table name: kb1							WITHOUT ROWID	
	名称	Data type	Primary Key	Foreign Key	唯一	条件	Not NULL	排序规则
1	subject	TEXT						
2	predicte	TEXT						
3	object	TEXT						

图 13-5 存储三元组的表格

对于上述三元组内部的重复问题，在读取知识库的时候对重复的三元组进行删除。运行完下面的代码可以得到一个数据库，其中包含一个三元组表。

```python
"""
@desc: 读取原始三元组，进行预处理并存储，生成数据库表 kb1
"""
import sqlite3
import filePath

class KnowledgeBase:
    def __init__(self):
        # 创建一个访问 SQLite 数据库的连接，当指定的数据库文件不存在时，会自动创建数据库文件
        self.conn = sqlite3.connect('KB.db')
        # 创建游标对象 cursor，以调用 SQL 语句对数据库进行操作
        self.curs = self.conn.cursor()
        self.kbName = 'kb1'

    def creatKB(self):
        # 插入一条信息
        self.curs.execute('CREATE TABLE '+self.kbName+'(subject TEXT ,predicte
            TEXT,object TEXT)')
        self.curs.execute('CREATE INDEX index_subject ON '+self.kbName+'
            (subject)')
        self.conn.commit()

    def loadKB(self, KBPath=filePath.KNOWLEDGE_BASE_PATH):
        with open(KBPath, 'r', encoding='utf-8') as f:
            lineCount, skip = 0, 0
            while True:
                line = f.readline().rstrip()  # 逐行读取
                if not line:  # 检测到文件结束标志到 EOF，返回空字符串，则终止循环
                    break
                lineCount += 1
                try:
                    # 如果三元组第二个元素值和第三个元素值一样，则跳过该三元组，执行下一个三元组
                    if line.split(' ||| ')[1] == line.split(' ||| ')[2]:
```

```python
                            continue
                        else:
                            self.curs.execute('INSERT INTO '+self.kbName+' VALUES
                                (?,?,?)', line.split(' ||| '))
                            print(line.split(' ||| '))
                except ValueError:
                    skip += 1
                    continue
        self.conn.commit()
        f.close()
        print('total line number:', lineCount)
        print('skipped:', skip)

    def queryKB(self,subjectName):
        query = 'SELECT * FROM '+self.kbName+' WHERE subject = ? '
        queryRst = self.curs.execute(query,[subjectName]).fetchall()
        return queryRst

    def close(self):
        self.conn.close()

if __name__ == '__main__':
    kb = KnowledgeBase()
    kb.creatKB()
    kb.loadKB()
    rst = kb.queryKB('李娜')
    print(rst)
    kb.close()
```

（2）有歧义的指称集合存储

将有歧义的指称集合存储到 mention2id1 表中，如图 13-6 所示。

名称	Data type	Primary Key	Foreign Key	唯一	条件	Not NULL	排序规则
1 mention	TEXT PRIMARYKEY						
2 id	TEXT						

图 13-6　指称集合存储表格

这样可以在对问题进行实体解析后，使得解析后的实体指称能对应到知识库的多个实体。这里指称集合总共有 2228 条记录。

```python
"""
@desc：将有歧义的指称集合存储到 mention2id1 表中
"""
import sqlite3
import filePath
```

```python
class Mention2ID:
    def __init__(self):
        # 创建一个访问 SQLite 数据库的连接，当指定的数据库文件不存在时，会自动创建数据库文件
        self.conn = sqlite3.connect('KB.db')
        # 创建游标对象 cursor，以调用 SQL 语句对数据库进行操作
        self.curs = self.conn.cursor()
        self.m2idName = 'mention2id1'

    def creatM2ID(self):
        # 插入一条信息
        self.curs.execute('CREATE TABLE '+self.m2idName+'(mention TEXT PRIMARYKEY,
            id TEXT)')
        self.curs.execute('CREATE INDEX index_mention ON ' + self.m2idName+'
            (mention)')
        self.conn.commit()
        print(" 数据库创建成功 ")

    def loadM2ID(self, M2IDPath = filePath.MENTION2ID_DIC_PATH):
        with open(M2IDPath, 'r', encoding='utf-8') as f:
            lineCount, skip = 0, 0
            while True:
                line =f.readline().rstrip()   # 逐行读取
                if not line:    # 检测到文件结束标志 EOF，返回空字符串，终止循环
                    break
                lineCount += 1
                try:
                    lineElements = line.split(' ||| ')
                    if len(lineElements) == 2 and lineElements[0] != lineElements[1]:
                        tempRST = [lineElements[0].replace(' ', ''), lineElements[1].
                            replace('\t', ' ')]
                        self.curs.execute('INSERT INTO ' + self.m2idName + '
                            VALUES(?,?)', tempRST)
                    else:
                        if len(lineElements) != 2:
                            skip += 1
                            continue
                except ValueError:
                    skip += 1
                    continue
            self.conn.commit()
            f.close()
            print('total line number:', lineCount)
            print('skipped:', skip)

    def queryM2ID(self,subjectName):
        query = 'SELECT * FROM ' + self.m2idName + ' WHERE mention = ?'
        # 所有的查询结果
        queryRst = self.curs.execute(query, [subjectName]).fetchall()
        return queryRst

    def close(self):
        self.conn.close()
```

```
if __name__ == '__main__':
    m2id = Mention2ID()
    m2id.creatM2ID()
    m2id.loadM2ID()
    rst = m2id.queryM2ID('李娜')
    print(rst)
    m2id.close()
```

13.4 问句识别及问答实现

基于知识图谱的问答系统主要是进行问句识别及问答系统的实现,具体包括实体识别与链接、向量建模、选取自动问答的答案,接下来重点展示具体流程。

13.4.1 实体识别与链接

在基于知识图谱的问答系统中,输入问题后,系统会识别问题中的实体,并将它们链接到知识图谱中,这是让机器理解自然语言的第一步。比如,想知道"李娜在哪一年拿到美网冠军?"这一问题时,第一步就是识别并找到"网球运动员李娜"这一实体,才能继续从知识图谱中找到相关信息并作出回答。如果识别出错或者没有将"李娜"正确链接到网球运动员李娜这一实体,则系统对这个问题的回答必然出错。

这里可以按照 2.2 节介绍的实体抽取方法进行模型训练,其中 LSTM 与 CRF 结合的方法较为经典。有 3 个开源数据集可供使用,玻森数据(https://bosonnlp.com)、1998 年《人民日报》标注数据、MSRA(微软亚洲研究院)开源数据。其中,玻森数据集有 6 种实体类型,人民日报语料和 MSRA 一般只能提取人名、地名、组织名三种实体类型。

具体模型搭建可使用 Bi-LSTM+CRF。训练好模型之后,可利用模型对问题进行命名实体识别,得到 entityList。这里就不详细说明了。

```
# Input 层
inputs = Input(shape=(MAX_LEN,), dtype='int32')
# masking 层
x = Masking(mask_value=0)(inputs)
# Embedding 层
x = Embedding(VOCAB_SIZE, EMBED_DIM, mask_zero=True)(x)
# Bi-LSTM 层
x = Bidirectional(LSTM(HIDDEN_SIZE, return_sequences=True))(x)
# Bi-LSTM 展开输出
x = TimeDistributed(Dense(CLASS_NUMS))(x)
# CRF 模型层
```

```
outputs = CRF(CLASS_NUMS)(x)

model = Model(inputs=inputs, outputs=outputs)
model.summary()
```

还有一种方法可调用复旦知识工厂的实体识别与链接服务[⊖]。本案例直接调用知识工厂实体链接 API 来获取问句中的指称。

```
# 以下代码所在文件是 extractQA.py
import urllib.request
import urllib.parse
import json

def entityCandidate(question:str,m2id):
    urlPath = 'http://shuyantech.com/api/entitylinking/cutsegment?q='
    # URL 编码的方式是把需要编码的字符转化为 %xx 的形式
    urlstr = urlPath+urllib.parse.quote(question)
    # 使用 urllib.request 模块中的 urlopen 方法获取页面
    urlRST = urllib.request.urlopen(urlstr)
    # 读取网页源码
    dic = json.loads(urlRST.read().decode('utf-8'))    entityList = []
    for entity in dic['entities']:
        if len(entity)==2:
            entityList.append(question[entity[0][0]:entity[0][1]])

# 将指称与实体对应，获取实体列表
for entity in entityList:
    m2id=Mention2ID()
        queryRST = m2id.queryM2ID(entity)
        if len(queryRST)>0:
            idstrRST = queryRST[0][1]
            entityList = entityList + idstrRST.split(' ')
    entityList = list(set(entityList))
    return entityList

# 根据实体获取答案候选列表
def answerCandidate(entityList:list,kb):
    answerList = []
    for entity in entityList:
        answerList = answerList + kb.queryKB(entity)
    return answerList
```

对"李娜"进行实体识别和连接时，有如下结果（只展示部分结果）：

['李娜（著名中国网球运动员）',' 李娜（《非诚勿扰》女嘉宾）',' 李娜（巨人教育集团教师）',' 李娜（南开大学哲学院教授）',' 李娜（歌手）',' 李娜（北京大学教授）',' 李娜（流行歌

⊖ 可参见以下资料：① CN-DBpedia：http://kw.fudan.edu.cn/cnDBpedia；②知识工厂实体链接服务：http://shuyantech.com/api/entitylinking/；③知识工厂实体链接 API：http://shuyantech.com/api/entitylinking/cutsegment。

手)',' 李娜 (水木年华演唱歌曲)',' 李娜 (口腔医生)',' 李娜 (广西艺术学院教授)',' 娜离子 ',' 李娜 (网球运动员)',' 李娜 (跳水运动员)',' 李娜 (上海交通大学讲师)',' 李娜 (河北正定中学一级教师)',' 李娜 ',' 李娜 (青岛大学医学院附属医院教授)',' 澳网 ',' 李娜 (北京大学化学学院副教授)',' 李娜 (河北医科大学第三医院教授)',' 李娜 (辽宁影视演员)',' 墨安堂 ',' 李娜 (中国舞台导演, 舞蹈编导)',' 绿柳 ',' 李娜 (上海外滩踩踏事故遇难准新娘)',' 李娜 (辽宁科技大学副教授)',' 李娜 (中国女子击剑运动员)',' 李娜 (中国煤矿文工团青年歌唱家)',' 李娜 (大洼区第一人民医院副院长)',' 李娜(2005年超级女声广州唱区季军)',' 李娜 (潮州市政协副主席)',' 李娜 (击剑运动员)',' 李娜 (中国女子跳水运动员)',' 网球大满贯赛 ',' 李娜(2005年超女)',' 国际娜 ',' 李娜 (大连医科大学心理学系教师)',' 李娜 (南开大学辅导员)',' 李娜 (北京科技大学数理学院讲师)',' 李娜 (癌症晚期女孩)']

根据人的思维,当我们确定了问句中的主题词,就可以去知识库里搜索相应的知识,并进一步确定出候选答案。因此去知识库搜索实体"李娜",得到多个三元组,下面仅展示部分结果:

(' 李娜 (河北医科大学第三医院教授)',' 别名 ',' 李娜 '),(' 李娜 (河北医科大学第三医院教授)',' 中文名称 ',' 李娜 '),(' 李娜 (河北医科大学第三医院教授)',' 国籍 ',' 中国 '),(' 李娜 (河北医科大学第三医院教授)',' 职业 ',' 医师 '),(' 李娜 (河北医科大学第三医院教授)',' 毕业院校 ',' 天津医科大学 '),(' 李娜 (河北医科大学第三医院教授)',' 教学职称 ',' 教授 '),(' 李娜 (辽宁影视演员)',' 别名 ',' 李娜 '),(' 李娜 (辽宁影视演员)',' 姓名 ',' 李娜 '),(' 李娜 (辽宁影视演员)',' 国籍 ',' 中国 '),(' 李娜 (辽宁影视演员)',' 民族 ',' 汉族 '),(' 李娜 (辽宁影视演员)',' 出生地 ',' 辽宁 '),(' 李娜 (辽宁影视演员)',' 出生日期 ','01-18'),(' 李娜 (辽宁影视演员)',' 职业 ',' 影视演员 '),(' 李娜 (辽宁影视演员)',' 毕业院校 ',' 北京电影学院 ')

13.4.2　向量建模

为了获取问题的准确答案,接下来就要分别将问句和答案进行词嵌入,然后计算两者余弦相似度,相似度越高的三元组越接近答案。

(1)问句的向量表示

将获取到的问题使用 Jieba 工具进行分词和词性标注,同时过滤停用词,例如"的""是""啊"等没有实际含义的词。这里进行词性标注的目的是为 Word2vec 加一个权重,与词向量形成组合特征。

基于已有的训练算法可以很容易地利用一个语料库训练词嵌入向量，此外可以下载在大规模文本上训练好的预训练词向量。维基百科的中文语料库质量高、领域广泛而且开放，经过实验证明：中文维基百科预训练生成的词向量对目前问题的回答效果比较好，因此本节使用中文维基百科文本数据预先训练好的密集单词向量（以 SGNS 训练）[⊖]，资源中的预训练词向量文件以文本格式存储，每一行包含一个单词及其词向量，维数为 300 维。当然也可选择其他预训练词向量，比如百度百科、《人民日报》等语料训练的词向量。

如果读者想自己训练词向量，以维基百科的中文语料库[⊖]为例，需先下载 xml.bz2 文件，将其转换为文本文档，并将繁体字转换为简体字，将字符集转换为 utf-8。然后进行分词，之后使用 gensim.models 中的 Word2vec 模块训练词向量，训练方法如下：

```
from gensim.models import word2vec

sentences = word2vec.LineSentence(u'./cut_std_zh_wiki_00')
model = word2vec.Word2Vec(sentences,size=300,window=5,min_count=5,workers=4)
model.save('./word2vecModel/WikiCHModel')
```

获取到词向量后，下一步将文本分词后映射到向量，一个词对应一个向量，一个问句就是一个矩阵，使用词向量平均模型在列维度上求平均值，得到最终的句向量。文本映射到词向量时，对之前标注好的词性和类别进行加权，如表 13-2 所示。

表 13-2 词向量权重

类型	类别	权重
命名实体	人名、地名、机构团体、其他专名	0.8
重要词性	名词、动词、代词、介词	1.2
非重要词性	标点符号和非语素	0

（2）三元组答案的向量表示

与问句的词嵌入方式类似，因为候选答案中一定包含问句中的实体，所以为了更有效地提取信息，对于三元组中的关系（属性），谓词的权重会大于主语和宾语的权重。

（3）相似度计算

本节用余弦距离计算问句向量与答案向量的相似度。

上述 3 个步骤的代码如下：

⊖ 预训练好的词向量从以下链接：https://github.com/Embedding/Chinese-Word-Vectors 获取。
⊖ 维基百科中文语料可从以下相关链接：https://dumps.wikimedia.org/、https://dumps.wikimedia.org/zhwiki/、https://dumps.wikimedia.org/zhwiki/latest/zhwiki-latest-pages-articles.xml.bz2 获取。

```python
import filePath
import numpy as np
import jieba.posseg as pseg


class Similar:
    def __init__(self):
        # loading model
        print('获取词向量模型')
        # 预训练词向量文件以文本格式存储，文本文件中的每一行包含一个单词及其词向量，可存储
          为字典
        f = open(filePath.WIKI_WORD2VEC_PATH, 'r', encoding='utf-8')
        self.embeddings_index = {}
        for line in f:
            values = line.split()
            word = values[0]
            self.embeddings_index[word] = np.asarray(values[1:], dtype='float32')
        f.close()
        print('成功导入')
        self.ner = ['nr','ns','nt','nz']    # [人名，地名，机构团体，其他专名]
        self.attri = ['n','v','r','p']      # [名词，动词，代词，介词]
        self.remove = ['x','w']             # 标点符号和非语素

    # 获取词向量
    def getWV(self, word, flag, usePSEG:bool):
        wvRST = np.zeros(300, dtype=np.float32)
        try:
            if usePSEG is False:
                return self.embeddings_index[word] * 1
            # 非重要词性，如标点符号和非素语，权重为0
            if flag in self.remove:
                return self.embeddings_index[word] * 0
            # 重要词性，如名词、动词、代词、介词，权重为1.2
            if flag in self.attri:
                return self.embeddings_index[word] * 1.2
            # 命名实体，如人名、地名、机构团体、其他专名，权重为0.8
            if flag in self.ner:
                return self.embeddings_index[word] * 0.8
            else:
                return self.embeddings_index[word] * 1
        except KeyError:
            # print("input word %s not in dict. skip this turn" % word)
            return wvRST

    # 获取问句向量
    def questionVec(self,sentence,usePSEG:bool=True,stoppath=filePath.STOP_WORDS_PATH):
        # 分词
        cutRST = pseg.cut(sentence)
        # 设置初始向量
        wvRST = np.zeros(300, dtype=np.float32)
        # 获取停用词
        stop = [line.strip() for line in open(stoppath, encoding='utf-8').
```

```python
                    readlines()]
        start = True
        for word, flag in cutRST:
            # 去停用词
            if word not in stop:
                if start:
                    wvRST = self.getWV(word, flag, usePSEG)
                    start = False
                else:
                    # 按垂直方向（行顺序）堆叠数组，构成一个新的数组
                    wvRST = np.vstack((wvRST, self.getWV(word, flag, usePSEG)))
        return np.mean(wvRST, axis=0) if wvRST.ndim == 2 else wvRST    # 对各列求平均
    # 获取结果向量

    def answerVec(self, message: str):
        messages = message.split('|||')
        # 设置初始向量
        wvRST = np.zeros(300, dtype=np.float32)
        start = True
        for idx in range(len(messages)):
            if start:
                # 除法的取模，加大属性值权重为 1.5，三元组头部和尾部权重为 0.5
                wvRST = ((idx % 2) + 0.5) * self.questionVec(messages[idx])
                start = False
            else:
                wvRST = np.vstack((wvRST, ((idx % 2) + 0.5) * self.questionVec
                    (messages[idx])))
        return np.mean(wvRST, axis=0) if wvRST.ndim == 2 else wvRST

    # 文本相似度
    def textS(self, text1, text2, usePSEG: bool = True):
        # 获取问句向量
        qwv = self.questionVec(text1, usePSEG)
        # 获取答案向量
        awv = self.answerVec(text2)
        # 计算余弦相似度
        cos_sim = np.dot(qwv, awv) / (np.linalg.norm(qwv) * np.linalg.norm(awv))
        return cos_sim

    def vectorS(self, v1, v2):
        cos_sim = np.dot(v1, v2) / (np.linalg.norm(v1) * np.linalg.norm(v2))
        return cos_sim
```

13.4.3 选取自动问答的答案

输入问题后，调用上述定义的模块得到实体列表和候选答案列表，采用余弦距离计算问题向量与候选答案向量的相似度，然后进行排序，取前 5 个答案进行输出。

```python
from storeM2ID import Mention2ID
from storeKB import KnowledgeBase
from computeSimilar import Similar
```

```python
from extractQA import entityCandidate,answerCandidate
import os

if __name__ == '__main__':
    similar = Similar()
    if os.path.exists('KB.db'):
        os.remove('KB.db')
    # 存储三元组
    kb = KnowledgeBase()
    kb.creatKB()
    kb.loadKB()
    # 存储指称集合
    m2id = Mention2ID()
    m2id.creatM2ID()
    m2id.loadM2ID()

    while True:
        # 在控制台输入问句
        questionstr = input('question:\n')
        # 输入end表示结束
        if questionstr == 'end':
            break

        # 获取候选实体
        entityList = entityCandidate(questionstr, m2id)

        if len(entityList) == 0:
            print('no-answer')
            continue

        # 获取候选答案
        answerList = answerCandidate(entityList, kb)

        # 问句向量
        questionVec = similar.questionVec(questionstr,usePSEG=True)
        for idx in range(len(answerList)):
            answerVec = similar.answerVec('|||'.join(answerList[idx][:3]))
            answerList[idx] = answerList[idx] + (similar.vectorS(questionVec,ans
                werVec),)
        answerList.sort(key=lambda element: element[3],reverse=True)
        for answer in answerList[:5]:    # 取前5个答案
            print(answer)
    m2id.close()
    kb.close()
```

13.5　问答结果呈现

问题1：科大讯飞总部在哪里？

(' 科大讯飞 ',' 总部地点 ',' 中国合肥 ',0.874574)

('科大讯飞','总部所在地','安徽省合肥市高新开发区望江西路666号讯飞语音大厦',0.7834774)

('科大讯飞','创建地点','安徽省合肥市高新技术开发区黄山路616号',0.7198324)

('科大讯飞','成立时间','1999年12月30日',0.62392753)

('科大讯飞','公司名称','科大讯飞股份有限公司',0.62064034)

问题2：《红楼梦》作者是谁？

('红楼梦','作者','(清)曹雪芹著，无名氏续，程伟元、高鹗整理',0.96217924)

('《红楼梦》(古典小说)','作者','曹雪芹、高鹗(有争议)',0.9454173)

('红楼梦(四大名著之一)','作者','(清)曹雪芹著，无名氏续，程伟元、高鹗整理',0.94194585)

('红楼梦(古典小说《红楼梦》的别称)','作者','(清)曹雪芹著，无名氏续，程伟元、高鹗整理',0.9382979)

('《红楼梦》第一回','作者','前80回曹雪芹著，后40回无名氏续，程伟元、高鹗整理',0.93219507)

问题3：C语言编程范型是什么？

('C语言','编程范型','过程式指令式编程(过程式)、结构化编程',0.90427893)

('C语言','启发语言','B(BCPL、CPL)、ALGOL 68[1]、汇编语言、PL/I、FORTRAN',0.8278868)

('C语言','影响语言','大量，如：awk、BitC(英语：BitC)、csh、C++、C#、D、Java、JavaScript、Objective-C、Perl、PHP等',0.8168801)

('c语言','语言名称','C语言',0.75150496)

('C语言','操作系统','跨平台',0.6534641)

问题4：李娜在哪一年拿到法网冠军

('李娜(网球运动员)','法网','冠军(2011)',0.89507383)

('李娜(著名中国网球运动员)','法网最好成绩','冠军(2011年)',0.8735131)

('李娜(网球运动员)','大满贯单打成绩','冠军(2014)',0.8474743)

('李娜(网球运动员)','冠军头衔','WTA：9 ITF：19',0.8250893)

('李娜(著名中国网球运动员)','澳网最好成绩','冠军(2014年)',0.81877106)

13.6 本章小结

本章案例设计了一个简单的开放领域知识问答场景,并以图的形式表示常识性知识,运用了 Python、SPARQL 等语言,实践了 Neo4J、IntelliJ IDEA 等库和软件。

在本案例的基础上,读者可以进一步拓展本体,构建更加拥有丰富实体的知识图谱,完成基于知识图谱的问答系统,优化实体识别与链接、向量建模、自动问答接口的具体流程,也可以通过常识推理来使知识图谱完成更复杂问题的回答。

第 14 章将基于知识图谱框架进行交通领域的知识问答应用实践。

第 14 章

交通领域知识问答实践

> 流水不腐，户枢不蠹。
>
> ——《吕氏春秋·尽数》

流动的水不会发臭，经常转动的门轴不会腐烂。比喻经常运动，生命力才能持久，才有旺盛的活力。

在智慧交通领域，构建交通知识图谱除了可以进行交通数据的查询和统计之外，还可以为交通态势分析与预测提供丰富的知识及更加多元的信息。城市交通是每一座城市的命脉，贯穿城市建设的方方面面，城市的车流及人流，像流水一样充满着活力，昼夜不息，时时刻刻改善着我们的生活。

本章基于智慧交通业务的实际应用背景，介绍了交通类知识图谱的设计。我们先通过生成构建交通知识图谱的相关数据，针对知识问答系统的要求对数据进行预处理。之后，基于生成、预处理步骤的实验数据，使用基于知识图谱的知识问答技术实现了交通知识问答系统的实践应用，并通过具体的问答实践结果展示了知识图谱在交通知识问答中的作用。

14.1 交通领域背景

城市建设飞速发展的今天，交通发展状况的好坏，直接影响着城市的发展速度和居民的生活幸福指数。在当前社会高速发展的环境下，交通问题时有发生，纯粹靠交通警察难以快速及时地处理。

目前，我国的很多城市都存在路网结构不完善等现象，如缺乏连通性强的干路，缺乏环形路网相适应的放射性道路，缺乏连通中心城区和外围区域的快速路等。另外，有的城市还存在部分道路交通设施不完备、交通管理手段单一、交通疏导不及时或不合理等问题，导致出现城市道路通行能力低下等现象。

基于语音合成、语音识别、语义理解等人工智能技术所搭建的智能语音指挥调度平台，能够提供更友好、更便捷的人机交互手段，方便交警收集车流量数据、处理交通事故等，便于交警执勤、提升指挥调度和执勤工作效率，切实提升道路交通管理水平。该平台落地应用已经取得显著的成果，自上线以来切实改善了城市的交通运行情况。在该平台项目的基础上，进一步通过知识图谱技术构建了信号优化专家库，形成了多个智能应用：路口诊断助手、智能检索助手、智能推荐系统和智能问答专家。

本案例将参考该科技公司交通业务流程相关智能应用，通过模拟数据构建简单的交通知识图谱，并实现基于交通知识图谱的问答系统。

14.2 问答业务设计

本节设计一个交通领域知识问答系统，重点实现基于知识图谱的知识问答业务，包括具体场景设计、知识图谱设计以及模块设计。

14.2.1 场景设计

交通领域知识问答场景主要体现问答的专业性和特殊性，其流程如图 14-1 所示。

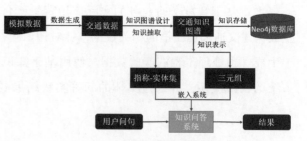

图 14-1　交通领域知识问答流程

其具体场景设计包括询问交通线路的所在地，例如某某县、某某区等；路线交叉口连接什么通道，例如涉及某某路与某某大道应该怎么走等；路线或路线交叉口的标志性建筑，例如某某酒店、某某篮球馆等；特殊的交通状况，例如早高峰、晚高峰等；存在的交通问题，例如溢出、拥堵、失衡等；针对发生问题的路线的指导建议，例如直行 – 左转，右转 – 直行 – 左转等。

通过以上的具体场景设计,我们可以进行交通领域的知识图谱设计。

14.2.2 知识图谱设计

为了对交通知识进行合理组织,更好地描述交通知识本身的属性以及知识与知识之间的关联,需要对交通知识图谱的模式进行良好的定义。

这里采用 Protégé 软件进行本体建模(参见第 6 章)。很多工业上实际使用的知识图谱架构是非常复杂的,含有众多的属性、节点和关系,本身数据量也很庞大,为了数据导入的规范性和规模化,我们必须合理地进行本体建模,这时本体建模的重要性就显得至关重要了。

有关本体建模的相关知识同样在第 6 章有具体介绍。图 14-2 展示了部分已构建好的概念树。根据图中所展示的部分概念树,可以看出,该交通知识图谱从主体出发有 POI(标志建筑)、渠化(通过方式)、路口、症状以及方案。其中,一个路口可以有 POI,可以有其他连接的道路,并且有渠化属性、症状属性以及症状对应的解决方案等。根据实现案例的具体实际需求,该知识图谱从问答角度设计,通过具体的交通知识图谱节点、属性来构建三元组,例如(某某区-某某路,症状,拥堵),(某某区-某某路,标志建筑,某某酒店)等。

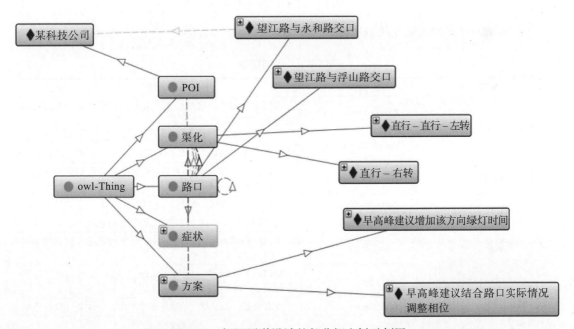

图 14-2 知识图谱设计的部分概念树示例图

14.2.3 模块设计

本案例在开放领域应用实践上做了一定的修改,将开放领域知识库替换为交通领域知识库,以设计交通领域的知识问答应用。除开放领域应用实践的知识问答模块外,本案例的模块设计还包括了数据生成模块、知识抽取模块等。图 14-3 所示是交通知识图谱知识问答的代码结构 UML 图。

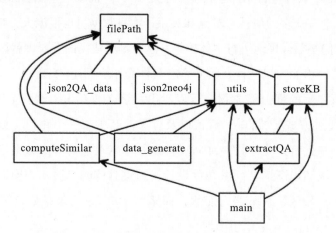

图 14-3　交通知识图谱知识问答的代码结构 UML 图

表 14-1 为具体的代码模块说明内容。

表 14-1　代码模块

模块	文件	说明
数据生成与知识抽取模块	data_generate.py	数据生成模块,按照规则生成本案例所使用的全部交通数据的 JSON 文件
	json2QA_data.py	知识抽取模块,将交通模拟生成的 JSON 文件中的数据按照问答系统抽取为需要的知识图谱三元组格式并保存
知识存储模块	json2neo4j.py	图数据库存储模块,将 JSON 文件中的数据按照知识图谱设计内容,存储到图数据库中
知识问答模块	computeSimilar.py	相似度计算模块,词嵌入与相似度计算
	extractQA.py	实体识别模块,生成实体列表和答案列表
	storeKB.py	知识库存储及检索模块,将原始三元组进行预处理和存储,以及设计检索功能
	main.py	知识问答主函数,运行 main.py,用户输入问题,返回答案
路径模块	filePath.py	所需数据、知识库、预训练模型、中文分词文件等的路径
工具模块	utils.py	中文分词工具、交通领域源数据

其中，computeSimilar.py（向量建模算法模块）、extractQA.py（实体识别与链接算法模块）、storeKB.py（知识库存储模块）将沿用第 13 章的问答算法，但会做一些小的调整，配合其他模块共同完成交通领域的知识问答实践应用。

14.3 数据预处理

本案例的数据预处理内容包括环境搭建、数据生成、知识抽取、知识表示以及知识存储 5 个部分。其中，知识抽取主要用于实体识别与实体链接。下面我们将详细介绍数据预处理中涉及的技术环节。图 14-4 是数据预处理的流程图。

图 14-4　数据预处理的流程图

14.3.1 环境搭建

本案例需要安装 Python3 并配置好相应的环境，安装必要模块。

在开放领域知识问答案例中，我们已经实现了基于开放领域知识图谱的知识问答应用，可以沿用其环境配置。除此之外，本案例涉及本体建模使用的 Protégé 软件，以及 Neo4j 等工具。

14.3.2 数据生成

在本案例中，我们简化了交通业务知识图谱的设计，模拟了部分数据。其中，主要包括 6 类节点：channel（交通通道），intersection（交叉路口），name（实体名），poi（标志建筑），scheme（问题解决方案），symptom（交通问题症状）。这些数据均为虚拟数据，没有任何实际意义。其中为方便起见，poi 和 scheme 使用数字和英文小写字母随机组合模拟生成。

以下为数据生成的代码和相关必要的注释。

```
# 以下代码存放在 data_generate.py 文件中
import json
import random
import filePath
from utils import Trans_Source_Data

def trans_data_generate(path, num, Trans_Source_Data):
```

```python
    '''
    模拟规则,生成交通数据
    :param path: 模拟生成的数据路径
    :param num: 生成的数据量
    :param Trans_Source_Data: 存储交通源数据的对象
    :return:
    '''
    f = open(path, 'w', encoding='utf-8')
    i = 1
    while i < num:  # 设置生成数据量的阈值
        i += 1
        land_name = ''.join(random.sample(Trans_Source_Data.land_name_list, 1))
        road_name = ''.join(random.sample(Trans_Source_Data.road_name_list, 1))
        # 交叉路口:道路干线名—道路干线名
        intersection1 = ''.join(random.sample(Trans_Source_Data.road_name_list,
            1))
        channel = '-'.join(random.sample(Trans_Source_Data.channel_list, random.
            randint(1, 6)))
        symptom1 = ''.join(random.sample(Trans_Source_Data.symptom1_list, random.
            randint(1, 3)))
        symptom2 = '-'.join(random.sample(Trans_Source_Data.symptom2_list, 1))
        # 标志建筑,值为含有5位随机字符的字符串
        poi = ''.join(random.sample(Trans_Source_Data.random_str_list, 5))
        # 问题解决方案,值为含有15位随机字符的字符串
        scheme = ''.join(random.sample(Trans_Source_Data.random_str_list, 15))
        name = str(land_name) + str(road_name)   # name字段为两个字段的随机匹配组合
        symptom = str(symptom1) + str(symptom2)   # symptom字段为两个字段的随机匹配组合
        # 设置条件,使生成的路口字段包含当前路的路名
        if road_name != intersection1:
            intersection = str(road_name) + '-' + str(intersection1)
        else:
            intersection = str(road_name)
        data = dict()
        data["name"] = name
        data["scheme"] = scheme
        data["channel"] = channel
        data["poi"] = poi
        data["symptom"] = symptom
        data["intersection"] = intersection
        # 存储到JSON文件中,方便后面顺利读取
        json_str = json.dumps(data, ensure_ascii=False)
        f.write(json_str+"\n")
    f.close()

if __name__ == '__main__':
    random.seed(666)
    path = filePath.DATA_PATH
    num = 15000
    trans_data_generate(path, num, Trans_Source_Data)
```

图 14-5 展示了部分模拟生成的 JSON 数据示例。

{"name":"肥西县包河大道"}	{"scheme":"zwfrtcvmsukxpqb"}	{"channel":"直右-直行"}	{"poi":"xs5pn"}	{"symptom":"南方向失衡"}	{"intersection":"包河大道-潜山路"}↵
{"name":"瑶海区阜南路"}	{"scheme":"fqgesjixpmodtby"}	{"channel":"直右-直行-左转"}	{"poi":"g904q"}	{"symptom":"东北方向东南方向早高峰溢出"}	{"intersection":"阜南路-临泉路"}↵
{"name":"包河区阜阳路"}	{"scheme":"yfhbzvkowlejqcm"}	{"channel":"三向"}	{"poi":"i1bmg"}	{"symptom":"东南方向南方向绿灯冲突"}	{"intersection":"阜阳路-临泉路"}↵
{"name":"肥西县一环"}	{"scheme":"nwepaxthkgjbczv"}	{"channel":"右转-直右"}	{"poi":"61od4"}	{"symptom":"北方向配时方案不合理"}	{"intersection":"一环"}↵
{"name":"政务区宿松路"}	{"scheme":"ltwyhjnupgvbaer"}	{"channel":"直行"}	{"poi":"orfl1"}	{"symptom":"东北方向溢出"}	{"intersection":"宿松路-休宁路"}↵

图 14-5 部分模拟生成的 JSON 数据示例

14.3.3 知识抽取

我们将基于模拟数据构建知识问答系统,所以必须将生成的 JSON 结构化数据进行知识抽取,得到我们想要的三元组数据。按照第 12 章所使用的数据格式,我们利用 Python 对生成的数据进行了数据处理和知识抽取。

```python
# 以下代码存放在 json2QA_data 中
import json
import filePath

def trans_data2QA_data(trans_data_path, QA_data_path):
    '''
    将交通模拟生成的 JSON 文件中的数据,按照问答系统抽取为需要的知识图谱三元组格式并保存
    :param trans_data_path: 交通模拟生成的数据路径
    :param QA_data_path: 交通领域知识问答数据库路径
    '''
    file = open(trans_data_path, 'r', encoding='utf-8')
    f = open(QA_data_path, "w", encoding='utf-8')
    for line in file.readlines():
        dic = json.loads(line)
        # 为了完善我们的三元组知识库,我们为每个关系设立了适用知识问答系统的 3 个关键词
        has_symptom_str1 = dic['name'] + ' ||| ' + '症状' + ' ||| ' + dic['symptom']
        has_symptom_str2 = dic['name'] + ' ||| ' + '问题' + ' ||| ' + dic['symptom']
        has_symptom_str3 = dic['name'] + ' ||| ' + '需要解决' + ' ||| ' + dic['symptom']
        intersection_poi_str1 = dic['intersection'] + ' ||| ' + '标志建筑' + ' ||| ' + dic['poi']
        intersection_poi_str2 = dic['intersection'] + ' ||| ' + '兴趣点' + ' ||| ' + dic['poi']
        intersection_poi_str3 = dic['intersection'] + ' ||| ' + '坐标' + ' ||| ' + dic['poi']
        should_adapt_str1 = dic['symptom'] + ' ||| ' + '应该采取' + ' ||| ' + dic['scheme']
        should_adapt_str2 = dic['symptom'] + ' ||| ' + '解决办法' + ' ||| ' + dic['scheme']
        should_adapt_str3 = dic['symptom'] + ' ||| ' + '策略' + ' ||| ' + dic['scheme']
        intersection_channel_str1 = dic['intersection'] + ' ||| ' + '通道' + ' ||| ' + dic['channel']
        intersection_channel_str2 = dic['intersection'] + ' ||| ' + '路径' + ' ||| ' + dic['channel']
        intersection_channel_str3 = dic['intersection'] + ' ||| ' + '向导' + ' ||| ' + dic['channel']
        f.write(has_symptom_str1+"\n")
```

```
            f.write(has_symptom_str2+"\n")
            f.write(has_symptom_str3+"\n")
            f.write(intersection_poi_str1+"\n")
            f.write(intersection_poi_str2+"\n")
            f.write(intersection_poi_str3+"\n")
            f.write(should_adapt_str1+"\n")
            f.write(should_adapt_str2+"\n")
            f.write(should_adapt_str3+"\n")
            f.write(intersection_channel_str1+"\n")
            f.write(intersection_channel_str2+"\n")
            f.write(intersection_channel_str3+"\n")
    file.close()
    f.close()

if __name__ == '__main__':
    trans_data_path = filePath.DATA_PATH
    QA_data_path = filePath.KG_DATA_PATH
    trans_data2QA_data(trans_data_path, QA_data_path)
```

这一步骤将结构化的 JSON 数据进行了知识抽取，提取的三元组存放在文件 tuple.txt 中。我们将基于抽取出的知识图谱数据进行知识问答系统应用。

14.3.4　知识表示

在构建知识图谱三元组过程中，为了生成的三元组知识库能够接入后续知识问答的数据接口，我们在进行知识抽取时，将知识处理为开放领域知识问答系统所用的知识库的知识表示格式。tuple.txt 中的三元组格式如下：

肥西县包河大道 ||| 症状 ||| 南方向失衡

包河大道 – 潜山路 ||| 标志建筑 ||| xs5pn

包河大道 – 潜山路 ||| 坐标 ||| xs5pn

南方向失衡 ||| 应该采取 ||| zwfrtcvmsukxpqb

南方向失衡 ||| 策略 ||| zwfrtcvmsukxpqb

包河大道 – 潜山路 ||| 通道 ||| 直右 – 直行

14.3.5　知识存储

本案例使用 Python3 中的 py2neo 模块，直接在 Python 上设立了节点和关系，我们为节点设计了 4 类关系：has_symptom（实体 1– 有症状 – 实体 2），intersection_channel（实体 1– 有通道 – 实体 2），intersection_poi（实体 1– 有标志建筑 – 实体 2），should_adapt（实体 1– 应该采取方案 – 实体 2），最后与图数据库建立连接。

```python
# 代码存放在json2neo4j.py文件中
import json
from py2neo import Graph, Node, Relationship
import filePath

# 输入图数据库地址、用户及密码，连接图数据库
graph = Graph('http://localhost:7474', username='neo4j', password='123456')
# 交通数据路径
path = filePath.DATA_PATH

def link2neo4j(label1, label2, relation_name, dic):
    '''
    连接Neo4j数据库，并创建三元组
    :param label1: 头节点
    :param label2: 尾节点
    :param relation_name: 关系名
    :param dic: 以字典格式存储的交通数据
    '''
    org1 = graph.nodes.match(label1, name=dic[label1]).first()
    if org1 is None:
        node_1 = Node(label1, name=dic[label1])
        graph.create(node_1)
    else:
        node_1 = org1
    org2 = graph.nodes.match(label2, name=dic[label2]).first()
    if org2 is None:
        node_2 = Node(label2, name=dic[label2])
        graph.create(node_2)
        relationship = Relationship(node_2, relation_name, node_1)
        graph.create(relationship)
    else:
        relationship = Relationship(org2, relation_name, node_1)
        graph.create(relationship)

def run(path):
    # 由于文件中有多行，直接读取会出现错误，因此要一行一行读取
    file = open(path, 'r', encoding='utf-8')
    for line in file.readlines():
        dic = json.loads(line)
        link2neo4j("poi", "intersection", "intersection_poi", dic)
        link2neo4j("symptom", "name", "has_symptom", dic)
        link2neo4j("scheme", "symptom", "should_adapt", dic)
        link2neo4j("channel", "intersection", "intersection_channel", dic)
    file.close()

if __name__ == '__main__':
    run(path)
```

知识存储完毕，可以在Neo4j的可视化界面上清楚地看到数据的节点、关系等知识图谱结构。图14-6展示了部分Neo4j知识图谱三元组节点的示例。

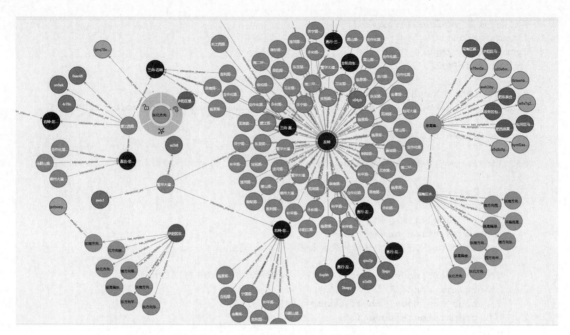

图 14-6　Neo4j 知识图谱三元组节点示例

14.4　知识问答系统实现

本案例采用了第 13 章中的知识问答系统来辅助构建交通知识图谱,进行知识问答系统实践。

在正式开始之前,先确保有如下的文件。

- hlt_stop_words.txt:停用词文件,用于过滤问句存在的符号等无用字符。
- userdicts.txt:用户自定义词典文件,辅助中文分词模块。
- sgns.wiki.word:基于中文维基百科文本数据预先训练好的密集单词向量(以 SGNS 训练),资源中的预训练词向量文件以文本格式存储,每一行包含一个单词及其词向量,维数为 300 维(在第 13 章有详细介绍)。

另外,我们需要先执行 storeKB.py 中的 kb.creatKB() 和 kb.loadKB() 语句,确认在文件中创建了知识库数据文件再执行 main.py 文件。接下来,结合上面构建的知识图谱三元组知识库,我们说明一下本案例对知识问答系统代码所做的一些改动。

因为构建的交通知识图谱实体是垂直领域的实体,有些名词较为专业,所以直接沿用开放领域实体识别与链接服务的效果并不是很好。我们可以将实体识别的范围扩大,使用中文分词工具将切分出来的词语作为实体在知识库检索相关的三元组，而因为领域内知识库体量较小，使得这一操作不会造成很大负担，同时能够让候选三元组答案列表更加完备。

```python
// 以下代码存放在 extractQA.py 文件中
import urllib.request
import urllib.parse
import json
from utils import word_segment, Trans_Source_Data

def entityCandidate(question: str, Trans_Source_Data):
    trans_entity = Trans_Source_Data.land_name_list + Trans_Source_Data.road_
        name_list + Trans_Source_Data.symptom2_list
    entityList = []
    urlPath = 'http://shuyantech.com/api/entitylinking/cutsegment?q='
    urlstr = urlPath + urllib.parse.quote(question)
    urlRST = urllib.request.urlopen(urlstr)
    dic = json.loads(urlRST.read().decode('utf-8'))
    for entity in dic['entities']:
        if len(entity) == 2:
            entityList.append(question[entity[0][0]:entity[0][1]])
    question_ws = word_segment(question)
    for w in question_ws:
        if w in trans_entity:
            entityList.append(w)
    entityList = list(set(entityList))
    if '' in entityList:
        entityList.remove('')
    return entityList

def answerCandidate(entityList: list, kb):
    answerList = []
    for entity in entityList:
        entity = '%' + entity + "%"
        answerList = answerList + kb.queryKB(entity)
    answerList = list(set(answerList))
    return answerList
```

另外，因为我们虚拟的交通知识图谱的知识库数据量偏小，实体词汇较为专业，利用 Jieba 模块进行词性标注的准确率达不到交通领域知识问答的要求，所以在相似度计算模块上没有使用相似度比较算法中的词性标注功能，而是利用 Jieba 中文分词模块，加载包含交通实体名的自定义词典后进行分词，这样简化了相似度计算过程。最后，由于我们使用的是开放领域的词向量模型，因此交通领域的词向量建模能力有一定不足，不过对本案例来说，这些已经能支撑我们实现最基本的交通领域知识问答系统。如果在工业上实际使用的话，可以在实体识别以及相似度计算上采用更为复杂的技术，让结果返回得更加准确和快速。

14.5 问答结果呈现

完成上述步骤后，我们已经可以调用相似度计算模块、实体识别模块和知识库存储及检索模块，下一步就是执行知识问答的主函数。

以下代码存放在 **main.py** 文件中

```python
from storeKB import KnowledgeBase
from computeSimilar import Similar
from extractQA import entityCandidate,answerCandidate
from utils import Trans_Source_Data
import pandas as pd

def main():
    # 调用相似度计算模块
    similar = Similar()
    # 加载交通领域知识库
    kb = KnowledgeBase()
    while True:
        questionstr = input('question:\n')
        if questionstr == 'end':
            break
        # 获取实体识别的实体列表
        entityList = entityCandidate(questionstr, Trans_Source_Data)
        if len(entityList)==0:
            print('no-answer')
            continue
        # 获取答案三元组列表
        answerList = answerCandidate(entityList, kb)
        # 答案排名
        # 问句的向量建模
        questionVec = similar.questionVec(questionstr,usePSEG=False)
        for idx in range(len(answerList)):
            # 候选答案三元组的向量建模
            answerVec = similar.answerVec('|||'.join(answerList[idx][:3]),
                usePSEG=False)
            # 将问句向量与候选答案三元组向量进行相似度计算
            if not pd.isnull(similar.vectorS(questionVec,answerVec)):
                answerList[idx] = answerList[idx] + (similar.vectorS(questionVec
                    ,answerVec),)
            else: # 如果计算结果为空值，则赋值为0
                answerList[idx] = answerList[idx] + (0.0,)
        # 答案按分值排名
        answerList.sort(key=lambda element: element[3],reverse=True)
        # 输出答案排名前三位
        for answer in answerList[:3]:
            print(answer)

if __name__ == '__main__':
    main()
```

执行主函数后，等待词向量模型导入完毕，我们可以基于生成的交通知识图谱数据，提出相关问题，包括"铜陵路有什么问题？""长江西路有哪些通道？""拥堵怎么解决？"，如图14-7所示。我们按照相似度规则给出了答案前三位的排名，通过结果可以看出，案例的交通知识问答有效结果得到了验证。

```
铜陵路有什么问题?
('滨湖新区铜陵路', '问题', '西方向拥堵', 1.0000001)
('滨湖新区铜陵路', '问题', '北方向东南方向早高峰拥堵', 1.0000001)
('滨湖新区铜陵路', '问题', '南方向北方向溢出', 1.0000001)
question:
长江西路有哪些通道?
('长江西路', '通道', '左转-非机动车-右转-三向-直右-直行', 1.0)
('合作化路-长江西路', '通道', '直右-左转-右转-非机动车-三向', 1.0)
('长江西路-潜山路', '通道', '非机动车-右转', 1.0)
question:
拥堵怎么解决?
('北方向平峰南方向拥堵', '解决办法', 'wf6yck2nzjsivhe', 0.8344969)
('东方向平峰晚高峰拥堵', '解决办法', '3v7h0tnz9jgdlc2', 0.8344969)
('北方向平峰东方向拥堵', '解决办法', 'zt2ghoequ5p76db', 0.8344969)
```

图14-7　基于交通知识图谱的问答系统测试图

在实际的交通业务中，可以通过丰富的交通数据库来拓展交通实体和训练交通领域词向量模型，以及采用多轮对话等技术更好地支撑业务。

14.6　本章小结

本章案例基于智慧交通业务真实场景，使用虚拟交通数据构建交通知识图谱问答系统智能应用。实践证明，在真实场景中，知识图谱所发挥的巨大作用将极大改善我们的生活方式，进一步推动智慧城市的发展、建设。

知识图谱设计中的本体和相关节点、属性以及元组等知识来源于专家经验、领域专业文档，构建数据形式多种多样，导致知识图谱的构建过程自动化程度较低。同时，由于专业领域知识图谱在应用层面上的重要性，且面向的用户是专业领域的，因此必须强调知识的深度，因此对知识错误的容忍度低。在尽量提高知识图谱构建自动化程度的基础上，还要求应用的每个环节都应该提高精度。

第 15 章

汽车领域知识问答实践

前事不忘,后事之师。

——《战国策·赵策一》

汲取从前的经验教训,作为以后人生的借鉴。

基于知识图谱的智能汽车应用实现了汽车功能使用、故障求助、保养咨询以及智能交互,从而实现更好的服务效果。

本章从基于知识图谱的知识问答应用出发,通过对汽车领域应用的背景介绍,进一步引入基于知识图谱的汽车领域知识问答应用设计,并进行数据预处理等,最终通过具体的问答实践结果展示了知识图谱在汽车领域的作用。

15.1 汽车领域背景

随着汽车产业的快速发展,汽车相关企业在产品体验、营销、研发、制造等环节存在诸多痛点。

在产品体验方面,存在新推出的功能用户不会使用,用户遇到故障或异常时求助得不到快速解答,以及用户对维修/保养流程不熟悉且等待回复的周期长等问题。

在营销方面,存在销售顾问缺乏针对用户精准营销的能力,服务顾问缺乏维修保养、精品配件等知识而无法回答用户用车疑问,导致用户流失率高等问题。

在研发方面，存在用户关注的问题得不到及时解决，第三方咨询成本高、周期长，产品市场竞争力评估缺乏竞品数据等问题。

在制造方面，存在用户抱怨的质量问题得不到及时反馈，零部件设计规范缺乏数据支撑等问题。

因此车企需要一个知识大脑，利用知识图谱等技术作为基础，帮助企业在企业运营和用户运营的各个环节建立起自己的智能化服务能力。

本案例将参考汽车领域知识问答助手业务的流程，通过模拟数据构建简单的汽车知识图谱，并实现基于汽车领域知识图谱的问答系统。

15.2 问答业务设计

本节将重点实现基于知识图谱的知识问答业务，包括场景设计、知识图谱设计以及模块设计等部分。

15.2.1 场景设计

根据汽车领域实际业务场景，对汽车知识图谱问答系统进行设计。图 15-1 所示为汽车知识图谱问答系统技术架构，我们将结合该架构在下面逐一展开讲解。

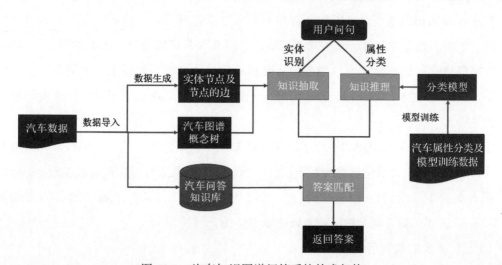

图 15-1 汽车知识图谱问答系统技术架构

汽车知识图谱问答的常见问题涉及汽车的各种零部件。例如：空调、座椅、轮胎以及发动机等；汽车的各种功能和使用方法，诸如座椅调节功能、音乐播放功能等；对汽车故障的询问、解决方案以及注意事项等，诸如空调故障、导航故障等；对一些关于汽车知识的询问，诸如汽车的品牌、车型参数等。因此，我们需要给不同的实体进行分类。

由于汽车图谱中涉及的实体较多，而这些不同功能涉及的实体有所不同，因此我们可以给实体设计实体类别来更精准地设计问答系统。另外，由于用户在询问时用词的随机性，例如"空调制冷"，用户可能会用"吹冷风""凉风""空调凉风"等多个用语，这要求我们需要进行一定的知识图谱设计，使得同一实体的不同用语可以正确被识别为这个实体。

设计具体场景之后，我们可以以此作为基础展开知识图谱设计。

15.2.2 知识图谱设计

汽车领域知识图谱的实体和属性相互连接、错综复杂，为了能够梳理清楚实体及属性之间的关系，更好地实现问答功能，我们将数据集划分为如下三种。

1. 实体属性概念树数据

实体属性概念树数据包含实体与属性、属性与属性之间的概念树。主要作用是规定某类实体所能拥有的属性，辅助实体与属性的推理。

汽车领域知识图谱概念可以按照具体的业务场景进行分类，例如：车型知识可以细分为车型、车款、汽车零部件、车型功能等概念；汽车保养可以细分为保养类型、保养项目、保养物料等概念；汽车故障可以细分为故障现象、故障类型、故障条件等概念。在各细分概念下，我们可以基于业务场景进一步细分子概念，如零部件概念下可细分为发动机、座椅、大灯等。

图 15-2 所示为某知识图谱平台中汽车领域知识图谱概念树设计图，以概念树的形式进行设计，每个概念包含数值属性和对象属性，数值属性即概念自身所包含的属性。

在本案例中，我们以"车款"概念为例，模拟概念、属性、子属性的结构生成了如图 15-3 所示的"车款"概念树结构数据的示例简图。

"车款"概念的数据示例为：

[{"conception": "车款", "property": [{"转速": []}, {"夏天油耗": []},{"冬天油耗": []},{"越野性能": []}, {"省油操作": []},……,]

其中，conception 是实体的类名，property 是该实体的属性集合，property 中有的属性拥有可以继续推理的属性，例如属性"油耗"拥有子属性"夏天油耗"、"冬天油耗"。

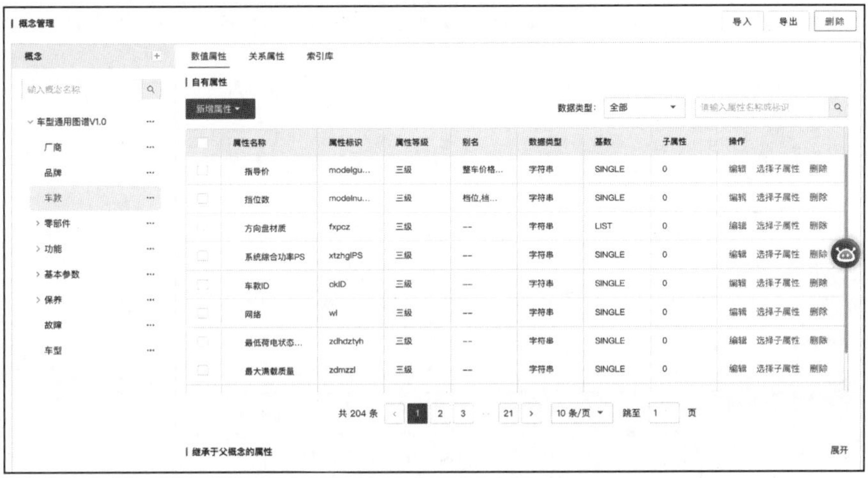

图 15-2 某知识图谱平台中汽车领域知识图谱概念树设计图

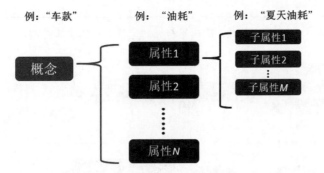

图 15-3 "车款"概念树结构数据的示例简图

2. 汽车实体类别数据集

由于汽车实体众多，许多实体名称也不统一，因此这为知识图谱构建增加了难度。而针对汽车领域知识图谱实体资源构建任务，某知识图谱平台提供了面向运营人员的实体管理页面，如图 15-4 所示。

用户基于实体管理页面可以进行实体的增删改查，也可以对实体的数值属性与对象属性进行编辑。这样使得众多实体的管理更加方便清晰。而在本案例中，我们模拟生成了汽车实体类别数据集，该数据集是由众多的实体三元组数据组成。三元组数据中包含拥有多个别名的实体、唯一标识实体名以及实体所属的类。三元组主要作用是统一某种实体的名称，并标注实体类别，方便后续的处理。图 15-5 所示为实体类别数据示例简图。

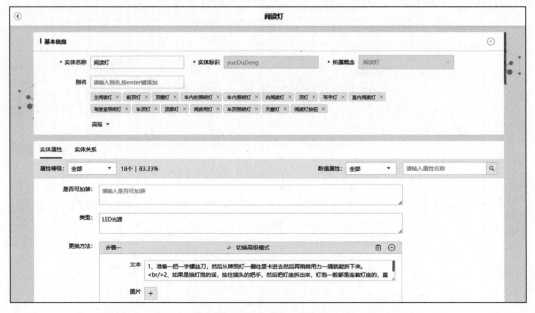

图 15-4　基于某知识图谱平台面向运营人员的实体管理页面

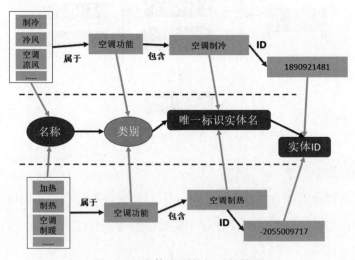

图 15-5　实体类别数据示例简图

其中，两条虚线中间部分的名称、类别、唯一标识实体名、实体 ID 为知识图谱的概念层设计，概念层的上方和下方是数据层，各有一条和本体对应的实体数据。以"空调制热""空调制冷"为例，对应数据层的实体数据示例如下：

```
{'alias': '空调制暖 | 制热 | 加热 ', '_class': '空调功能', 'entity': '空调制热', 'id':
  -2055009717}
{'alias': '空调凉风 | 冷风 | 制冷 ', '_class': '空调功能', 'entity': '空调制冷', 'id':
  1890921481}
```

其中，'alias' 是实体的名称集合，'class' 是该实体所属的类别，'entity' 是该实体的唯一标识实体名，'id' 是该实体的唯一 id。

3. 知识库

三元组数据中包含实体、id、属性与对应的答案值。我们将从用户端提取的实体与属性值与知识库进行匹配，为用户返回对应的答案。图 15-6 所示为知识库数据示例图，其中虚线上方为知识图谱概念层设计内容，虚线下方为相应数据层的一个三元组数据示例。

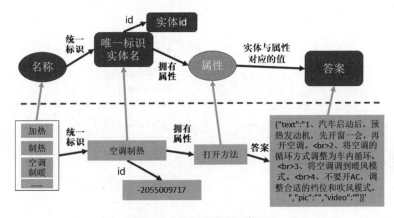

图 15-6 知识库数据示例图

数据层对应的三元组数据示例如下：

```
{'alias': '空调制暖 | 热风 | 制热 | 自动空调制热 | 加热 | 制暖 | 热空调 | 空调暖风 | 空调加热 ',
 'entity': '空调制热', 'id': -2055009717, 'property': '打开方法', 'value':
 '[{"text":"1、汽车启动后，预热发动机，先开窗一会，再开空调。<br>2、将空调的循环方式
 调整为车内循环。<br>3、将空调调到暖风模式。<br>4、不要开AC，调整合适的挡位和吹风模式。
 ","pic":"","video":""}]'}
```

15.2.3 模块设计

模块设计共包括数据模型模块、算法模块、知识问答模块、路径模块、工具模块。表 15-1 为具体的模块说明。

表 15-1 模块说明

模块	文件	说明
数据模型模块	data_loader.py	数据载入模块,载入三元组数据以及概念树数据集,得到实体、属性以及关系数据
	data_generate.py	数据生成模块,生成用于实体链接的节点数据以及链接两个节点的边数据
	filter.py	过滤模块,读取过滤词,实现敏感词过滤功能
算法模块	ner_link.py	实体识别与实体链接模块,实现实体识别和实体链接功能
	property_classify.py	属性分类和属性推理模块,实现属性分类和属性推理功能
知识问答模块	answer_match.py	答案匹配模块,根据实体和属性结果,在知识库中匹配答案
	qa_run.py	知识问答功能实现模块,实现汽车领域知识问答功能
路径模块	filepath.py	所需知识库、模型、工具文件等路径
工具模块	utils.py	包括中文分词、模型保存与载入,以及相似度计算等工具函数

图 15-7 所示为汽车领域应用实践的代码结构 UML 图。

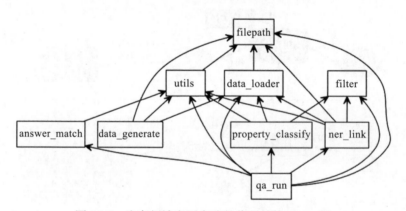

图 15-7 汽车领域应用实践的代码结构 UML 图

15.3 数据预处理

数据预处理流程如图 15-8 所示,具体包括以下几个步骤。

1)汽车数据导入,生成汽车知识图谱概念树、实体节点及节点的边,实现知识抽取。

2)基于汽车属性分类模型训练数据分类模型,实现知识推理。

3)用户问句分解,实现实体识别以抽取实体知识,并完成属性分类以进行属性推理。知识抽取部分主要用于实体识别与实体链接等步骤,知识推理主要进行属性值推理,我们利用训练数据进行汽车属性分类(基于模型训练数据),然后进行汽车属性推理。

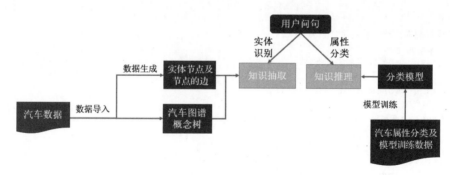

图 15-8　数据预处理流程架构图

下面我们将介绍数据预处理中涉及的技术环节，包括环境搭建、数据导入、数据生成、知识抽取以及知识推理。

15.3.1　环境搭建

本案例需要安装 Python3 并配置好相应的环境，在前面实践的环境基础上，还需通过以下命令安装如下模块：

```
pip install pickle
pip install math
pip install sklearn
```

具体模块可以在代码实现过程中逐一安装。

15.3.2　数据导入

15.2.2 节介绍了本案例所需的数据及数据格式。这些数据的具体存放文件包括实体与实体类别之间的三元组数据（alias_class_entity_triplet.txt）、实体属性链接知识库的三元组数据（qa_kg_triplet.txt）以及实体与属性的概念树数据（conception_tree.json），还有中文分词数据（hlt_stop_words.txt、userdicts.txt）、辅助实体识别和属性链接的辅助词数据（assist_words.txt）、敏感过滤词数据（filter.txt）、属性分类的训练数据（train_data.csv）等。

因此，我们需要有一个数据导入模块，来对这些数据进行处理，以提取我们想要的信息来嵌入算法中。以下为数据导入的代码和必要的注释：

```python
# 以下代码存放在 data_loader.py 文件中
import json

def extract_assist_words_dict(path):
```

```python
    '''
    提取辅助词数据并处理为字典格式,以进行辅助词识别
    :param path: 辅助词文件的文件路径
    :return: 辅助词字典数据
    '''
    assist_words_dict = dict()
    # 读取辅助词数据文件
    f_assist = open(path, 'r', encoding='utf-8')
    for line in f_assist.readlines():
        k = line.strip('\n').split('\t')[0]
        for v in line.strip('\n').split('\t')[1].split(' '):
            assist_words_dict[v] = k
    f_assist.close()
    return assist_words_dict

def get_entity_id_dict(triplet_list):
    '''
    对三元组数据进行处理,提取出实体与id的字典数据
    :param triplet_list: 三元组列表
    :return: 实体类别字典、实体id字典
    '''
    entity_id_dict = {}      # 实体与id的字典数据
    entity_class_dict = {}   # 实体与实体类别的字典数据

    for triplet in triplet_list:
        entity_id_dict[triplet['entity']] = triplet['id']
        entity_class_dict[triplet['entity']] = triplet['_class']
        if triplet['alias'] != '':
            for k in triplet['alias'].split('|'):
                entity_id_dict[k] = triplet['id']
                entity_class_dict[k] = triplet['_class']
    return entity_class_dict, entity_id_dict

def get_conception_tree(path):
    '''
    提取概念树数据并处理为字典格式
    :param path: 概念树数据文件的文件路径
    :return: 概念树数据字典
    '''
    # 读取概念树数据
    f_obj = open(path, encoding='utf-8')
    conception_tree = json.load(f_obj)
    f_obj.close()
    return conception_tree

def get_property_dict(conception):
    '''
    从概念树字典提取属性数据并处理为字典格式,以用于属性推理
    :param conception: 概念树数据字典
    :return: 属性与子属性字典
    '''
    property_dict = dict()
```

```
    for each in conception:
        property_list = each['property']  # 提取概念树中的属性信息
        for pi in property_list:
            for k, v in pi.items():
                if len(v) != 0:
                    for p in v:
property_dict[p['property']] = k
return property_dict

def txt2triplet_list(path):
    '''
    读取 txt 文件并转换为三元组字典格式
    :param path: 存放三元组字典数据文件的文件路径
    :return: 存放三元组数据的列表
    '''
    f_obj = open(path, encoding='utf-8')
    # 使用 JSON 将 txt 文件的每行数据转换为字典格式，作为列表的元素存储
    triplet_list = [json.loads(line) for line in f_obj.readlines()]
    f_obj.close()
    return triplet_list
```

15.3.3 数据生成

在本案例中，我们简化了知识图谱的设计，对数据进行了处理，并生成了用于实体链接的节点数据以及连接两个节点的边数据。

其中，生成的节点数据是每个实体经过分词后的数据，这可以细化实体的词语颗粒度，帮助我们更好地从问句中抽取出与实体信息相关的词语，进而完成实体识别。生成的边数据是实体中词语与词语的边，同一个实体的两个相邻词语将会有一条加权边数据，权值为该实体的词语数量，这样我们可以知道这条边对应实体的词语个数，也就知道了这条边在该实体的比重，我们可以基于最小生成树的思想进行实体链接。

提示：我们需要利用最小生成树的思想切分相应节点和边，即通过实体类别三元组生成相应的节点和边数据。例如"空调出风口"可以切分为"空调"和"出风口"两个节点，而两个节点间的边则为 (' 空调 ',' 出风口 ', '877863326', '2')。其中，877863326 为"空调出风口"对应的 id，而 2 则为该边的权值，这里利用实体的切分词语个数作为边的权重。

这样处理，不仅可以对用户问句中的实体词语进行精细化抽取，还可以通过最小生成树的思想将问句中的实体链接到最为匹配的实体上。在数据集有限的情况下，利用这种方法可以有效地进行实体抽取与实体链接。

以下为数据生成的代码和必要的注释。

```python
# 以下代码存放在 data_generate.py 文件中
from tqdm import tqdm
import os
from filepath import DataPath
from data_loader import txt2triplet_list
from utils import word_segment

def get_entity_class(alias_class_entity_tripet):
    '''
    从实体与实体类别之间的三元组数据中提取实体类别
    :param alias_class_entity_tripet: 三元组数据（名称 - 类别 - 唯一标识实体名）
    :return: 列表，列表元素为三元组中代表 id、类别、实体名（多个实体名用空格间隔）的字符串，三
    者用 \t 分隔
    '''
    entity_class = []
    # tqdm用来展示进度条
    for i in tqdm(range(len(alias_class_entity_tripet))):
        triplet = alias_class_entity_tripet[i]
        entity_class_value = []
        entity_class_value.append(triplet['entity'])
        if triplet['alias'] != '':
            # 将alias字典中的"|"替换为空格
            entity_class_value += triplet['alias'].replace('\n', '').replace(' ',
                '').split('|')
        # 将三元组字典数据转化为用 "\t" 分隔的一个字符串，该字符串拥有所有实体信息
        entity_info = str(triplet['id']) + '\t' + triplet['_class'] + '\t' + ' '.join
            (entity_class_value)
        entity_class.append(entity_info)
    return entity_class

def generate_nodes_edges(entity_class):
    '''
    生成节点、边数据文件并保存
    :param entity_class:get_entity_class 函数中生成的列表
    '''
    nodes = []  # 节点数据
    edges = []  # 节点与节点之间的边

    for line in entity_class:
        # 抽取出 entity_class 中的实体名信息
        entity_list = line.split('\t')[2].strip('\n').split(' ')
        entity_list.append(line.split('\t')[1])  # 将实体类别也一并加入
        for e in entity_list:
            # 进行分词切分处理，生成节点和边
            e_word_list = word_segment(e)
            for i in range(len(e_word_list)):
                if e_word_list[i] not in nodes:
                    nodes.append(e_word_list[i])
                if i != len(e_word_list)-1:
                    tup = (e_word_list[i], e_word_list[i+1], line.split('\t')[0],
                        str(len(e_word_list)))
```

```python
            if tup not in edges:
                edges.append(tup)
    # 检查entity文件夹是否存在，否则创建entity文件夹
    if not os.path.exists('data/entity'):
        os.makedirs('data/entity')
    #    生成节点数据文件并保存
    f = open('data/entity/nodes.txt', 'w', encoding='utf-8')
    for w in nodes:
        f.write(str(w))
        f.write('\n')
    f.close()
    #    生成边数据文件并保存
    f = open('data/entity/edges.txt', 'w', encoding='utf-8')
    for t in edges:
        f.write(str(t))
        f.write('\n')
    f.close()
```

生成的数据保存在 nodes.txt 和 edges.txt 文件中。

15.3.4　知识抽取

这一部分内容将实现知识抽取中的实体识别与实体链接功能。首先对问句进行中文分词，再利用 filter 模块将问句进行初步的处理。处理后的数据将进入实体识别与链接模块，该模块是利用上一步骤中生成的节点和边数据，并基于最小生成树和最长路径的思想实现的。

以下为实体识别与链接的代码和必要的注释。

```python
# 以下代码存放在 ner_link.py 文件中
from utils import word_segment
from data_loader import get_entity_id_dict

def get_entity_words():
    '''
    从节点中读取实体数据，并以列表（List）的形式存储
    :return: 存储实体的列表
    '''
    # 从节点中读取实体数据
    entity_words_path = './data/entity/nodes.txt'
    f_entity = open(entity_words_path, 'r', encoding='utf-8')
    nodes_list = [line.strip('\n') for line in f_entity.readlines()]
    f_entity.close()
    return nodes_list

def extract_entity_from_ws_sentence(ws_list, nodes_list, assist_words_dict):
    '''
    从经过中文分词的问句中，提取实体列表中存在的词语
    :param ws_list: 经过中文分词处理后的问句词语列表
    :param nodes_list: 存储实体的列表
    :param assist_words_dict: 存储辅助词的字典
```

```python
        :return: 列表，返回存储问句中包含在 nodes_list 和 assist_words 中的词语
        '''
        ws_entity_list = list()
        for i in range(len(ws_list)):
            if ws_list[i] in nodes_list:
                if ws_list[i] in assist_words_dict.keys():
                    ws_entity_list.append(assist_words_dict[ws_list[i]])
                else:
                    ws_entity_list.append(ws_list[i])

        return ws_entity_list

    def get_entity_id(edges_list, assist_words_dict, ws_entity_list):
        '''
        获得实体词语的 id
        :param edges_list: 存储边的列表
        :param assist_words_dict: 存储辅助词的字典
        :param ws_entity_list: 符合匹配条件的词列表
        :return:
        '''
        res = dict()
        res_score = dict()
        # 通过边数据，我们可以找到相对应的实体 id
        for line in edges_list:
            line_ = [l[1:-1] for l in line.split(', ')]  # 去掉冒号
            for i in range(len(line_)):
                if line_[i] in assist_words_dict.keys():
                    line_[i] = assist_words_dict[line_[i]]
            # 判断边的节点数据都在用户问句分词实体列表中
            if line_[0] != line_[1] and line_[0] in ws_entity_list and line_[1] in \
                    ws_entity_list:
                # 将实体 id 作为 key, key 对应的值为组成实体的词
                if line_[2] in res.keys():
                    res[line_[2]].add(line_[0])
                    res[line_[2]].add(line_[1])
                else:
                    res[line_[2]] = set()
                    res[line_[2]].add(line_[0])
                    res[line_[2]].add(line_[1])
                    # 计算权重
                    res_score[line_[2]] = int(line_[3])
        m = 0
        e_id = ''
        for k, v in res_score.items():
            # 对分数进行处理，选取最小值对应的实体 id
            score = (len(res[k])**3)/v
            if score > m:
                m = score
                e_id = k
        return e_id

    def id2entity(id_, id_entity_triplet):
        '''
```

```
        获得 id 对应的实体
        :param id_：字符串格式的 id
        :param id_entity_triplet：三元组数据
        :return：id 对应的实体，以及 id 对应的实体类别
        '''
        if id_ != '':
            for triplet in id_entity_triplet:
                if triplet["id"] == int(id_):
                    return triplet["entity"], triplet["_class"]

def entity_recognition_from_entity_dict(text, entity_id_dict):
    '''
    实体识别
    :param text：问句字符串
    :param entity_id_dict：实体 id 字典
    :return：问句字符串中含有实体的对应 id 列表
    '''
    entity_id_list = []
    for k, v in entity_id_dict.items():
        if k in text and v not in entity_id_list:
            entity_id_list.append(v)
    return entity_id_list

def ner_main(question_list, entity_id_dict, alias_class_entity_triplet, assist_
    words_dict):
    '''
    读取辅助词数据以及实体三元组数据，进行实体链接
    :param question_list：问句分词列表
    :param entity_id_dict：实体 id 字典
    :param alias_class_entity_triplet：实体类别三元组
    :param assist_words_dict：辅助词字典
    :return：存储结果的列表，单个列表元素中的第一个字符串是实体唯一标识名，第二个字符串是实体
        类别
    '''
    result = []
    entity_id_list = entity_recognition_from_entity_dict(''.join(question_list),
        entity_id_dict)
    nodes_list = get_entity_words()
    ws_entity_list = extract_entity_from_ws_sentence(question_list, nodes_list,
        assist_words_dict)
    # 读取边数据
    edges_path = r'./data/entity/edges.txt'
    f_edges = open(edges_path, 'r', encoding='utf-8')
    edges_list = [line.strip('\n').lstrip('(').strip(')') for line in f_edges.
        readlines()]
    f_edges.close()
    # 进行实体识别后的实体 id
    r = get_entity_id(edges_list, assist_words_dict, ws_entity_list)
    if r != '':
        entity_id_list.append(r)
    for id_ in entity_id_list:
        result.append(id2entity(id_, alias_class_entity_triplet))
    return result
```

15.3.5 知识推理

在知识推理环节中，我们将通过训练好的分类模型对问句进行属性分类，并对属性进行简单的推理。知识推理功能是通过 TF-IDF 和 LinearSVC 技术实现的，训练结束后将训练好的模型保存在 model 文件夹中。

以下为知识推理的代码和必要的注释。

```python
# 以下代码存放在 property_classify.py 文件中
from sklearn.feature_extraction.text import TfidfVectorizer
from sklearn.svm import LinearSVC
import pandas as pd
from sklearn.metrics import accuracy_score
import numpy as np
from utils import save_model, load_model, word_segment

def model_test(path):
    '''
    用于模型测试
    :param path: 存放训练数据的路径
    '''
    data = pd.read_csv(path, header=None)
    data.columns = ['text', 'label', 'word_seg']
    # 打乱顺序
    data = data.reindex(np.random.permutation(data.index))
    # 后 6000 条数据作为测试集
    train_data = data.iloc[:-6000, :]
    test_data = data.iloc[-6000:, :]
    x_train, y_train = train_data.word_seg, train_data.label
    x_test, y_test = test_data.word_seg, test_data.label
    # 利用 TfidfVectorizer 生成词频模型
    tf_idf = TfidfVectorizer(sublinear_tf=True, min_df=2, max_df=0.9, norm='l2',
        encoding='utf-8', ngram_range=(1, 4))
    tf_idf.fit(x_train)
    xtrain_tfidf = tf_idf.transform(x_train)
    xtest_tfidf = tf_idf.transform(x_test)
    print("训练集维度: ", xtrain_tfidf.shape)
    print("测试集维度: ", xtest_tfidf.shape)
    # 利用 LinearSVC 训练属性分类模型
    model = LinearSVC(class_weight='balanced', C=4.5, max_iter=1000)
    model.fit(xtrain_tfidf, y_train)
    y_pred = model.predict(xtest_tfidf)
    print('准确率为 %s' % accuracy_score(y_test, y_pred))

def model_train(path):
    '''
    训练并保存模型
    :param path: 存放训练数据的路径
    '''
    data = pd.read_csv(path, header=None)
    data.columns = ['text', 'label', 'word_seg']
```

```python
    data = data.reindex(np.random.permutation(data.index))
    train_data = data
    # 与 model_test 的区别是，这里将所有的数据都放在训练集中，没有测试集
    x_train, y_train = train_data.word_seg, train_data.label
    tf_idf = TfidfVectorizer(sublinear_tf=True, min_df=1, max_df=0.9, norm='l2',
            encoding='utf-8', ngram_range=(1, 4))
    tf_idf.fit(x_train)
    xtrain_tfidf = tf_idf.transform(x_train)
    model = LinearSVC(class_weight='balanced', C=4.5, max_iter=1000)
    model.fit(xtrain_tfidf, y_train)
    wv_model_name = 'TF-IDF'
    model_path = "./model/" + wv_model_name + ".pkl"
    save_model(tf_idf, model_path)    # 保存TF-IDF模型
    model_name = 'IR_LinearSVC'
    model_path = "./model/" + model_name + ".pkl"
    save_model(model, model_path)    # 保存分类模型


def model_pred(word_list):
    '''
    载入保存好的模型参数，进行预测
    :param word_list: 经过中文分词处理后的问句词语列表
    :return: 字符串：属性分类的结果
    '''
    # 加载训练中保存的模型，进行预测
    tf_idf = load_model(r'./model/TF-IDF.pkl')
    IR_model = load_model(r'./model/IR_LinearSVC.pkl')
    question = ' '.join(word_list)
    q = pd.DataFrame([{'text': question}]).text    # 问句需要转化为此类格式
    q_tfidf = tf_idf.transform(q)
    res = IR_model.predict(q_tfidf)
    return res[0]


def get_property(question_list, assist_words_dict, property_dict):
    '''
    读取辅助词、实体与属性概念树，进行属性推理得到属性结果
    :param question_list: 经过中文分词处理后的问句词语列表
    :param assist_words_dict: 辅助词字典数据
    :param property_dict: 属性与子属性字典
    :return: 存储属性分类与推理最终结果的字符串
    '''
    p = model_pred(question_list)    # 属性分类的结果
    res = p
    # 将属性中可能包含的辅助词进行替换
    for i in range(len(question_list)):
        if question_list[i] in assist_words_dict.keys():
            question_list[i] = assist_words_dict[question_list[i]]
    for pk, pv in property_dict.items():
        # 通过辅助词进行推理
        pk_list = word_segment(pk)
        for i in range(len(pk_list)):
            if pk_list[i] in assist_words_dict.keys():
                pk_list[i] = assist_words_dict[pk_list[i]]
        if p == pv:
```

```
            for w in question_list:
                if w in pk_list and w not in pv:
                    res = pk
    return res
```

由于我们模拟的训练数据较为集中,属性分类的准确率能够达到99%,因此在实测中也有很好的表现。训练的模型参数保存在IR_LinearSVC.pkl 和 TF-IDF.pkl 中。

15.4 答案匹配与问答系统实现

我们基于15.3节得到的数据,完成答案匹配以及汽车知识图谱问答系统的代码实现。

15.4.1 答案匹配

完成上一步后,我们已经获得了用户问句的实体和属性。接下来我们可以将实体和属性连接起来成为一个二元组,在知识库三元组中寻找二元组对应的答案实体。

在知识库检索答案前,我们需要检查二元组是否符合汽车领域概念树的设计原则。

在概念树中,我们规定了实体类别下面有哪些属性,比如"品牌"实体下面有属性"历史",却不会有"调高温度"这个属性,因此我们可以利用概念树对二元组进行筛查,从而确保我们识别出的用户问句的实体和属性是可以返回答案的。通过实体和属性匹配,以及相似度算法辅助,我们就可以返回相应的答案。

以下是答案匹配的代码和必要的注释。

```
# 代码存放在 answer_match.py 文件中
from utils import word_segment, compute_cosine

def link_entity_result(property_result, ner_result, conception_tree):
    '''
    连接符合概念树设计的实体与属性
    :param property_result: 属性分类与推理的结果
    :param ner_result: 实体识别与链接的结果
    :param conception_tree: 概念树
    :return: 存储符合概念树设计的实体、属性的字典数据
    '''
    ner_ = []
    # 对实体识别的结果进行处理,提取出实体以及实体类别
    for e, e_class in ner_result:
        for dic in conception_tree:
            if dic['conception'] == e_class:
                property_list = [list(property_)[0] for property_ in dic['property']]
                # 判断实体识别出的实体类别与属性分类的结果是否匹配
                if property_result in property_list:
```

```python
                    ner_.append(e)
                else:
                    pass

    if len(ner_) >= 1:  # 如果实体属性匹配结果不为 0，则读取最后一个结果
        ner_property_link = dict()
        ner_property_link['entity'] = ner_[-1]
        ner_property_link['property'] = property_result
    else:  # 否则结果为空
        ner_property_link = ''
    return ner_property_link

def return_answer(kg_triplet, ner_property_link, question_list):
    '''
    # 在知识库中搜索并返回答案
    :param kg_triplet：知识图谱三元组
    :param ner_property_link：符合概念树设计的实体、属性的字典数据
    :param question_list：对问句进行中文分词处理后得到的列表
    :return：存储结果的字符串
    '''
    if ner_property_link != '':  # 实体属性匹配有结果
        answer = 'Insufficient knowledge base capability'
        for triplet in kg_triplet:
            if triplet['entity'] == ner_property_link['entity'] and \
                    triplet['property'] == ner_property_link['property']:
                answer = triplet['value']  # 搜索返回答案
                break
            else:
                pass  # 搜索不到答案，则返回知识库能力不足
    else:  # 如果实体属性匹配没有结果，即实体识别属性分类的结果匹配不到答案
        score = 0.0  # 利用相似度算法在知识库中匹配答案
        answer = 'Questions are not understood'
        for triplet in kg_triplet:
            answer_word_list = word_segment(triplet['entity'] + triplet
                ['property'])  # 将知识库中的实体及对应属性合并，重新进行分词，形成新的答案
            if score > compute_cosine(question_list, answer_word_list):  # 选择相
                                # 似度最大的知识库三元组数据，返回相应的答案
                pass
            else:
                score = compute_cosine(question_list, answer_word_list)
                answer = triplet['value']
    return answer
```

15.4.2 问答系统实现

以下为汽车知识图谱问答系统的代码实现和必要的注释。

```python
# 以下代码存放在 qa_run.py 文件中
from property_classify import get_property
from ner_link import get_entity_id_dict, ner_main
from data_loader import import extract_assist_words_dict, get_property_dict,txt2triplet_
```

```python
            list, get_conception_tree
from filter import filter_text
from filepath import DataPath
from answer_match import link_entity_result, return_answer
from utils import word_segment

def run(question):
    '''
    问答系统的 run 函数
    :param question: 问句字符串
    :return: 问句对应的答案字符串
    '''
    print('问题: ', question)
    ws_list = word_segment(question)
    # 实现敏感词过滤功能
    question_list = filter_text(ws_list)
    # 实体识别与属性分类
    assist_words_dict = extract_assist_words_dict(DataPath.assist_words_path)
    # 读取路径
    alias_class_entity_tripet_path = DataPath.alias_class_entity_tripet_path
    # 导入数据
    triplet_list = txt2triplet_list(alias_class_entity_tripet_path)
    entity_class_dict, entity_id_dict = get_entity_id_dict(triplet_list)
    # 实体识别与实体链接
    ner_result = ner_main(question_list, entity_id_dict, triplet_list, assist_words_dict)
    conception_tree_path = DataPath.conception_tree_path
    conception_tree = get_conception_tree(conception_tree_path)
    property_dict = get_property_dict(conception_tree)
    # 属性分类与推理
    property_result = get_property(question_list, assist_words_dict, property_dict)
    # 将实体与属性进行链接
    ner_property_link = link_entity_result(property_result, ner_result, conception_tree)
    # print(ner_property_link)
    # 载入知识库
    kg_triplet = txt2triplet_list(DataPath.kg_triplet_path)
    # 匹配知识库并返回答案
    answer = return_answer(kg_triplet, ner_property_link, question_list)
    return answer
```

上面搭建的系统已经能支撑我们实现最基本的汽车相关知识的问答了。如果在工业实际使用的话，则需要在实体识别上采用更为复杂的技术。

15.5 问答结果呈现

问答结果是基于汽车知识图谱问答系统的知识库进行呈现的，所以问答的能力与知识库的体量相关。本案例的数据囊括了一些常见的汽车领域的问答知识，如图15-9所示，该图呈现了部分问题在系统的问答结果。

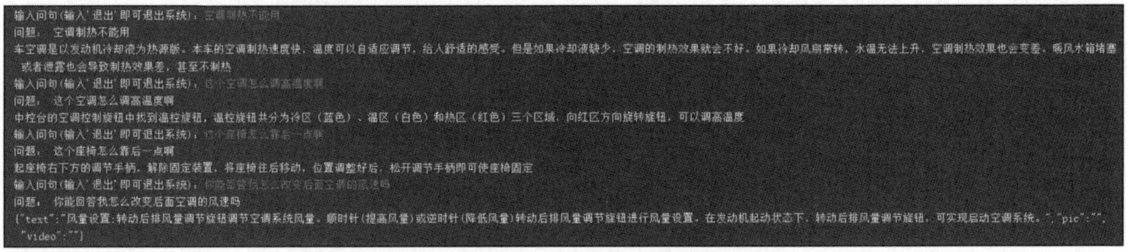

图 15-9　基于汽车知识图谱的问答系统测试图

在实际业务场景中，通过拓宽汽车领域的知识库，完备实体和属性的知识图谱，可以更有效地支撑汽车领域基于知识图谱的问答业务。通过基于汽车领域知识图谱，我们可以实现更多相关应用，比如图谱可视化、机器人问答、搜索、推荐等。例如，某知识图谱管理平台利用知识图谱实现了汽车领域的智能搜索和机器人问答应用。

（1）智能搜索

在汽车领域，用户可以通过智能搜索查询车型的参数、功能、保养等用户关注的信息，如图15-10所示。

知识图谱管理平台上的智能搜索支持文本搜索和语义搜索。对于文本搜索，支持概念、实体、属性、属性值、句式模板等维度的检索，以满足用户不同维度的搜索需求；语义搜索基于用户输入的文本，进行语义理解和词槽抽取，并与知识图谱实体及属性进行映射匹配，进而返回知识图谱中的实体信息。

图 15-10　智能搜索页面

（2）机器人问答

机器人问答为用户提供了友好的交互页面（见图15-11），用户通过语音或文本的方式对问答机器人询问，后台基于KBQA和NLU技术对知识图谱资源进行候选、排序及匹配，并将准确的结果返回给用户。

图 15-11　机器人问答页面

15.6　本章小结

本章使用虚拟汽车领域数据构建了汽车领域知识图谱问答系统。

我们在实际应用中往往需要构建专业领域的知识图谱，并需要不同种类的知识图谱三元组、概念树等来辅助提升功能的精准性。因为产品面向的是广大用户，而在汽车领域的场景中，用户对错误答案的容忍度很低，所以在精准匹配实体、提高属性分类准确率等环节可以进行更深的研究。

第 16 章

金融领域推理决策实践

> 避其锐气，击其惰归。
>
> ——《孙子·军争》

避开敌军初征时的旺盛斗志，待其松懈返回时再予攻击。

与搜索、推荐、问答等场景用途不同，在决策推理中，知识图谱利用知识融合与知识推理技术，分析信息冲突的内在逻辑，以更快地发现信息中潜在的规律与联系。正如发现敌军初征、松懈时刻，避开初征时的旺盛斗志，找准松懈时刻进行攻击。通过知识图谱的关联分析，可以精准挖掘存在于表象之下的金融风险，助力做出合适的金融决策。

本章基于金融领域信贷反欺诈业务的背景介绍，引入信贷反欺诈相关决策的设计，借助知识图谱实现推理决策，最终实现金融领域的智能决策应用。

16.1 金融决策背景

在信贷反欺诈领域，随着数字经济与网络贷款的盛行，人们足不出户就能完成借贷。网络固然简化申请贷款的流程，但随之而来的则是利用虚假信息与信息不对称的手段进行欺诈的风险。面对源自网络的虚假信息，信贷机构需要分析借款人或企业的财产状况与担保者的资金状况，高效地发现信贷交易的风险，保证在最坏情况下最大程度地收回贷款。这些风险往往隐藏在复杂的关系之中，人工排查不仅费时费力，还往往容易忽略隐藏在信息间的联系。知识图谱将多个信息源的信息相互联系、融合，借助知识图谱可以进行信息间的不一致性验证，发现不同个体间可能隐藏的联系或者冲突，从而做出正确的决策。

16.2 信贷反欺诈业务设计

信贷反欺诈业务着眼于个人贷款的风险控制与反欺诈，本案例利用知识图谱设计并模拟一个信贷反欺诈的场景，并基于推理进行风险识别。具体包括场景设计、知识图谱设计、模块设计。

16.2.1 场景设计

本案例模拟了一个小型的个人信贷场景，利用知识图谱中信息的关联性达成欺诈风险识别的目标：一方面联通已有的信息，排查出风险；另一方面，对新的借贷人提供的信息进行比对，判断是否有存在风险的可能。

项目目前设定了以下几个潜在风险的判定规则，主要是对信息的不一致性进行判定。

1）与他人共用手机号码或银行账户。

2）贷款人为自己担保。

3）担保人的信用评级低于被担保人。

4）总贷款数超出担保人的贷款额度。

5）与黑名单用户存在直接或间接的担保关系。

通过这几项规则的识别，我们可以发现所有可能存在的风险。

整个案例的流程示意图如图 16-1 所示。

首先通过数据生成器使用地区码（districtcode.txt）生成一定数量的用户数据并存入 JSON 文件中作为原始数据来源，随后三元组生成器将 JSON 文件中的数据通过知识抽取得到结构化的 RDF 三元组存入 Jena TDB 中，最后推理机通过读取数据库中的三元组数据，并按照推理规则（inferenceRule.txt）进行推理。同时，推理机会继续通过数据生成器生成一些新的数据以供推理使用。其中，数据生成器生成的数据可以存入 Neo4j 实现可视化。

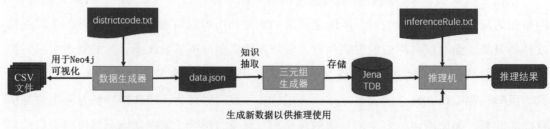

图 16-1 流程示意图

16.2.2 知识图谱设计

由于知识图谱只将实体相连，因此一般将最需要产生联系的部分作为实体，其他信息作为属性。本案例的本体模型如图 16-2 所示。

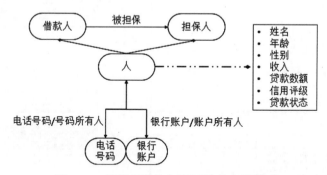

图 16-2 信贷反欺诈知识图谱的本体模型

注意：首先，在信贷反欺诈项目中，最重要的就是借贷人与担保人，所以将他们作为实体。其次，为了达成对电话号码和银行账户这两个关键信息的查重，本案例将这两者也列为实体。这样一来就可以直观地发现人、电话号码、银行账户三者之间的联系。

实体间的关系主要是方便查询与分析。为了通过借款人查询其担保人，我们用"被担保"关系连接借款人与担保人。同时，用"账号"与"账号所属人"两个方向的关系连接人（借款人或担保人）与账号（电话号码或银行账户），以实现双向查询。这种设计主要考虑到共享账号（电话号码或银行账号）的人之间不一定存在明显的联系，通过双向查询可以轻易地将重复的信息查出。

其余的信息作为属性对查询与分析有一定的帮助，但又不需要查找其关系，所以将它们直接与人这类实体相连。这样属性之间并不产生联系，可以避免产生过于复杂的关系网，从而提高效率。本案例所使用的属性包括姓名、年龄、性别、收入、贷款数额、信用评级、贷款状态。

16.2.3 模块设计

本案例代码可分为 6 个类，如图 16-3 所示。在这 6 个类中：3 个静态类 FileIO、Helper 与 MyInference 分别提供文件写入、数据生成与输出以及推理步骤的辅助功能；DataGenerator 类生成数据并以 JSON 文件与 CSV 文件的形式存储；GenerateStoreData 类读取 JSON 文件，通过知识抽取得到 RDF 三元组并写入 Jena TDB 中；而 Inference 类从 Jena TDB 中读取数据、执行推理并输出结果。

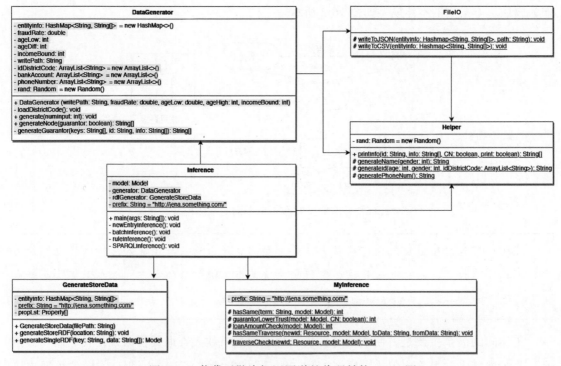

图 16-3　信贷反欺诈知识图谱的代码结构 UML 图

代码主要使用 HashMap 与 Model 两类数据结构，其中 HashMap 使用用户的 ID 字符串作为键（key），其他信息组成的字符串数组作为值（value），而 Model 是 Jena 中的数据结构，存储的是 RDF 三元组。

16.3　数据预处理

数据预处理的步骤包括：① Java 和 Jena 环境的搭建；②生成所需的 JSON 数据，并将数据另存为 CSV 格式，以用于 Neo4j 数据展示；③对 JSON 数据进行知识抽取；④将抽取的知识基于符号的知识表示，即 RDF 三元组；⑤使用 TDB 进行存储。

16.3.1　环境搭建

本案例的环境搭建主要使用 Jena 来完成，因此所有代码都是用 Java 编写。IDE 选用的是 IntelliJ IDEA，目的是可以较为便捷地使用内置的项目管理工具 Maven 导入依赖库 Gson。Gson 是一款由 Google 开发的库，用于在 Java 对象与 JSON 文件间相互转换数据。

首先安装 Java SDK（建议使用 Java 8 以上的版本）与 IntelliJ IDEA Community Edition（后文统称 IDEA）。与此同时下载与解压 Jena，并将其解压在一个便于索引的位置。然后在创建 IDEA 项目时选择 Maven，并选择项目的 SDK，本案例使用的是 Java 13.0.1 版本。

之后我们可以在 IDEA 中通过 File → Project Structure → Modules 选项载入 Jena 与 Gson 库。此时选中模块名，点开 Dependencies 标签页，并单击右边的加号即可添加依赖库。Jena 库是本地文件，选择 Library → Java 命令，找到解压过的 apache-jena-x.y.z 文件夹（x.y.z 是版本号），并将此文件夹下的 lib 文件夹添加为依赖即可。Gson 库通过 Maven 仓库导入，选择 Library → From Maven 命令，搜索 com.google.code.gson:gson，并添加最新版本即可。添加完成后的界面如图 16-4 所示。理论上，Jena 也可以通过依赖库添加，但添加多个库容易出错，所以推荐读者通过下载方式添加完整的 Jena 库。

图 16-4　通过 Maven 仓库添加依赖库

16.3.2　数据生成

由于基于个人的信贷反欺诈依赖涉及用户的隐私，本节所使用的所有数据均通过代码自动生成。生成的内容包括用户 ID、姓名、年龄、性别、收入、贷款数（贷款额度）、信用评级、贷款状态、贷款目的、担保人姓名、担保人 ID、与担保人的关系。生成的数据使用 HashMap 对象表示，并通过 Gson 库写为 JSON 文件。生成数据集的数据量如表 16-1 所示。

表 16-1　生成数据集的数据量介绍

类型	数量
贷款人	120
没有贷款的担保人	82
电话号码	195
银行账户	196

1. 生成规则与过程

首先基于规则生成 120 个借款人，这些借款人的信息与担保人相关的内容都使用空值（null）占位。为了讲解方便，我们将借款人与担保人统称为用户。

- 用户的 ID 使用的是身份证号格式，即 6 位地区码 +8 位出生日期 +2 位顺序码 + 性别 + 尾号。地区码数据源自于互联网；使用系统时间与年龄反推出用户的出生年份，并辅以随机生成的生日得到；其余数据为随机生成。
- 用户的姓名通过随机生成的姓氏加上名字生成，名字依照用户的性别生成，有 50% 的概率生成单字。姓与名的数据源于互联网，并删除了姓氏中的复姓。
- 用户的年龄、性别、收入、贷款数、电话号码、银行账户信息皆为随机生成；其中年龄为 18～65 岁之间；收入为 2000～32000 元之间；贷款数为小于 3 倍收入的随机数；而电话号码与银行账户则分别是随机生成的 11 位与 9 位数字。为了达到模拟欺诈的效果，在电话号码与银行账户的生成过程中，各自有 3.33% 的概率生成已经存在的电话号码或银行账户。
- 信用评级、贷款状态与贷款目的也是随机生成的。信用评级分为 {"超高信用"，"高信用"，"中信用"，"低信用"，"无信用"，"黑名单"}6 个级别；贷款状态分为 {"申请中"，"还款中"，"已还款"}3 种；而贷款目的分为 "买房"，"买车"，"教育"，"生活"}。其中，系统默认已经还款的用户至少是 "低信用" 评级。
- 随后为每个借款人生成担保人。
- 假设担保人有 33.33% 的概率从借款人中选择，使得生成的数据中存在既是担保人又是借款人的节点。为了引入不合乎逻辑的数据以用于后续的推理环节，生成时设置担保人有 3.33% 的概率是借款人自己。
- 其余的担保人为随机生成且默认没有借款。其生成规则与借款人的基本相同，不过担保人的 "贷款数" 一栏生成的数据是贷款额度，统一为担保人收入的 3 倍。同时，担保人的贷款状态与贷款目的统一为空值（null）。
- 最后，更改借款人中的担保人的相关信息。

借款人与担保人由 DataGenerator 类中的方法 generateNode 与 generateGuarantor 生成，并由 FileIO().writeToJSON 写入。最终生成的 JSON 文件里每条数据的格式为：

```
{ 用户 ID:
[ 姓名，年龄，性别，收入，贷款数（贷款额度），信用评级，电话号码，银行账户，贷款状态，贷款目的，担
    保人姓名，担保人 ID，与担保人的关系 ]}
```

2. 生成结果展示

为了了解生成数据的质量，可以将数据写为 CSV 文件并在 Neo4j 中进行可视化呈现。具体参见 5.3.2 节，Java 代码参见 FileIO().writeToCSV。

用于加载数据的 Neo4j 命令如下，使用命令的地点在 Neo4j Desktop 中对应图数据库的终端（Terminal）中默认的初始位置。这一步将之前生成的数据导入 Neo4j 中进行可视化：

```
>bin\neo4j-admin import --ignore-duplicate-nodes=true --ignore-missing-nodes=true
    --nodes=import/user.csv --nodes=import/phone.csv --nodes=import/account.csv
    --relationships=import/userPhone.csv --relationships=import/userAccount.csv
    --relationships=import/userGuarantor.csv
```

启动数据库，并在 localhost:7474 中输入 Cypher 语句：MATCH p = ()-[]->() RETURN p 即可生成数据的结构图。Neo4j 默认的最大初始输出为 300 个节点，为了显示所有的节点，可以在设置中将 Initial Node Display 项的值调高，例如 1000。[⊖]

生成的结构图如图 16-5 所示，在图中：
- 蓝点表示银行账户实体、蓝线连接银行账户与其所有者。
- 绿点表示电话号码实体、绿线连接电话号码与其所有者。
- 黄点表示用户实体、黄线连接用户与其担保人。

最终生成了 202 个用户节点（120 个贷款的用户与 82 个没有贷款的担保人）、195 个电话号码与 196 个银行账号。

可以看出，生成的数据基本体现了信贷担保的规律，绝大多数的借款人只与担保人存在联系；仅有少数存在长链，这些长链有些通过担保人相连，有些则通过相同的电话号码或银行账户相连。

⊖ 颜色由 Neo4j 自行生成，以区分不同类别的节点。

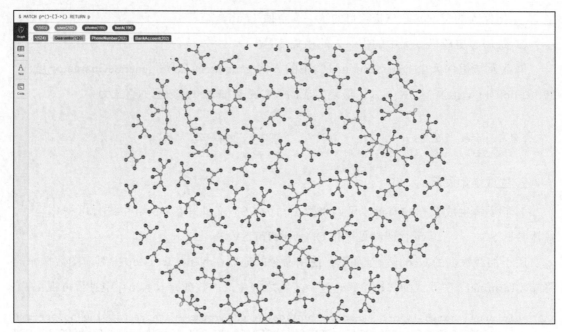

图 16-5　在 Neo4j 中展示数据

注：本书为单色印刷，图中颜色以实际效果为准。

16.3.3　知识抽取

我们已经获取的数据是 JSON 格式的，知识抽取将 JSON 文件内的信息转换为三元组的形式。这里使用 Gson 库读取 JSON 文件，并逐一存入 Jena TDB 数据库中。

使用 Gson 将 JSON 转换为 HashMap 对象。这里使用用户的 ID 作为键（key），用户其他信息组成的字符串数组作为值（value）。代码具体如下：

```
// 使用 Gson 将 JSON 转换为 HashMap 对象
Gson gson = new Gson();
private HashMap<String, String[]> entityInfo = gson.fromJson(
    gson.newJsonReader(new FileReader(filePath)),
    new TypeToken<HashMap<String, String[]>>(){}.getType());
```

这时所有的信息都在 entityInfo 这个 HashMap 对象里了。之后我们先定义一系列所需要用到的属性，包括姓名、年龄、性别、收入、贷款数（贷款额度）、信用评级、贷款状态，即与 16.2 节设计的知识图谱架构一致。

```
private String prefix = "http://jena.something.com/";
private Property[] propLst = new Property[] {
```

```
    model.createProperty(prefix + "Name"),
    model.createProperty(prefix + "Age"),
    model.createProperty(prefix + "Gender"),
    model.createProperty(prefix + "Income"),
    model.createProperty(prefix + "Amount"),
    model.createProperty(prefix + "Trust"),
    model.createProperty(prefix + "Status")};
```

我们按照 16.2 节的设计，将 entityInfo 中的每一个键–值对加入 Jena 模型中。其中，用户 ID、银行账号与电话号码为实体节点，我们统一使用 Jena 中的 Resource 对象来表示；而属性则统一以 Literal 对象来表示。与此同时，在用户与电话号码、银行账号间添加双向关系，并在借款人与担保人之间添加单向的"被担保"关系。

```
/**
 * 将一个用户的信息条目转换为对应的 RDF 三元组
 * @param key 用户 ID
 * @param data 用户的信息
 * @return Jena.rdf.model.Model 类对象，用于大批量传输三元组
 */
public Model generateSingleRDF (String key, String[] data) {
// 创建一个空的模型
    Model model = ModelFactory.createDefaultModel();
// 在模型中创建资源，定义实体
    Resource id = model.createResource(prefix + key);   //用户 ID
    for (int i = 0; i < propLst.length; i++) {
        if ((i > 0 && i < 5 && data[i] != null) || (i > 4 && data[i + 2] != null)) {
            id.addLiteral(propLst[i], Integer.parseInt(i < 5 ? data[i] : data[i + 2]));
        } else if (i == 0) {id.addProperty(propLst[i], data[i]);}}

    Resource phoneNum = model.createResource(prefix + data[5]);  // 电话号码
    Resource bankAcc = model.createResource(prefix + data[6]);  // 银行账户
    // 向模型中加入三元组
    model.add(id, model.createProperty(prefix + "HasPhoneNumber"), phoneNum);
    model.add(phoneNum, model.createProperty(prefix +"PhoneNumberOwner"), id);
    model.add(id, model.createProperty(prefix + "HasBankAccount"), bankAcc);
    model.add(bankAcc, model.createProperty(prefix + "BankAccountOwner"), id);

    String guarantor = data[data.length-2];
    // 未贷款的用户默认没有担保人
    if (guarantor != null) {
        model.add(id, model.createProperty(prefix + "GuaranteedBy"), model.
            createResource(guarantor));
    }
    return model;
}
```

这样，已有的数据就全部被抽取为三元组形式的知识了。

16.3.4 知识表示

我们设计时计划使用 Jena 工具进行反欺诈应用的实现，为了匹配 Jena 的推理机制，这里我们使用 RDF 三元组。本案例中所有的三元组种类如下。

- （ID，http://jena.something.com/Name，姓名）。
- （ID，http://jena.something.com/Age，年龄）。
- （ID，http://jena.something.com/Gender，性别）。
- （ID，http://jena.something.com/Income，收入）。
- （ID，http://jena.something.com/Amount，贷款数额）。
- （ID，http://jena.something.com/Trust，信用评级）。
- （ID，http://jena.something.com/Status，贷款状态）。
- （ID，http://jena.something.com/HasPhoneNumber，电话号码）。
- （ID，http://jena.something.com/HasBankAccount，银行账户）。
- （电话号码，http://jena.something.com/HasPhoneNumber，ID）。
- （银行账户，http://jena.something.com/HasBankAccount，ID）。

这里每个属性的前缀 http://jena.something.com/ 主要是为了便于 Jena 推理机进行检索，但使用的是虚拟的地址。在实际应用中，如果使用的数据集来源于链接开放数据，这里的前缀会是一个真实的、可以用浏览器访问到的页面，例如维基百科页面。同时，ID、电话号码、银行账户三种实体理论上也应当使用 URI 的形式，这里仅用于区分不同类别的节点；出于输出结果的可读性考虑，本章的实现代码中并没有加入前缀。

16.3.5 知识存储

知识存储包括原始数据的存储、三元组的存储。

1. 原始数据的存储

前文提到，我们通过代码生成的数据是以 JSON 文件的形式存储在硬盘上的，其中一个用户的信息如下：

```
{"210703198010192733": ["匡友东", "39", "1", "25295", "57849", "13213147381", "810721789", "2", "1", "0", "蓝山", "330683199307011136", "0"]}
```

该条用户信息的数据结构为：{ 用户 ID：[姓名，年龄，性别，收入，贷款数（贷款额度），电话号码，银行账户，信用评级，贷款状态，贷款目的，担保人姓名，担保人 ID，与担保人的关系]}。

2. 三元组的存储

我们使用 TDB 来存储通过知识抽取得到的 RDF 三元组。因为 Jena 的发行版本身就包含了 TDB，所以 TDB 可以直接存取 Jena 里 Model 类的对象。代码同样位于 GenerateStoreData 类中，直接调用知识抽取中的方法，然后将返回的 Model 类对象存入 TDB 中。具体如下：

```
/**
 * 将数据转换为 RDF 三元组的形式，并存储到 Jena TDB 中
 * @param location Jena TDB 的存放位置
 */
public void generateStoreRDF(String location) {
    Dataset dataset = TDB2Factory.createDataset(location);   // 建立了一个TDB
    dataset.begin(ReadWrite.WRITE);
    try {
        Model modelStore = dataset.getDefaultModel();   // 这里使用 TDB 的默认 Model 类对象
        for (HashMap.Entry<String, String[]> entry: entityInfo.entrySet())
            modelStore.add(generateSingleRDF(entry.getKey(), entry.getValue()));
        dataset.commit();
    } finally {
        dataset.end();
    }
}
```

TDB 本身使用节点表与三元组表相结合的存储方式。节点表主要包含节点与节点 ID 间的两个映射，其中节点到节点 ID 的映射是一个 B+ 树，而节点 ID 到节点的映射则是一个可以被连续存取的文件。三元组表存储的则是 3 个一组的节点 ID，每个节点 ID 所指向的节点为 RDF 三元组中各项的内容；不过内容中非对象的项则是直接存储在节点 ID 的最后 56 位中，包括字符串、数字、时间、布尔值等。

16.4 推理决策实现

在完成了数据的准备工作后，我们便可以对数据进行分析，进行合理的推理决策。在这里，我们将介绍 3 种不同类型的推理方法，分别通过 Jena 推理机、SPARQL 查询语句与 Jena 本体模型进行推理，并给出推理的过程与结果。

我们首先对知识图谱中已有的项目进行推理，这个步骤是在模拟项目在实际中的运用，

即图谱第一次建立时,对已有的数据进行整理比对。然后继续生成新的用户,并对新用户进行单独推理。这是由于对新用户来说,只需要分析新用户产生的连接即可,对没有产生新的连接的节点来说,不需要进行重复的推理。这样在知识图谱中的用户数量非常多的时候可以极大地提高项目的运行效率。具体的代码分别在 Inference 类与 MyInference 类中,其中 MyInference 类包含 SPARQL 与 Jena 模型推理的具体代码。

16.4.1 基于自定义规则的 Jena 推理机的推理

针对本案例,我们期望可以找到与他人共用手机号码或银行账户的用户、为自己担保的用户、担保人的信用评级低于被担保人的用户,这些目标可以通过 Jena 规则实现。Jena 推理机支持用户自定义规则进行推理。

规则如下:

```
# 与他人共用银行账户的用户
[ruleSameBankAccount:(?a http://jena.something.com/HasBankAccount ?b)
(?c http://jena.something.com/HasBankAccount ?b) notEqual(?a, ?c) ->
(?a http://jena.something.com/hasSameBankAccount ?c)]
# 与他人共用手机号码的用户
[ruleSamePhoneNumber:(?a http://jena.something.com/HasPhoneNumber ?b)
(?c http://jena.something.com/HasPhoneNumber ?b) notEqual(?a, ?c) ->
(?a http://jena.something.com/hasSamePhoneNumber ?c)]
# 为自己担保的用户
[ruleSelfGuarantor:(?a http://jena.something.com/GuaranteedBy ?a)->
(?a http://jena.something.com/SelfGuarantor ?a)]
# 担保人的信用评级低于被担保人的用户
[ruleGuarantorLowerTrust:(?a http://jena.something.com/GuaranteedBy ?b)
(?a http://jena.something.com/Trust ?as)
(?b http://jena.something.com/Trust ?bs) lessThan(?as, ?bs) ->
(?a http://jena.something.com/GuarantorLowerTrust ?b)]
```

这些规则通常以字符串的形式交由 Jena 的规则语法剖析程序(rule parser)处理为规则(Rule)对象,然后由推理模型基于规则推理出新的三元组,最后通过在模型中查询新的三元组来得到推理结果。当规则较多时,也可以从文本中直接读取,注意文本中不要包括除规则外的其他内容,例如注释。基于规则推理的代码如下:

```
/**
 * 自定义规则推理机,执行推理并输出结果
 * @throws FileNotFoundException 抛出规则文件读取异常提示
 */
private void ruleInference() throws FileNotFoundException {
```

```java
// 推理
BufferedReader br = new BufferedReader(new FileReader("inferenceRule.txt"));
// 创建推理机
Reasoner reasoner = new GenericRuleReasoner(Rule.parseRules(Rule.
    rulesParserFromReader(br)));
InfModel infMy = ModelFactory.createInfModel(reasoner, model);
infMy.rebind();
System.out.print("MyOwnRule: ");
ValidityReport validity = infMy.validate();
if (validity.isValid()) {
    System.out.println("OK");
} else {
    System.out.println("Conflicts");
    for (Iterator<ValidityReport.Report> i = validity.getReports();
       i.hasNext(); )
    System.out.printf(" - %s%n", i.next());
}

// 输出推理结果
ArrayList<Property> conflicts = new ArrayList<>();
String[] propLst = {"hasSameBankAccount", "hasSamePhoneNumber", "SelfGuarantor",
    "GuarantorLowerTrust"};
for (String p : propLst) {conflicts.add(model.createProperty(prefix + p));}
for (Property p : conflicts) {
// 输出当前模型
    StmtIterator i = infMy.listStatements(null, p, (Resource) null);
    int count = 0;
    while (i.hasNext()) {
        Statement statement = i.nextStatement();
        System.out.printf(" - %s%n", PrintUtil.print(statement));
        count++;
    }
    System.out.printf("%s: %d%n", p.getLocalName(), count);
}
```

代码运行的结果如图 16-6 所示，这里出于篇幅的关系略去了对信用评级的推理结果。结果显示有 6 对用户使用了同样的银行账户，7 对用户使用了相同的电话号码，3 位用户自己为自己担保，45 位借款人的担保人的信用评级低于借款人自己。

这里值得注意的是，推理机在前两项的推理中给出了重复的结果，即查找使用相同信息的两个用户，推理机给出了（A, B）(B, A）两个结果。这是由于推理机本身并不具有记忆能力，仅仅是根据规则逐一对已有的三元组进行推理造成的。如果在实际中使用，还需要通过更多的代码对结果进行校验。同时，推理机最适合输出三元组，其他信息则需要进一步读取。

```
========== Rule Inference ==========
MyOwnRule: OK
  - (<340111195801098015> <http://jena.something.com/hasSameBankAccount> <321002196311232275>)
  - (<520622195804215083> <http://jena.something.com/hasSameBankAccount> <510105199408198034>)
  - (<321002196311232275> <http://jena.something.com/hasSameBankAccount> <340111195801098015>)
  - (<320401198309176184> <http://jena.something.com/hasSameBankAccount> <211401197210259780>)
  - (<231181196012095007> <http://jena.something.com/hasSameBankAccount> <341702198409098491>)
  - (<150821197804054835> <http://jena.something.com/hasSameBankAccount> <640302198112293567>)
  - (<640302198112293567> <http://jena.something.com/hasSameBankAccount> <150821197804054835>)
  - (<211401197210259780> <http://jena.something.com/hasSameBankAccount> <320401198309176184>)
  - (<141027197509276780> <http://jena.something.com/hasSameBankAccount> <620122198208061197>)
  - (<620122198208061197> <http://jena.something.com/hasSameBankAccount> <141027197509276780>)
  - (<510105199408198034> <http://jena.something.com/hasSameBankAccount> <520622195804215083>)
  - (<341702198409098491> <http://jena.something.com/hasSameBankAccount> <231181196012095007>)
hasSameBankAccount: 12
  - (<420107198011144262> <http://jena.something.com/hasSamePhoneNumber> <230183196703173786>)
  - (<341702198409098491> <http://jena.something.com/hasSamePhoneNumber> <469029196509088663>)
  - (<522730199505159028> <http://jena.something.com/hasSamePhoneNumber> <522631199706071678>)
  - (<330783197002253280> <http://jena.something.com/hasSamePhoneNumber> <230711199404192494>)
  - (<520622195804215083> <http://jena.something.com/hasSamePhoneNumber> <513431196705021501>)
  - (<520627200005095267> <http://jena.something.com/hasSamePhoneNumber> <513324196512076392>)
  - (<513324196512076392> <http://jena.something.com/hasSamePhoneNumber> <520627200005095267>)
  - (<469029196509088663> <http://jena.something.com/hasSamePhoneNumber> <341702198409098491>)
  - (<130702198204102892> <http://jena.something.com/hasSamePhoneNumber> <532527198401182753>)
  - (<532527198401182753> <http://jena.something.com/hasSamePhoneNumber> <130702198204102892>)
  - (<513431196705021501> <http://jena.something.com/hasSamePhoneNumber> <520622195804215083>)
  - (<230711199404192494> <http://jena.something.com/hasSamePhoneNumber> <330783197002253280>)
  - (<230183196703173786> <http://jena.something.com/hasSamePhoneNumber> <420107198011144262>)
  - (<522631199706071678> <http://jena.something.com/hasSamePhoneNumber> <522730199505159028>)
hasSamePhoneNumber: 14
  - (<220106197406183674> <http://jena.something.com/SelfGuarantor> <220106197406183674>)
  - (<522730199505159028> <http://jena.something.com/SelfGuarantor> <522730199505159028>)
  - (<450329199806038451> <http://jena.something.com/SelfGuarantor> <450329199806038451>)
SelfGuarantor: 3
```

图 16-6　Jena 规则推理机运行结果

16.4.2　基于 SPARQL 查询语句的推理

SPARQL 是专门为 RDF 查询所设计的语言，Jena 也为其设计了相应的使用接口，以对语句字符串进行语义剖析，然后运行语句并返回结果迭代器。

对于相同银行账号与电话号码的推理，由于规则类似，SPARQL 查询语句也是类似的。下面给出了推理相同银行账号的代码，对相同电话号码的推理可以通过将 HasBankAccount 替换成 HasPhoneNumber 完成。

```
# 相同银行账号推理语句
String queryString  = "PREFIX : <http://jena.something.com/>
    SELECT ?id1 ?name1 ?id2 ?name2 WHERE {
```

```
    ?id1 :HasBankAccount ?account . ?id2 :HasBankAccount ?account .
    ?id1 :Name ?name1 .?id2 :Name ?name2 . FILTER (?id1 != ?id2)}";
// SPARQL 查询
Query query     = QueryFactory.create(queryString);
QueryExecution qe = QueryExecutionFactory.create(query, model);
ResultSet results = qe.execSelect();
```

运行结果如图 16-7 所示。由于 ResultSet 对象本身的格式器并不支持 GBK 格式，因此代码对输出结果的格式做了调整，并通过 Java 语音编写的系统输出打印。可以看到 SPARQL 正确地给出了所需的结果，并且没有重复项。

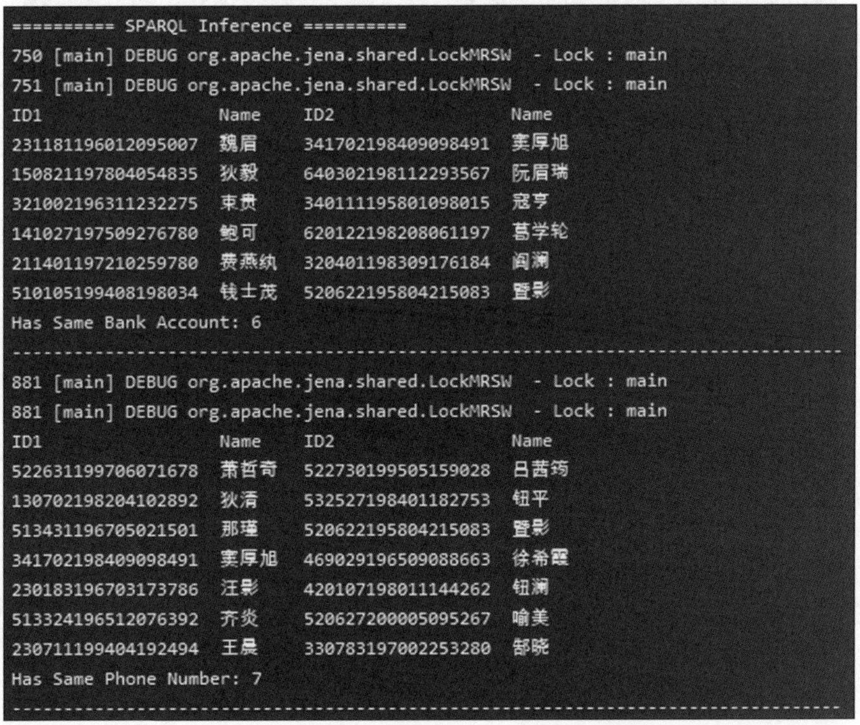

图 16-7　SPARQL 信息不一致性验证结果

类似的是，我们可以推理信用评级与担保人是否有足够的额度为借款人担保。查询语句分别如下：

```
# 信用评级推理语句
String queryString = "PREFIX : <" + prefix + ">
SELECT ?user ?nameUser ?trustLevelUser ?guarantor ?nameGuarantor ?trustLevelGuarantor
    WHERE {
    ?user :GuaranteedBy ?guarantor . ?user :Trust ?trustLevelUser.
    ?guarantor :Trust ?trustLevelGuarantor . ?user :Name ?nameUser.
```

```
        ?guarantor :Name ?nameGuarantor.
        FILTER (?trustLevelUser < ?trustLevelGuarantor)}";
    # 担保人额度推理语句
    String queryString  = "PREFIX : <" + prefix + ">
    SELECT ?id1 ?name1 ?amount1 ?id2 ?name2 ?amount2 WHERE {
        ?id1 :GuaranteedBy ?id2 . ?id2 :Status ?id2Status.
        ?id1 :Amount ?amount1 . ?id2 :Amount ?amount2 . ?id1 :Name ?name1.
        ?id2 :Name ?name2 . FILTER (?amount1 > ?amount2)}";
```

同样，出于篇幅考虑，这里仅贴出担保人额度推理的结果，如图 16-8 所示。

```
922 [main] DEBUG org.apache.jena.shared.LockMRSW  - Lock : main
922 [main] DEBUG org.apache.jena.shared.LockMRSW  - Lock : main
UserID             Name    Amount     GuarantorID        Name    Amount
320925198511030011 应元山  17106      522632199005199974 印江    6600
130725198901173731 危行以  31392      220106197406183674 郑永东  17717
411101195611044886 终美    2607       632322196211225460 林琰    1323
440982199811072913 厉达兴  13752      522726199708278581 戚婷    10512
140801199808041822 倪芳婷  12789      654023198106252554 瞿进    3652
440823196409300141 魏嘉    9194       141027197509276780 鲍可    8248
500231197910100074 魏江振  31315      650105196704019532 褚宁海  22081
513324196512076392 齐炎    66972      511922199904090317 尚若保  14782
340111195801098015 寇亨    29470      140502198912081321 朱菊卿  23284
140225198608025461 糜勤    63878      419001195711218234 姜岩    4100
230109196906061222 燕莲    73610      420117197707116864 徐颖    62591
420202198206265154 隆建策  55984      130702198204102892 狄清    13901
321084195808133486 邹妍彩  50474      320925198511030011 应元山  17106
542123197609013641 曹倩    58799      150204200101262710 赵波    15748
Guarantor Cannot Afford Loan: 14
```

图 16-8　SPARQL 担保人额度推理结果

SPARQL 的运行结果所要展示的列类似 SQL，可以使用上述语句较为轻松地自定义，这样比使用规则推理机更容易扩展。但其只能进行有限层级的推理，无法根据条件进行深度的推理，比如担保人额度的推理只能推理一层关系的担保额度，但实际数据中存在多个用户链式担保的情况（见图 16-5）。另外，程序需要针对每一项的推理单独编写查询语句，或通过变量来修改语句以达到最大化利用的目的，例如对相同电话与账号的推理。值得注意的是，Jena 支持的 SPARQL 使用基于文本的语义剖析来生成实际的查询语句，这样无法像 JDBC 一样有效地防范查询语句注入攻击。

16.4.3　基于 Jena 本体模型的推理

前文提到，对于反欺诈知识图谱来说，由于图谱节点包含的是个人信息，因此知识图谱本身的结构很少会发生变化。所以对于新加入的用户，仅仅需要验证新节点周围的少部分节点即可。此时，使用Jena推理机或者SPARQL就显得多余了，甚至在大数据环境下算是浪费资源的。而Jena中的节点具有唯一性，通过用户的ID就可以查找到用户所在的节点。这样一来，我们可以通过新节点来查询与之相连的其他节点，以达到推理的效果。同时，由于代码直接读取节点，因此可以同时对多项内容进行推理，并且可以使用循环语句等按需调节查询的深度。

例如，以下代码实现了对担保人的额度推理，以及检测了从某个用户到最末端的担保人中是否存在黑名单用户。其中的循环语句深度由当前节点是否为担保人及是不是自担保来决定。

```java
/**
 * 验证新用户是否存在担保人的额度低于借款人的贷款数额的情况，以及新用户的担保链上是否存在黑名单用户
 * @param newId 新用户ID
 * @param model 知识图谱模型
 */
static void traverseCheck(@NotNull Resource newId, @NotNull Model model) {
    ArrayList<String> path = new ArrayList<>();
    path.add(newId.getNameSpace());
    Resource currID = newId;
    Property guaranteedBy = model.getProperty(prefix + "GuaranteedBy");
    Property loanAmount = model.getProperty(prefix + "Amount");
    int amount = 0;
    boolean containBlackListUser = false;
    while (model.contains(currID, guaranteedBy) &&
        !currID.getNameSpace().equals(currID.getPropertyResourceValue(guaranteed
            By).getNameSpace())) {
        if (currID.getProperty(model.getProperty(prefix + "Status")).getObject().
            asLiteral().getInt() == 2)  // 已还款
        amount += currID.getProperty(loanAmount).getObject().asLiteral().
            getInt();   // 借款人的贷款数
        // 担保人，其贷款数一栏生成的是贷款额度
        currID = currID.getPropertyResourceValue(guaranteedBy);
        if (currID.getProperty(model.getProperty(prefix + "Trust")).getObject().
            asLiteral().getInt() == 5)   // 用5表示信用评级为黑名单级别是黑名单
            containBlackListUser = true;
        path.add(currID.getNameSpace());
    }
    System.out.printf("Path: %s", String.join(" -> ", path));
    if (containBlackListUser) {
    System.out.print(" | A Black List user is in the path.");}

    if (amount > currID.getProperty(loanAmount).getObject().asLiteral()
    .getInt()) {
            System.out.print(" | Loan amount requested is more than limit.");
```

```
    }
        System.out.println("");
    }
```

对模型中每一个用户进行推理的部分结果如图 16-9 所示。结果中每一条输出都是从每个用户节点出发的查询，所以结果中存在部分数据重复的情况，例如 A → B → C 与 B → C 都会出现在结果里。

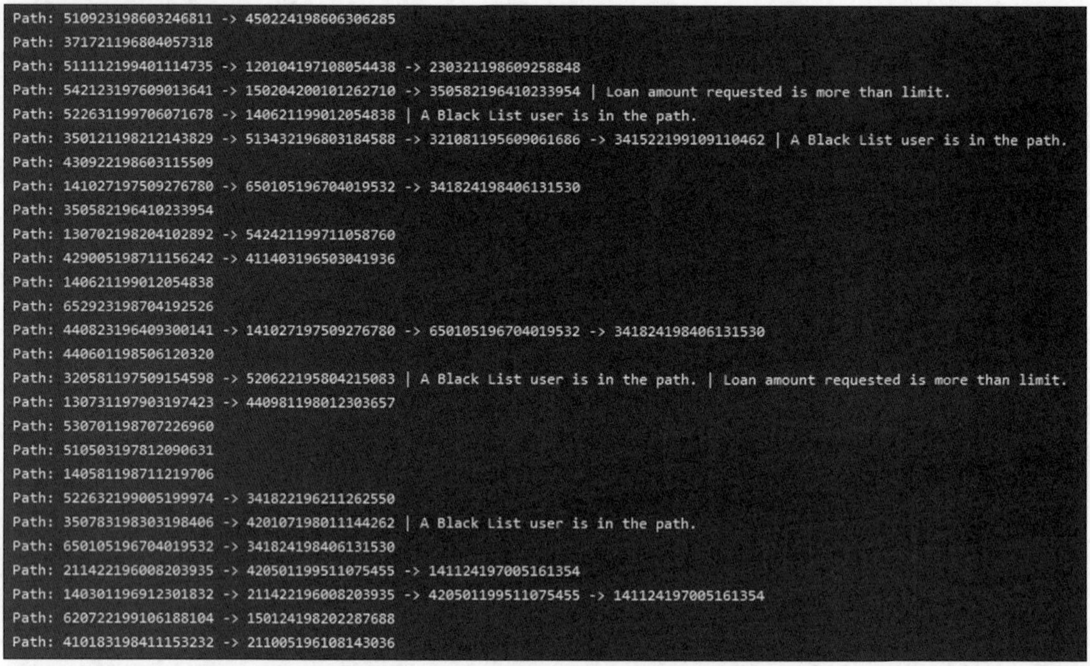

```
Path: 510923198603246811 -> 450224198606306285
Path: 371721196804057318
Path: 511112199401114735 -> 120104197108054438 -> 230321198609258848
Path: 542123197609013641 -> 150204200101262710 -> 350582196410233954 | Loan amount requested is more than limit.
Path: 522631199706071678 -> 140621199012054838 | A Black List user is in the path.
Path: 350121198212143829 -> 513432196803184588 -> 321081195609061686 -> 341522199109110462 | A Black List user is in the path.
Path: 430922198603115509
Path: 141027197509276780 -> 650105196704019532 -> 341824198406131530
Path: 350582196410233954
Path: 130702198204102892 -> 542421199711058760
Path: 429005198711156242 -> 411403196503041936
Path: 140621199012054838
Path: 652923198704192526
Path: 440823196409300141 -> 141027197509276780 -> 650105196704019532 -> 341824198406131530
Path: 440601198506120320
Path: 320581197509154598 -> 520622195804215083 | A Black List user is in the path. | Loan amount requested is more than limit.
Path: 130731197903197423 -> 440981198012303657
Path: 530701198707226960
Path: 510503197812090631
Path: 140581198711219706
Path: 522632199005199974 -> 341822196211262550
Path: 350783198303198406 -> 420107198011144262 | A Black List user is in the path.
Path: 650105196704019532 -> 341824198406131530
Path: 211422196008203935 -> 420501199511075455 -> 141124197005161354
Path: 140301196912301832 -> 211422196008203935 -> 420501199511075455 -> 141124197005161354
Path: 620722199106188104 -> 150124198202287688
Path: 410183198411153232 -> 211005196108143036
```

图 16-9　基于本体模型的担保人额度推理结果

而如果要确认新用户的信息（电话或银行账户）是否已包含在系统中时，只需要按新用户的电话号码（或银行账户）所形成的节点来查询拥有该电话号码的用户即可实现。代码如下：

```
/**
* 验证新用户是否与他人共享银行账户或电话号码
* @param newId 新用户 id
* @param model 知识图谱模型
* @param toData 用户节点至银行账户或电话号码节点的属性，分别为 HasBankAccount 与 HasPhone
    Number
* @param fromData 银行账户或电话号码节点至用户节点的属性，分别为 BankAccountOwner 与 PhoneNumber
    Owner
*/
```

```java
static void hasSameTraverse(@NotNull Resource newId, @NotNull Model model, String
    toData, String fromData) {
    Resource r = newId.getPropertyResourceValue(model.getProperty(prefix + toData));
    StmtIterator lst = r.listProperties(model.getProperty(prefix + fromData));
    while (lst.hasNext()) {
        Resource s = (Resource) lst.nextStatement().getObject();
        if (!s.getNameSpace().equals(newId.getNameSpace()))
            System.out.printf("%s | %s | %s%n", newId.getNameSpace(),
                s.getNameSpace(), r.getNameSpace());
    }
}
```

图 16-10 展示了随机生成的 4 个新用户及其相关信息的查询结果，包括信息的不一致性查询、担保人额度查询与黑名单相关性查询。

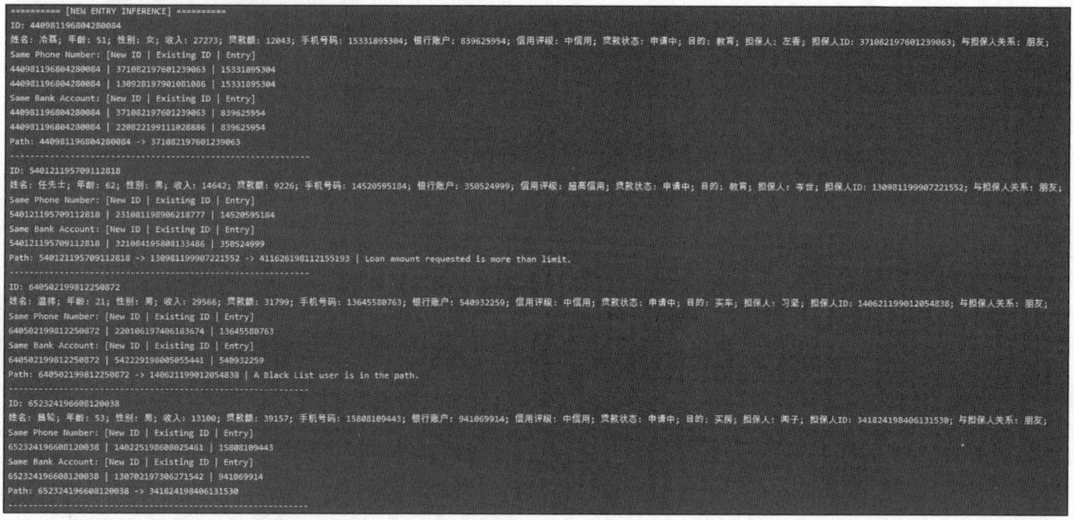

图 16-10　新用户推理

在这里，同样出于展示效果，新用户的电话号码（银行账户）均随机取自已有的电话号码（银行账户）。并且，因为代码运行较快，随机数生成器返回的结果相同，所以结果中新用户与其担保人的电话号码（银行账户）是相同的。

16.5　本章小结

本章设计了一个简单的信贷反欺诈场景，并用自动生成的用户数据进行比对，进行了信息的不一致性验证与基于规则和模型的验证，运用了 Java、SPARQL 等语言，实践了

Jena、Neo4j、IntelliJ IDEA 等库和软件。

在本案例的基础上，读者可以进一步拓展实践，包括借款人与担保人有多个电话号码/银行账户、借款人在额度内有多笔贷款等情景，还有将借贷与担保人关系纳入推理体系等更加深度的推理过程。对于实际应用场景来说，我们还需要应对复杂源数据的清洗（如HTML/XML 数据）、复杂情况（如非结构化数据）下的知识抽取、多个数据源的知识融合等必需的步骤。